U0171836

装备科技译著出版基金

核能科学与工程系列译丛

蒸发动力学

Kinetics of Evaporation

[俄罗斯] 丹尼斯·N. 格拉西莫夫(Denis N. Gerasimov)　　著
　　　　　尤金尼·I. 尤林(Eugeny I. Yurin)

张 蕊　程 杰　译

国防工业出版社
·北京·

著作权合同登记　图字:军-2021-027 号

图书在版编目(CIP)数据

蒸发动力学/(俄罗斯)丹尼斯·N. 格拉西莫夫
(Denis N. Gerasimov),(俄罗斯)尤金尼·I. 尤林
(Eugeny I. Yurin)著;张蕊,程杰译. —北京:国
防工业出版社,2024.7
(核能科学与工程系列译丛)
书名原文:Kinetics of Evaporation
ISBN 978-7-118-12894-9

Ⅰ.①蒸…　Ⅱ.①丹…　②尤…　③张…　④程…　Ⅲ.
①蒸发-研究　Ⅳ.①O552.6

中国国家版本馆 CIP 数据核字(2023)第 163709 号

※

国防工業出版社出版发行

(北京市海淀区紫竹院南路 23 号　邮政编码 100048)
三河市天利华印刷装订有限公司印刷
新华书店经售

*

开本 710×1000　1/16　印张 18¼　字数 320 千字
2024 年 7 月第 1 版第 1 次印刷　印数 1—1500 册　定价 159.00 元

(本书如有印装错误,我社负责调换)

国防书店:(010)88540777　　书店传真:(010)88540776
发行业务:(010)88540717　　发行传真:(010)88540762

　　蒸发是自然界中广泛存在的现象,也是整个自然界维持运转的原动力。基于已有的知识,我们知道蒸发是一种"液-气"表面相变,任何温度下都会在液体表面发生蒸发,液体分子从液体表面脱离,同时还吸收了环境中的热量,这显然是一个热力学问题。我们也知道,不同的流动状态(如搅拌)也会影响蒸发的快慢,这意味着蒸发也与流体力学相关,事实上这也是目前我们研究蒸发动力学的主要方向。但仅仅止步于此吗?随着基础科学研究的深入,依靠宏观尺度上的实验方法来总结经验、半经验关系式具有较大的局限性,且缺乏对于机理的认识。因此,有必要从更加基础的理论出发,开展更具有普适性的研究。

　　Denis N. Gerasimov 教授和 Eugeny I. Yurin 教授撰写的 *Kinetics of Evaporation* 一书提出用动力学方程来描述蒸发过程。本书从原子和分子的角度,建立了蒸发动力学分析模型,用于稳态和非稳态蒸发问题的求解,且获得了大量问题的理论解,为提高对蒸发机理的认知,以及与蒸发相关的先进动力学模型和程序的开发提供了理论支撑。本书系统梳理了原著者及其研究团队过去几十年内针对蒸发动力学微观尺度的研究成果,讲解清晰,逻辑完备。通过统计学方法、动力学方法和数值建模方法对蒸发过程中涉及的动力学问题进行微观尺度的解释和模拟,从微观层面解释了动力系统中涉及的宏观问题,如沸腾和空化。书中所述理论可为读者研究核动力系统、激光武器等复杂动力系统,以及尖端武器装备中涉及的蒸发问题提供参考,也可为先进模型的开发提供验证。鉴于此,译者决定翻译本书,供国内相关科研人员参考。

　　本书的翻译工作由张蕊副教授和程杰副教授共同完成。程杰负责第1~5章的翻译工作,张蕊负责第6~9章的翻译工作。除两位译者外,还有多位老师和同学参与了本书的审校和修改工作,感谢他们的帮助和付出。本书的翻译出版得到了装备科技译著出版基金资助,在此表示感谢。

由于译者水平有限,不足之处在所难免,敬请读者批评、指正。

译者

2023 年 8 月

前言

每位作者都会惊喜地发现,一旦一本新书创作完成,这本书就有了生命并且会以自己的方式延续下去;对于作者,它就像昆虫的一部分脱离了母体,获得自由并以自己的方式飞翔一样。

弗里德里希·尼采(Friedrich Nietzsche)是一位经验丰富的作家,对图书出版业有深入的了解。对于一本虚构类小说,一千个读者眼中就有一千个哈姆雷特,这不会导致大问题(当然有时也不尽然);然而,对于一本科技类图书,错误的理解却可能是致命的。当然,也有例外,比如当对这些误解的认知较为正面,以至于聪慧的读者看出了书中并未表达的内容(虽然是误解但并非是科学上的错误)。萨迪·卡诺(Sadi Carnot)的书或许可以作为诠释这一问题最生动的例子:卡诺没有也没能在他的书中得出有关热力学第二定律的任何结论,但后人却从他的书中归纳总结出了相关论点。卡诺在书中指出:

当一个物体发生变化,并且经历一定次数的变换后,它又恢复到其初始状态,即恢复到最初的密度、温度和聚合状态。我们可以认为:在不停变换的过程中,这个物体所吸收和释放的热量完全相同,且完全抵消。

这一论点是对热力学的公开反驳,且证明了看似无用的公式 $\oint dQ = 0$。大部分同行确信热力学第二定律源于卡诺的书,并且认为克劳修斯(Clausius)只是在后来对其进行了改进。克劳修斯(热力学第二定律的实际提出者)合理地解释了这一问题:卡诺的支持者并没有读过卡诺的书。这种情况确实可能发生,甚至可能经常发生。

然而,作者并不能总是依赖于读者的聪慧,只有极少数的作者可以再次成为"萨迪·卡诺",更多人的著作还未被欣赏就被遗忘了。例如,在阅读阿纳托利·弗拉索夫(Anatoly Vlasov)的书时,读者能想到的往往不是其对物理动力学的深入理解,而是有关这一主题的当代教科书怎么可以如此浅陋。

当他们精心呵护的"孩子"要独自旅行时,作者可以为他们做些什么呢?"父母"

是通过语言还是通过行动来支持他们呢？显而易见，唯一可行的方法是给他们配备一个特殊"旅行包"，其中备有可对抗威胁和指责的"武器"，即使某些"武器"看起来非常奇怪（就像澳大利亚电影"八十天环游世界"中的那样）。

撰写前言的目的就是实现这个"旅行包"的作用。首先，需要一个身份证明，就像图书的"护照"一样，来解释本书的主题。此外，还需要合理的体系来正确诠释这一主题……当然，书中还应包含很多其他内容。

根据兰道（Landau）和利弗希茨（Lifshitz）在 *Physical Kinetics*（《物理动力学》）第十卷中的非官方分类，"动力学"应该为理论物理中"物理动力学"的一个分支，认可这一定义的读者可能会误解本书的书名。虽然本书讨论了动力学方程及其在蒸发问题上的求解，但本书内容不局限于使用动量方法求解玻尔兹曼方程。

本书书名利用"动力学（kinetics）"这一术语的广义定义，即随时间演变的过程。虽然我们可以使用"dynamics of evaporation"作为书名，但这和"kinetics"一词所表征的范围不一样。

我们从分子和原子的尺度来解释蒸发过程，而非更大的尺度。准确地说，虽然本书在宏观尺度上定义了蒸发过程，但这仅仅作为微观层次研究的一个简化。本书不包含工程或其他类似应用中需要使用的经验公式，必要时，本书会避免对所讨论的内容过度展开，以防止超出本书的主题范围：聚焦于蒸发的详细机理，而不是罗列所有有关于蒸发的已有研究成果。

本书最核心目的是通过不同的表现形式来讨论蒸发过程的基本原理：从最简单的儿童玩具"饮水鸟"到神奇的蒸发液体表面处的热电偶指示器。本书的重点是"讨论"这个词，而不是对现有研究成果的罗列。我们仍然认为，在蒸发领域几乎没有在充分严格的控制条件下获得的结论，或者说没有完全明确的结论。例如，如果使用麦克斯韦分布函数作为蒸发表面的边界条件，可以得出不少结论，但该边界条件的假设并没有合理性依据，以至于我们现在还不确定该如何看待这样的结论。

所有努力中最难的部分就是在一切事物之间找到平衡点，对于一本书来说尤其如此。下面列出一个简短的常见问题清单，和许多人一样，我们在写作时也应尽量避免出现这些问题。

我们不应该太关注细节以至于一叶障目。对于一个问题应该探讨得多么深入？对于一个公式的推导应该描述得多么详细？对此我们进行过无数次的讨论，其中最激烈的一次讨论是与学生们在一场讲座上。我们的立场是，书中的公式推导应该是详尽的，要达到让大多数研究生或优秀学生可以遵循和理解的程度。有些作者经常试图通过诸如"现在我们可以很容易地得出……"之类的短语来展示他们智慧的深度（实际上应该已经列有 3 页的计算）。相信我们已经在本书中成功地避免了类似问题。

"新的还是旧的研究工作。"我们不仅查阅了相关综述,还查阅了那些只引用已发表的文献却不包含任何新内容的专著。这没有什么不妥。有些作者将已经公开发表的相关研究文献全都放在一起,在这种情况下,专著只是已发表文献的有序罗列,并不包含任何新的研究成果。如果读者已经熟悉原始研究并且专著中也没有进行任何总结,我们可以批评这类图书的形式,因为读者不能从这些作品中获得什么信息。另一个极端是,提出一个全新的伟大理论而不提及前人的任何成果,当然现在很少有作者能够做到这一点。我们努力在两者之间寻找平衡,然而,应该承认的是,我们经常发现自己偏向于后者,这是由我们所选的主题导致的。尽管我们希望尽可能地避免这样做,就像亚历山大·阿寥欣(Alexander Alekhine)对阿伦·尼姆佐维奇(Aron Nimzowitsch)所著图书的评价:

这本书有新的和好的想法,但是所有好的想法都是陈旧的,而新的想法大多很糟糕。

"简单明了且全面。"由于"必要性"的定义并不清晰,基于"必要性"的"无冗余"原则就显得毫无意义。可以在不提及辐射传热问题或热电偶结构设计及其工作原理的情况下探讨蒸发问题吗?如果我们对实验数据的解释取决于与这一物理问题相关的某个基本理论的选择,又会怎么样呢?在本书中,我们无法回避这些问题。因此,我们在相关章节标题后注明了"选读"字样,读者可以跳过这些部分,而不影响对蒸发问题的理解。

"针对专家还是学生?"编写一本对专家(几乎知道这个领域的所有内容)和学生(有很多需要学习的东西)具有同等吸引力的图书是一件非常具有挑战性的事情,两者之间是否存在一个可接受的平衡点也是一个不确定的问题。我们的目标是让尽可能多的读者理解这些内容。事实上,任何熟悉物理学的高年级学生应该都可以理解本书的内容。

"为什么忽略了 X、Y 和 Z 的工作?"总结起来就是,我们需要触及最敏感的问题:引用的完整性,更专业地说,由我们引用的规则所决定。我们的目的不是撰写一本仅对所做研究工作进行汇总的图书,因此,应当避免每个部分以"这个问题是由……探讨的"开始。本书详细讲述了一些成果的细节,并在每章末尾列出了引用文献。毫无疑问的是,我们未能提及在此研究范围内所有值得引用的出版物。我们中的某人或许还记得,当他还是一名研究生时,在新出版图书的参考文献部分看了一眼,没有找到任何关于他自己作品的信息,叹了口气,又将书放回书架上。这种情况是不可避免的,在此我们事先向未提及相关作品的作者表示歉意。

在了解了一般形态学原理之后,接下来讲讲本书的目录。本书的结构取决于其目的、主旨以及前文所述的平衡问题。

首先,绪论这一章大致描述了蒸发过程。在某种程度上,这也是本书唯一不满足之前提出的每章仅局限于一个小问题的章节。

第2~4章作为预备部分,概述了本书所采用的方法,包括统计物理、物理动力学和数值建模方法。虽然之前已经有很多专著甚至教材讨论了这些内容,但本书仍不能完全略去这部分内容。我们尽了最大努力来平衡这部分内容,使其简明扼要但又不过度空泛,详细阐述了在其他著作尤其是教材中未提及的问题。

第5章、第6章定义了蒸发粒子的分布函数。这一过程冗长又烦琐,尤其是第6章,但总的来说,我们论述得应该很成功。

第7章、第8章是对前两章结论的直接应用。必须强调的是,本书并不追求理论解和实验值的完全匹配。理论就是理论,即使其形式较为简单,但应聚焦于定义通用的物理规律,而不是根据实验数据将理论转变为半经验公式。虽然在某些问题中,将理论结果和实验结果相互匹配看起来可以很完美,但是我们并没有在这方面花费精力,因为对于像蒸发这样复杂的物理过程,实验和理论能在量级上匹配已经很不容易了。

第9章的内容进一步深入,不仅仅是关于沸腾,而是将沸腾和蒸发放在一起探讨。在本书中,我们没有尝试将沸腾的物理过程系统化,也没有研究沸腾涉及的具体物理问题。所以,读者们,请省点力气吧,虽然我们在第9章中讨论了一些蒸发和沸腾的共性问题,但是并未对其进行拓展,甚至没有提及沸腾曲线(开个玩笑而已,怎么可能不提它)。

本质上,本书从微观的尺度讨论了蒸发这一物理问题,而不是一本关于蒸发的全面综述类图书。坦率地讲,考虑到这一问题的研究现状,目前没有任何办法可以对蒸发进行全面论述。总之,引用波尔(Bohr)的话:

本书出版的目的并不是让读者弄清楚什么是蒸发,而是关注于我们对蒸发的认知。

我们希望读者也能抱着这一观点开始阅读本书。

诚挚地感谢斯维特拉娜·摩根诺娃(Svetlana Morgunova)为本书在配图方面提供的宝贵帮助。同时,感谢罗马·马克塞夫(Roman Makseev)在实验研究、玛丽亚·路易娜(Maria Lyalina)在书稿审校、奥列科萨德·多米尼克(Oleksandr Dominiuk)在英文书稿编校等方面提供的帮助。

俄罗斯莫斯科　丹尼斯·N. 格拉西莫夫(Denis N. Gerasimov)

俄罗斯莫斯科　尤金尼·I. 尤林(Eugeny I. Yurin)

目 录

第6章   **蒸发表面的总通量**   126

第1章

"液–气"相变

1.1 蒸发和凝结

1.1.1 相及相变

每种物质都由分子组成,这些分子可能以各种形式共存,从而创造出多种不同聚集态的物质。在热力学中,聚集态是相的一种特殊情况:具有均匀性的物质。

在足够低的温度下,几乎任何物质都可以处于固态。在这种状态下,紧密排列的分子(或原子)形成一种周期性结构,这种结构可以在高温下被破坏(注意,我们简化了所有过程,例如,在熔化过程中可能会保持小范围的有序结构)。

在液体中,分子可以相对自由地运动。尽管相邻分子间存在永久的相互作用,但任何分子都可以在介质中传播,只不过传播路径很拥堵。这种运动代表了扩散过程——分子以非常曲折的方式从 A 点移动到 B 点,就像喝醉的水手一样。

当温度升高时,液体将会变成气体。

分子在气体中自由移动并且不断地碰撞。通常,气体是一种稀薄介质,分子之间相互作用(碰撞)很小;在极限情况下,我们可以假设气体分子之间完全没有相互作用,这种气体被称为理想气体,其性质可以通过简单的关系式来描述,如克拉珀龙(Clapeyron)方程:

$$p = nT \tag{1.1.1}$$

该方程将压力 p、粒子数密度 $n = N/V$(粒子数与体积之比)和温度 T 联系起来。

最流行的理论通常将液体描述为稠密的蒸气,在远离熔点时这种方法是适用的。压力越高,蒸气密度就越大,因此,在这种表述中,随着压力的增加,气体变得越来越类似于液体。在某一点(临界点),液体和气体之间的差异消失。当压力超过该点压力时,该物质成为超临界流体——既不是液体也不是气体,而是另一种物质状态,即一种具有强烈波动的稠密介质。

本书的主题是"液-气"相变。这种相变的首要要求是存在两个可区分的相:液相和气相。正如我们所理解的那样,并非在所有的热力学参数下,两相都可以区分开。只有压力和温度低于临界值时($p<p_c$,$T<T_c$),气相和液相才能被区分开。

相变的标准描述:物质在加热(或冷却)过程中达到相变温度后,该物质在相变温度下转变成新的相。在此温度下传递给物质的所有能量都用于相变。该描述适用于沸腾——从液体到蒸气的体积相变,但它不能用于蒸发。

上面给出的热力学方法基于一个重要的假设:液相和气相都必须处于平衡状态(我们将在下一节讨论热力学平衡概念)。简单来说,平衡意味着"液-气"相变速率等于"气-液"相变速率,也就是说,在没有额外的热量传递到系统的情况下,等同于没有相变发生,即观察不到两相数量上有任何变化。

蒸发是一种表面过程,液体分子从表面脱离并变成蒸气;蒸发的逆过程是凝结,蒸气分子落到液体表面并附着在其上,成为凝结相的一部分。在极少数情况下,正向过程(蒸发)和逆向过程(凝结)的速率相等,最常见的情况是这两个过程中的一个占据主导地位。

因此,蒸发只是界面"蒸发-凝结"质量交换整个过程的一半,且很可能处于非平衡态。将平衡热力学的结论应用于蒸发过程是不合适的,因为此时相变仅在单一方向上进行。

1.1.2 单位

对于一些人来说,式(1.1.1)形式的克拉珀龙方程看起来很奇怪,可能凭直觉会感觉到关系式中少了一些东西。

式(1.1.1)中缺失的因子是玻尔兹曼(Boltzmann)常数 $k=1.38×10^{-23}$J/K,该常数由马克斯·普朗克(Max Plank)引入物理学(同时普朗克还在物理学中引入了以自己名字命名的常数——普朗克常数 h),作为熵 S 与热力学概率 W 的对数之间的比例系数:

$$S=k\ln W \qquad (1.1.2)$$

该常数被镌刻在了玻尔兹曼的墓碑上。

实际上,在物理学中,k 常与温度结合使用,例如,微分形式 TdS 作为分子的平均动能 $kT/2$,或者在玻尔兹曼分布 $\exp(-\varepsilon/kT)$ 中充当因子。有趣的是,在斯特藩-玻尔兹曼(Stefan-Boltzmann)定律 $E = \sigma T^4$ 中,玻尔兹曼常数(的四次方)隐含在 σ 中。因此,常数 k 的目的是将温度单位转换成能量单位。

几乎在本书的所有地方,我们都忽略了玻尔兹曼常数。此外,我们通常会使用开尔文作为能量单位(除了在某些章节,如热力学外,焦耳是约定俗成的单位),因此,k 对我们没有价值。如果想要将本书的公式简化成"标准形式"(例如,将式(1.1.1)改写成常规形式),可以简单地将 T 替换为 kT。

或许当谈及两个原子的相互作用能量是 112K 时,看起来很不方便。然而,因为温度是包含分布在原子上的各种能量(动能和势能等)的计量单位,所以这种方法似乎更合乎逻辑。

1.1.3 永恒的蒸发

蒸发是一个表面过程:液体分子从相邻分子中脱离,并以气体的形式飞出。为什么会这样?

在大部分液体内部及其表面上,液体中的分子之间相互约束,表面的分子有逃离的可能,然而,通常它们无法成功逃离:分子被束缚在其相邻区域中。为了打破这种束缚,分子必须具有很高的动能,高到它可以克服将其束缚在原来位置的势能。对于一个给定的粒子,蒸发概率不是很高,但不是零:在麦克斯韦方程提出之后,我们知道动能分布为

$$f \sim \exp(-\varepsilon/T) \tag{1.1.3}$$

见第5章和第6章中的精确关系,即蒸发概率随温度的升高而增加,因此,在任何温度下都存在具有足够动能的分子。

如果在晚上装满一杯水,早上你会发现杯中的水有些空了。尽管分子从表面脱离的可能性很小,但相当多的分子确实成功逃离了。可惜并非所有液体都可以重复这一现象:一瓶打开的甘油即使放置一年后它的液位也不会改变。

蒸发的持续性是蒸发和沸腾之间的主要区别:沸腾仅在高温下进行,而蒸发可在任何温度条件下发生,不过两者速度相差很多。

就蒸发而言,一个更"科学化"的问题是,蒸发是一个非平衡过程。通常,当我们观察蒸发时,我们正在处理一个偏离平衡态的系统(请注意,在平衡态下,如在非常潮湿的空气中,杯中的水位将整晚保持不变)。因此,处理蒸发问题的最佳建议是尽可能忘记所有平衡原则。换句话说,我们可以认为蒸发是一种非平衡相变。

1.1.4 本书不是一本有关凝结的著作

本书只考虑蒸发。尽管我们需要不时地将注意力转向凝结,但我们不会讨

论与凝结有关的任何特殊问题。

本书将重点着眼于蒸发这一单向过程,这是由凝结的特殊性质决定的:对于凝结现象,气体的动态过程非常重要。而本书主要考虑液体表面及附近的变化过程。"凝结动力学"需要考虑气体如何附着在液体上,包含这些信息的图书大约是本书厚度的两倍。

因此,本书的主旨非常明确:这是一本关于分子从液体表面分离的短篇著作。有些人可能想知道如何在这样一个简单的主题上写出一本300页的书?这是关于蒸发的问题,其中涉及的机理远比看上去要复杂。

1.1.5 蒸散

蒸散是维持陆地生物生命的主要过程之一,就重要性而言,蒸散可能排在阳光之后的第二位或第三位(有人说空气也很重要)。

很难想象地球上有不蒸发的水。让我们想象一颗名为格利兹的行星,在这个星球上,所有生命体都以甘油为基础;典型的格利兹星球人由约80%的甘油组成。这看起来很奇怪,但那又怎样? 大约二十年前,就有了关于在土卫六(土星的卫星)上有基于甲烷的生命体存在的设想,那么为什么我们不能在这个小节中假设基于甘油的生命体呢? 在这里考虑一种基于超级甘油(一种尚未发现的甘油改性物)的生命,它完全不能蒸发。

作为自然界的怪胎,格利兹星球有大量的甘油,甘油海、甘油河……停! 格利兹星球怎么会有河流呢? 河流要有源头,它们不能凭空出现。因为我们的甘油(未来的超级改性物)是不能蒸发的,所以格利兹大气中没有甘油。因此,没有雾、没有雨、没有河的源头也没有河流(除了可能的甘油火山活动,就像在海卫一(海王星的卫星)上的冰火山一样)。实际上,从格利兹生物的生物学角度来看,格利兹星球有一个被甘油海洋包围的沙漠,基于甘油的生命体可以生活在甘油海洋中,但没有总鳍类鱼能生活在格利兹星球的干燥土地上。

这真是个悲剧。幸运的是,地球的历史走向了一条不同道路:因为我们有水循环。

在地球上,水从大型水面(海洋)蒸发,而水蒸气则通过风散布在干燥的土地上方,在那里以雨的形式落下,河流收集雨水,将其带到海洋,直到太阳散发热量再次推动这个循环。

1.1.6 灼热表面上的液滴

我们可以在桌子上放一滴水,看看它是如何蒸发的。实际上,这不是一项非常有趣的消遣活动。然而,当把它滴在热表面上时,蒸发的过程会更加明显。在这种情况下,我们看到的不是一摊水,而是许多水滴在表面周围移动。

是谁第一次发现了过热表面上的液滴?在现代文献中,这种效应被称为莱顿弗罗斯特效应(以 Johann Gottlob Leidenfrost 命名,他在 18 世纪中叶观察到这种效应)。

因为术语"过热"取决于液体的种类,所以我们在室温下用液氮呈现这种效应。对于氮气,其沸腾温度为 77K(在大气压下),温度为 300K 的桌子就像一个煎锅,我们也能在家庭条件下观察到这种现象(图 1.1)。首先,将液氮倒入直径约 1cm 的杯子(煎锅)中。液氮一放入杯子中,就开始蒸发并形成液滴(图 1.1(a))。此后,液氮形成球形液滴(图 1.1(b))并逐渐蒸发(图 1.1(c))。或许,"逐渐"并不准确,图 1.1 所示的所有过程的时间持续不到 1min。

(a)   (b)   (c)

图 1.1　液氮液滴在空气中的形成和蒸发

准确地说,多种效应会导致在表面上形成球形液滴,尤其是润湿性。然而,导致莱顿弗罗斯特效应的主要物理原因是液体的强烈蒸发——表面太热以至于液体根本无法与之共存,因为如此高的蒸发速率,液滴像固体珠子一样从表面反弹甚至在上面滚动。不过,在图 1.1 中,我们看到一个被捕获的液滴:它无法逃离,所以我们可以拍照记录下来。

在本书的最后一章中,我们将探讨类似的效应。

在这里我们使用了很多热力学概念,让我们来研究一下怎样用热力学描述蒸发过程。

1.2　从热力学中我们能学到什么?

1.2.1　热力学基本原理

本书的许多叙述都与热力学概念有关,因此我们必须仔细讨论这些基本的科学论断。在这里讨论热力学基础也许很奇怪,但为了思考本书中所获得的和讨论的结果,我们认为这是有必要的。例如,我们将考虑温度不再只被当作一个状态量的情况,并考虑如何从力学方程获得具有麦克斯韦分布函数(MDF)的平衡状态。因此,我们将用几页篇幅来描述常见的观察结果,尤其是对所有的热力学问题都可以在单个章节中加以阐明。

热力学是一门相对简单的科学,除非你有心情用"热寂"这样宏大的概念来解释它。热力学的主要原理是平衡假设:每个孤立的系统最终都会达到静止的稳定状态,没有任何后续变化。我们的日常经验验证了这一假设,但从力学的角度来看,我们没有足够的证据来证明(见第2章)。

热力学只有几个基本定律,并且由此产生了大量的推论。

热力学第零定律。存在单个参数温度 T 来描述平衡(没有热量流进流出的稳定状态)。这意味着 T 为常数足以描述平衡态(在总通量为零的情况下)。

热力学第一定律。传递给系统的所有热量 δQ 用于改变该系统的内能 dU 和做功 $\delta A = pdV$:

$$\delta Q = dU + \delta A \tag{1.2.1}$$

对于复杂的系统,做功可能有多种形式,例如,表面功 σdF(σ 为表面张力,F 为表面积)和电场做功 EdD(E 为电场强度,D 为磁感应强度)。

热力学第二定律。式(1.2.1)的微分形式具有积分因子,即存在一个熵 S 函数,其微分形式如下:

$$dS = \frac{\delta Q}{T} \tag{1.2.2}$$

这个积分因子是温度的倒数 T^{-1},它的存在在热力学第零定律中已经说明。

式(1.2.2)中的第二定律可以通过纯数学过程获得。简单系统(只有一种做功形式的系统)中任何情况下都存在熵。对于复杂系统,微分形式的式(1.2.1)可以表示为

$$\delta Q = \sum_{k=1}^{N} X_k dx_k \quad (N > 2) \tag{1.2.3}$$

注意,在式(1.2.3)中 $X_1 = 1$ 并且 $x_1 = U$。只有满足弗罗贝尼乌斯(Frobenius)条件时,式(1.2.3)的形式才是完整的:

$$X_1\left(\frac{\partial X_3}{\partial x_2} - \frac{\partial X_2}{\partial x_3}\right) + X_2\left(\frac{\partial X_1}{\partial x_3} - \frac{\partial X_3}{\partial x_1}\right) + X_3\left(\frac{\partial X_2}{\partial x_1} - \frac{\partial X_1}{\partial x_2}\right) = 0 \tag{1.2.4}$$

对于任何一组的 $X_{1,2,3}$,式(1.2.4)都可以表示为 $\boldsymbol{X} \cdot \text{rot}\boldsymbol{X} = 0$。实际上,我们看到,这个公式中的第二定律被简化为一个数学定理。但历史上第二定律是由克劳修斯(Clausius)在某种物理假设下建立的,即无法自发地将热量从冷的物体传递到热的物体。然而,第二定律的这种"物理方法"并不是最有争议的表达方式。

事实上,正如 T. A. Afanasieva-Erenfest 所言,热力学第二定律存在几种不同的表述,这些表述可以简要概括为:

(1) 熵在式(1.2.2)中作为热力学参数而存在。

(2) 孤立系统总是趋向于熵增,最终达到熵的最大值:$S \to S_{max}$。

(3) 具有最大熵 S_{max} 的状态是任何孤立(热)动态系统的唯一吸引子。

通常,问题存在于第二个和第三个表述中,因为第一个表述是明确的,至少从数学的角度来看是这样的。

热力学第三定律同样可以用不同的方式表述,最简单的表述方式为

$$\lim_{T \to 0} c_V = 0, \quad \lim_{T \to 0} c_p = 0 \qquad (1.2.5)$$

更常见的表述方式如下(Bazarov,1991):

$$\lim_{T \to 0} \left(\frac{\partial S}{\partial p} \right)_T = 0, \quad \lim_{T \to 0} \left(\frac{\partial S}{\partial V} \right)_T = 0 \qquad (1.2.6)$$

第三定律的另一种表述为,$T = 0$ 是一个无法达到的值,因为没有任何过程可以提供到这一点的转变。然而,第三定律不如前三个定律有趣,尤其是第零定律。

事实上,温度是一种特殊函数。从统计的角度来看,温度确定了系统或任何子系统中的所有能量分布。例如,T 决定粒子的速度分布、原子的电子能、分子的振动和旋转自由度,等等。除此之外,还有热辐射温度(例如,未调整的电视机接收 2.7K 的辐射——宇宙本底辐射)。根据第零定律可知:温度决定了平衡态。

另外,"温度"一词只能用于平衡介质。在非平衡介质中,上述所有分布都失去了意义,就像温度本身失去了意义一样。有时温度仅能通过气体中分子的平均混沌能来定义,即 $T = \overline{mv^2}$,并且在某些情况下,我们会看到 $\overline{v_x^2} \neq \overline{v_y^2} \neq \overline{v_z^2}$(例如,在蒸发表面处,速度的法向分量 $v_z \neq v_x \sim v_y$),由此,我们容易得出结论,在一般情况下存在 3 个方向的温度 T_x、T_y、T_z。但是,这样得出的结论可能引起纯热力学专家的不满。

避免出现这个问题的折中办法是假设局部热平衡。按照这一假设,我们可以将"温度"一词应用于介质的基点(包含许多粒子的微元体),在该基点附近的温度不同。因此,总的平衡不存在,但我们能够在给定点使用所有平衡关系式;也就是说,在该点确定的所有分布函数对应于相关(局部)温度下的平衡函数。

然而,这种方法并非适用于所有情况:为了应用这一假设,我们必须确保温度至少存在于小范围内。对于许多情况,这种假设是错误的,即在任何点(在任何微元体)的分布都不符合平衡分布。在这种情况下,问题不仅局限于温度

值：不能使用诸如"温度"的术语。举个例子，让我们考虑激发能量的玻尔兹曼分布：

$$w \sim e^{-E/T} \tag{1.2.7}$$

式(1.2.7)不适用于非平衡等离子体。因此，试图基于式(1.2.7)的分布假设确定其温度，会给 T 带来近 100%的误差。该误差不是一种实验误差，而是一种系统误差，因为其源于错误的理论。

接下来讨论另一个适合本书主题的例子。如果在该层的边界处存在不同条件，则温度无法在所谓的克努森层（空间尺度约为一个平均自由程的区域，平均自由程即分子两次连续碰撞之间的平均距离）中定义。这种情况发生在蒸发表面附近，简而言之，蒸发表面附近的蒸气温度不存在。

请注意，我们将在第 2 章和第 3 章中详细考虑空间尺度的问题。在这里，我们回到热力学。

除了内能外，还可以引入下面几种热力学函数。

（1）焓：$H = U + pV$。

（2）亥姆霍兹自由能：$F = U - TS$。

（3）吉布斯自由能：$\Phi = U + pV - TS$。

通常情况下，每种能量都描述了相应外部条件下的稳定平衡。

使用特定参数（单位质量）$[x] = [X]/m$，其中 $[x]$ 表示上面给出的任意一个量，我们可以用以下形式重写式(1.2.1)：

$$T ds = du + p dv \tag{1.2.8}$$

该式在任何情况下都是正确的：无论是 m 为常数的封闭系统，还是 m 不为常数的开放系统。对于开放系统，可以对式(1.2.8)两边乘以 m，得

$$T dS = dU + p dV - \varphi dm \tag{1.2.9}$$

式中，比吉布斯能为 $\varphi = u + pv - Ts$。如果系统由 n 种物质组成，则必须使用求和形式 $\sum\limits_{i=1}^{n} \varphi_i dm_i$ 而不是式(1.2.9)的最后一项。

1.2.2 相平衡

对于具有两相物质的孤立系统（图 1.2），对于每相有

$$dS_1 = \frac{dU_1}{T_1} + \frac{p_1 dV_1}{T_1} - \frac{\varphi_1(p_1, T_1) dm_1}{T_1} \tag{1.2.10}$$

$$dS_2 = \frac{dU_2}{T_2} + \frac{p_2 dV_2}{T_2} - \frac{\varphi_2(p_2, T_2) dm_2}{T_2} \tag{1.2.11}$$

图 1.2　孤立系统

当 $U = U_1 + U_2$ 为常数,且 $V = V_1 + V_2$ 和 $m = m_1 + m_2$ 也为常数时,$\mathrm{d}U_1 = -\mathrm{d}U_2$、$\mathrm{d}V_1 = -\mathrm{d}V_2$、$\mathrm{d}m_1 = -\mathrm{d}m_2$,并且总和 $\mathrm{d}S = \mathrm{d}S_1 + \mathrm{d}S_2$,可以得到:

$$\mathrm{d}S = \left(\frac{1}{T_1} - \frac{1}{T_2}\right)\mathrm{d}U_1 + \left(\frac{p_1}{T_1} - \frac{p_2}{T_2}\right)\mathrm{d}V_1 - \left(\frac{\varphi_1}{T_1} - \frac{\varphi_2}{T_2}\right)\mathrm{d}m_1 \qquad (1.2.12)$$

这种系统的平衡条件是 $\mathrm{d}S = 0$,任意偏差 $\mathrm{d}U_1$、$\mathrm{d}U_2$ 和 $\mathrm{d}m_1$ 可以得到:

$$T_1 = T_2 = T, \quad p_1 = p_2 = p, \quad \varphi_1(p_1, T_1) = \varphi_2(p_2, T_2) \qquad (1.2.13)$$

让我们考虑两个阶段中压力 $\mathrm{d}p$ 和温度 $\mathrm{d}T$ 的微小变化。一般情况下,我们将使用不同的压力偏差:$\mathrm{d}p_1 \neq \mathrm{d}p_2$。例如,在由蒸气和缓冲(非凝结)气体组成的气相系统中,会产生这种不等式,有

$$\varphi_1(p_1 + \mathrm{d}p_1, T + \mathrm{d}T) = \varphi_2(p_2 + \mathrm{d}p_2, T + \mathrm{d}T) \qquad (1.2.14)$$

$$\varphi_1(p_1, T) + \frac{\partial \varphi_1}{\partial p_1}\mathrm{d}p_1 + \frac{\partial \varphi_1}{\partial T}\mathrm{d}T = \varphi_2(p_2, T) + \frac{\partial \varphi_2}{\partial p_2}\mathrm{d}p_2 + \frac{\partial \varphi_2}{\partial T}\mathrm{d}T \qquad (1.2.15)$$

吉布斯自由能的导数是 $\frac{\partial \varphi}{\partial p} = v, \frac{\partial \varphi}{\partial T} = -s$(对应于比体积和比熵)并且由式(1.2.13)得 $\varphi_1(p_1, T) = \varphi_2(p_2, T)$。熵的差值为

$$s_2 - s_1 = \frac{r}{T} \qquad (1.2.16)$$

式中:r 为相变的比热容(如汽化潜热)。

从而有

$$v_2 \frac{\mathrm{d}p_2}{\mathrm{d}T} - v_1 \frac{\mathrm{d}p_1}{\mathrm{d}T} = \frac{r}{T} \qquad (1.2.17)$$

这个重要的等式有两种特殊的形式。第一种特殊形式是针对 $\mathrm{d}p_1 = \mathrm{d}p_2 = \mathrm{d}p$ 的克拉珀龙-克劳修斯(Clapeyron-Clausius)关系式:

$$\frac{\mathrm{d}p}{\mathrm{d}T} = \frac{r}{T(v_2 - v_1)} \qquad (1.2.18)$$

该式建立了沿相平衡曲线的压力和温度之间的关系。众所周知,单相物质具有两个自由度,这个事实以 $p = f(v,T)$ 的形式反映在状态方程中。在两相系统中有一个自由度,即 $p = f(T)$,在式(1.2.18)中表示。换句话说,相变发生在 p、T 为常数的情况下。

式(1.2.17)的第二种特殊形式描述了压力的等温变化,针对 $\mathrm{d}T = 0$ 的坡印亭(Poynting)方程为

$$\frac{\partial p_2}{\partial p_1} = \frac{v_1}{v_2} \qquad (1.2.19)$$

从式(1.2.19)得出,平衡相中的其中一相压力增加使第二相的压力也相应地增加。如果液体的压力增加(例如,将惰性气体添加到腔室中),则饱和蒸气的压力也将增加。

请注意,我们可能会考虑温度不等式 $\mathrm{d}T_1 = \mathrm{d}T_2$,但这种考虑不包含任何物理意义。

1.2.3 新相的成核

成核是这个问题的一个重要方面,但难度略高。热力学预测了给定介质中新相核的一些有趣结果,但在实际情况下,这种基本假设很少成立。

让我们考虑一个在恒定压力 p 和恒定温度 T 下的热力学系统。最初在腔室中存在均匀相,质量为 m,吉布斯自由能为

$$\Phi^0 = F^0 + pV^0 = \varphi_1 m = [f_1(v_1,T) + pv_1]m \qquad (1.2.20)$$

在形成半径为 R、质量为 m_2 的核之后(图1.3),吉布斯自由能变为

$$\Phi = f_1(v_1,T)m_1 + f_2(v_2,T)m_2 + F_\sigma + pv_1 m_1 + pv_2 m_2 \qquad (1.2.21)$$

图1.3　液滴的形成

10

这里的自由表面能为

$$F_\sigma = \sigma S = \sigma 4\pi R^2 \tag{1.2.22}$$

式中:σ 为表面张力。

式(1.2.21)中有 3 个独立的参数——v_1、v_2 和 m_2,其他参数可以表示为

$m_1 = m - m_2$ 和 $R = \sqrt[3]{\dfrac{3m_2 v_2}{4\pi}}$。也就是说,两相系统的吉布斯自由能的变化为

$$\delta\Phi = \frac{\partial\Phi}{\partial v_1}\delta v_1 + \frac{\partial\Phi}{\partial v_2}\delta v_2 + \frac{\partial\Phi}{\partial m_2}\delta m_2 \tag{1.2.23}$$

在平衡态下,这种变化必须等于零,即对于独立的 δv_1、δv_2 和 δm_2,有

$$\frac{\partial\Phi}{\partial v_1} = 0, \quad \frac{\partial\Phi}{\partial v_2} = 0, \quad \frac{\partial\Phi}{\partial m_2} = 0 \tag{1.2.24}$$

由式(1.2.21),得

$$-\frac{\partial f_1(v_1, T)}{\partial v_1} = p_1 = p \tag{1.2.25}$$

$$-\frac{\partial f_2(v_2, T)}{\partial v_2} = p_2 = p + \frac{2\sigma}{R} \tag{1.2.26}$$

$$f_1(v_1, T) + pv_1 = f_2(v_2, T) + \underbrace{\left(p + \frac{2\sigma}{R}\right)}_{p_2}v_2 \tag{1.2.27}$$

式(1.2.25)~式(1.2.27)描述了具有球形分界面的两相系统中的相平衡。我们看到第一相的压力与外部压力一致,而新形成的相压力超过这个值$\dfrac{2\sigma}{R}$(称为拉普拉斯跳跃,参见 1.3.2 节)。按照式(1.2.20)的形式引入比吉布斯,我们可以将式(1.2.27)改写成更一般的条件:

$$\varphi_1(p_1, T) = \varphi_2(p_2, T) \tag{1.2.28}$$

式(1.2.28)类似于式(1.2.13),只不过式(1.2.13)是针对孤立系统获得的。

在给定的热力学系统中,什么条件有利于成核?要回答这个问题,必须考虑吉布斯自由能 $\Delta\Phi = \Phi - \Phi^0$ 的变化:

$$\Delta\Phi = [\varphi_2(p, T) - \varphi_1(p, T)]m_2 + 4\pi R^2\sigma \tag{1.2.29}$$

从热力学角度来看,当 $\Delta\Phi < 0$ 时,对形成新相更有利。为了建立 $\Delta\Phi$ 的热力学参数和半径 R 的函数关系,使用展开项中的 φ_1 和 φ_2:

$$\varphi_2(p, T) - \varphi_1(p, T) = \underbrace{\varphi_2(p_s, T) - \varphi_1(p_s, T)}_{0} + \underbrace{\frac{\partial\varphi_2}{\partial p}}_{v_2}(p - p_s) - \underbrace{\frac{\partial\varphi_1}{\partial p}}_{v_1}(p - p_s)$$

$$\tag{1.2.30}$$

式中：p_s 为平滑界面表面的饱和压力。

因此,有

$$\Delta \Phi = (v_2-v_1)(p-p_s)\frac{4\pi R^3}{3v_2}+4\pi R^2 \sigma \qquad (1.2.31)$$

在$(v_2-v_1)(p-p_s)<0$ 的情况下,对于足够大的 R 变量,$\Delta \Phi$ 是负值。在这种情况下,函数 $\Delta \Phi(R)$ 具有以下最大值：

$$R=R_m=\frac{2\sigma v_2}{(v_2-v_1)(p_s-p)} \qquad (1.2.32)$$

通常,式(1.2.32)中的半径被称为成核的临界半径,因为当 $R>R_m$ 时,$\dfrac{\partial \Delta \Phi}{\partial R}<0$ (图1.4),即核的生长从热力学角度上来说是有利的。请注意,如果 $v_2>v_1$(新相比旧相"更轻",如水中的蒸气),则 $p<p_s$;否则系统中的实际压力将超过饱和压力。

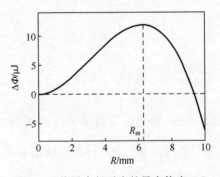

图1.4　临界半径对应的最大值为 $\Delta \Phi$

电场中核的形成有其特殊之处,这一物理原理用于威尔逊云室(电离粒子的径迹探测器)中,该仪器是一种充满饱和(甚至过饱和)蒸气的容器。

然而,虽然过饱和,但是蒸气不会凝结。这是为什么呢?因为对于凝结,核(液滴)的临界尺寸不得小于式(1.2.32)中计算的尺寸。核可能有两种：

(1)自发核:由于波动,在蒸气中形成一个大的团簇(或一个小液滴)。

(2)异质核:在这种情况下,小杂质起到凝结中心的作用。

我们看到实验条件必须保证不存在这两种类型的核:过饱和是无关紧要的,即形成半径为 R_m 的核的概率必须为零,并且蒸气必须是高纯度的。在这些条件下,威尔逊云室中没有凝结;此外,我们必须防止腔室壁面上出现凝结。

当威尔逊云室内存在电离粒子时,凝结开始出现在云室中:电离辐射在云室内产生带电粒子,在这些电荷周围形成液滴。这又是为什么呢?

受电场力的影响,必须在式(1.2.20)和式(1.2.21)中增加一个相应的自由

能项。具有介电常数 ε 的介质中电场的自由能为

$$F_E = \int \frac{ED}{2} dV = \int \frac{\varepsilon_0 \varepsilon E^2}{2} dV \qquad (1.2.33)$$

由于半径为 δ 的电荷 q 周围的电场为

$$E = \frac{q^2}{4\pi\varepsilon\varepsilon_0 r^2} \qquad (1.2.34)$$

由式(1.2.33)初始阶段($\varepsilon=1$ 的纯蒸气)的能量,得

$$F_E^0 = \int_\delta^\infty \frac{\varepsilon_0 E_v^2 4\pi r^2 \mathrm{d}r}{2} = \frac{q^2}{8\pi\varepsilon_0\delta} \qquad (1.2.35)$$

而对于电荷周围有液滴的蒸气,我们有

$$F_E = \int_\delta^R \frac{\varepsilon\varepsilon_0 E_1^2}{2} dV + \int_R^\infty \frac{\varepsilon_0 E_v^2}{2} dV = \frac{q^2}{8\pi\varepsilon_0 R}\left(1 - \frac{1}{\varepsilon}\right) + \frac{q^2}{8\pi\varepsilon\varepsilon_0\delta} \qquad (1.2.36)$$

式中:ε 为液体的介电常数。由此可知,现在总的吉布斯自由能之差为

$$\Delta\Phi = \Phi - \Phi^0 + F_E - F_E^0 \qquad (1.2.37)$$

并且,因为对于任何液体 $\varepsilon > 1$,并且 $\delta \to 0$,所以 $\Delta\Phi < 0$,这对新相的形成在热力学角度上是有利的。

注意,威尔逊云室具有一个"近亲"——沸腾室,其中液体在电离辐射的影响下沸腾。沸腾室的物理学基础是完全不同的,相关内容将在本书最后一章的9.4.6 节中讨论。

1.2.4 蒸发温度

现在我们准备把热力学知识应用到现实生活中。让我们拿一个热电偶(有关热电偶的详细信息请参见8.3 节),将其放入温水,然后取出放在空气中。我们能否预测这种湿热电偶的温度-时间相关关系 $T(t)$?

这其实很容易,我们知道温度必定会趋同于周围介质的温度,周围介质的温度在本实验中起到恒温器的作用。那么,我们可以预期热电偶的温度会随着时间单调减小,趋于室温。

接下来,我们进行这个实验。温度随时间的变化关系(称为热谱图)如图 1.5 所示(使用 K 型热电偶 ATA-2008 并使用 ATE-2036 记录仪获得)。

我们意识到我们的逻辑思考存在错误。我们看到温度显著下降,降到某个比室温低得多(几度)的值。这怎么可能?当热电偶的温度与周围空气的温度相等时,在湿热电偶和空气之间的零温差下,怎么可能会出现进一步的传热呢?那么,在紧接着的冷却阶段,当 T 降到室温以下时,是否违反热力学第二定律——从冷端(湿热电偶)到热端(空气)的热传递?

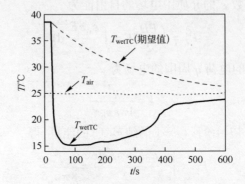

图 1.5　湿热电偶的温度(真实值和期望值)

从分子的角度来看,答案很简单:高能分子离开热电偶上的液层,导致液体进一步冷却。从热力学角度回答这些问题更有意思。

按照热力学的说法,液滴从热电偶结处蒸发是一个非平衡过程。实验中,在一般干燥的大气中,反向(凝结)通量可以忽略不计,液相与气相不平衡。在这种情况下,克拉珀龙-克劳修斯方程就没有意义了。

至于打破热力学第二定律,我们上面给出的公式只是一个逻辑技巧、一种似是而非的观点。热量从空气传递到热电偶的液膜上,这些热量被用于蒸发和非平衡相变,导致液体层的温度下降,从而导致热电偶的温度下降。

下面我们讨论一个更有意思的把戏。

1.2.5　魔法鸟

魔法鸟是一种古老的流行玩具,在不同的国家有不同的名字。例如,在俄罗斯,它被称为“霍特比奇鸟(Hottabych's bird)”(霍特比奇是一个出自俄罗斯童话故事的巫师),有时他们还称之为中国鸭或饮水鸭。在写本书时,你可以在亚马逊网站上搜索“饮水鸭”找到并购买这个玩具。魔法鸟是一个玻璃管(鸟的形状),里面装满了挥发性液体和这种液体的蒸气,例如,可以使用不具有“魔法”的二氯甲烷(CH_2Cl_2)。

魔法鸟不能飞,但它展示了一个让人惊奇的戏法。开始时,把它放在一杯水前面,并给它覆盖着海绵的头部加湿(图1.6(a))。放开玩具后,鸟儿开始摇摆,体内的液体上升,随后它的质心上升,在某个时刻,鸟儿面朝下落入玻璃中(图1.6(b))。液体流到鸟的下半部分,鸟伸直并且循环往复此过程。

实际上,魔法鸟可以工作数天或数周,因为它有足够的“燃料”(有足够的水可以饮用)。

14

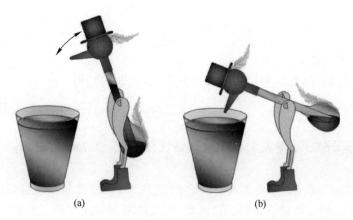

图 1.6　(a)魔术鸟第 1 阶段(伸直)和(b)魔术鸟第 2 阶段(倾斜)

我们遇到过一些人,他们很认真地认为魔法鸟是第二类永动机。当然,这是由于他们对热力学知之甚少!

魔法鸟有两个"液-气"转变:在其头部或在其体内。头部的相变是水从覆盖头部的海绵蒸发到空气中,这是一种非平衡相变:在这里,液体(海绵中的水)和它的蒸气(在空气中)之间没有平衡。鸟体内的相变是二氯甲烷的平衡蒸发。

对于二氯甲烷,我们有克拉珀龙-克劳修斯方程:

$$\frac{\mathrm{d}p_{\mathrm{s}}}{\mathrm{d}T} = \frac{r}{T(v''-v')} \tag{1.2.38}$$

式中:p_{s} 为饱和压力;T 为温度;r 为蒸发焓;v' 和 v'' 为液体和对应蒸气的比体积。

该蒸发在远离临界点(CH_2Cl_2 的临界压力为 63.6bar,取自美国国家标准与技术研究院(NIST)数据库)的低压下发生,因此可以忽略式(1.2.38)中的 v' 并使用蒸气的克拉珀龙方程:

$$v'' = \frac{RT}{p_{\mathrm{s}}} \tag{1.2.39}$$

式中,二氯甲烷 R 的大小为 98J/(kg·K)。

让我们估算一下当鸟的头部冷却 1K 时鸟体内液柱的高度。首先,对于如此低的 ΔT,我们可以利用差商替换式(1.2.38)左侧的导数,如 $\frac{\mathrm{d}p}{\mathrm{d}T} \to \frac{\Delta p}{\Delta T}$,并取 $r = 3.4 \times 10^5 \mathrm{J/kg}$(所有数据均来自 NIST 数据库)。然后,根据式(1.2.39),当鸟头的温度下降 ΔT 时,上部(液体上方)的压力降低 $\Delta p = \Delta p_{\mathrm{s}}$,液柱上升高度为

$$\Delta h = \frac{\Delta p \cdot v'}{g} \qquad (1.2.40)$$

式中,重力加速度 $g = 9.8\,\mathrm{m/s}^2$。

因此,根据式(1.2.40)、式(1.2.38)与式(1.2.39),得

$$\Delta h = \frac{r p_s v'}{g R T^2} \Delta T \qquad (1.2.41)$$

使用 $p_s = 63\,\mathrm{kPa}$,室温 $T = 300\,\mathrm{K}$,液体比体积 $v' = 7.7 \times 10^{-4}\,\mathrm{m}^3/\mathrm{kg}$,可以得到 $\Delta h \approx 20\,\mathrm{cm}$。

如 1.2.4 节所示,蒸发水和空气之间温差约 1K 很容易实现,因此,我们知道约 10cm 高的鸟效果会很好。请注意,魔法鸟不能装水工作,如果用水代替二氯甲烷,用式(1.2.41)算出的提升高度将非常小。

从热力学的角度来看,这一切都是清楚的。当然,这只魔法鸟不是第二类永动机,它不会从平衡的环境中汲取能量来产生功。魔法鸟永动的根源即存在的非平衡条件:如果没有鸟头上水分的蒸发,它的运动是不可能的。我们可以用两种方法来阻碍蒸发:创造一个潮湿的大气(凝结通量等于蒸发通量)或使房间冷却(控制蒸发本身)。在这两种情况下,魔法鸟都会停止动作。

我们可能会注意到,魔法鸟需要水来执行它的魔法动作:鸟头上水的蒸发是这台机器的驱动力,在没有一杯水的情况下(但头部是湿的),鸟会做多次摆动,但迟早会停下来。

1.2.6 热力学图

在本节的最后部分,我们将介绍本书要处理的两种主要物质的热力学图:水和氩。水是用于实验研究的一般液体,而氩是用于计算模拟的主要对象。

最常用的相变热力学图是 $p\text{-}T$ 图、$p\text{-}v$ 图和 $T\text{-}S$ 图。水和氩的热力学图(本书中经常使用的两种液体)如图 1.7 所示(数据来自 NIST 数据库)。

在 $T\text{-}S$ 图和 $p\text{-}v$ 图上,饱和曲线有两个分支:左侧液体分支和右侧蒸气分支。在这些曲线内部,是两相共存的区域。在 $T\text{-}S$ 图上容易看出,液相侧的饱和曲线与等压线几乎重合。饱和曲线的斜率由导数定义:

$$\left(\frac{\partial S}{\partial T}\right)_{\mathrm{sat}} = \left(\frac{\partial S}{\partial T}\right)_p + \left(\frac{\partial S}{\partial p}\right)_T \left(\frac{\partial p}{\partial T}\right)_{\mathrm{sat}} \qquad (1.2.42)$$

接下来,可以用以下方法转换此导数:

$$\left(\frac{\partial S}{\partial p}\right)_T = -\left(\frac{\partial v}{\partial T}\right)_p, \quad \left(\frac{\mathrm{d}p}{\mathrm{d}T}\right)_{\mathrm{sat}} = \frac{r}{T(v''-v')}, \quad \left(\frac{\partial S}{\partial T}\right)_p = \frac{c_p}{T} \qquad (1.2.43)$$

第一个表达式来自麦克斯韦方程,而第二个表达式是克拉珀龙-克劳修斯

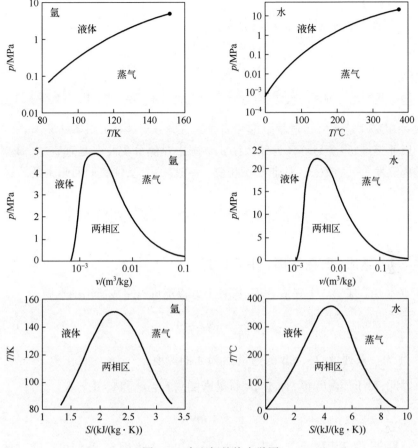

图 1.7　水和氩的热力学图

关系式,其中

$$\left(\frac{\partial v}{\partial T}\right)_p = \alpha v \tag{1.2.44}$$

式中:α 为体膨胀系数。

远离临界点 $v'' \gg v'$ 时,对左侧饱和曲线,有

$$\left(\frac{\partial S}{\partial T}\right)_{\text{sat}}^{\text{left}} = \frac{c_p'}{T} - \alpha' \frac{v'}{v''} \frac{r}{T} \tag{1.2.45}$$

例如,对于水,$c_p' \sim$ [1] $10^3 \text{J}/(\text{kg} \cdot \text{K})$,$T \sim 10^2 \text{K}$,因此,第一项 $\sim 10 \text{J}/(\text{kg} \cdot \text{K}^2)$。当 $\alpha' \sim 10^{-4} \text{K}^{-1}$,$v'/v'' \sim 10^{-3}$,$r \sim 10^6 \text{J/kg}$ 时,第二项 $\sim 10^{-3} \text{J}/(\text{kg} \cdot \text{K}^2)$,因此,这一

---

①　此处"~"表示量级。

项可以被忽视。

对于饱和度曲线的右侧蒸气分支：

$$\left(\frac{\partial S}{\partial T}\right)_{\text{sat}}^{\text{right}} = \frac{c_p''}{T} - \alpha'' \frac{r}{T} \tag{1.2.46}$$

假设蒸气是一种理想气体，有 $\alpha'' = \frac{1}{T}$。而对于水，第一项 $\sim 10 \text{J}/(\text{kg} \cdot \text{K}^2)$，而第二项 $\sim 10^2 \text{J}/(\text{kg} \cdot \text{K}^2)$。这就是饱和曲线的右侧分支具有负斜率的原因。

以此类推，很容易解释为什么在 $p\text{-}v$ 图中左侧分支几乎是垂直的。现在正在远离蒸发——"液-气"的非平衡相变——这一主题，让我们回归主题。

1.3 从流体力学中我们能学到什么?

1.3.1 纳维-斯托克斯(N-S)方程

流体力学基于三个守恒方程，这三个方程都可以写成通用的形式：

$$\frac{\partial A}{\partial t} + \text{div} \boldsymbol{J}_A = \dot{A} \tag{1.3.1}$$

式中：A 为一系列量；$\boldsymbol{J}_A$ 为 A 的通量；$\dot{A}$ 为 A 的源项。

因此，对于质量守恒，有 $A = \rho$（质量密度），$\boldsymbol{J}_A = \rho \boldsymbol{v}$ 和 $\dot{A} = 0$：

$$\frac{\partial \rho}{\partial t} + \text{div} \rho \boldsymbol{v} = 0 \tag{1.3.2}$$

动量守恒方程则要复杂得多。省略所有初步考虑因素，我们可以通过纳维-斯托克斯(Navier-Stokes，N-S)方程写出 i 方向的速度分量 v_i(Landau 和 Lifshitz，1959)：

$$\rho \frac{\partial v_i}{\partial t} + \rho v_k \frac{\partial v_i}{\partial x_k} = -\frac{\partial p}{\partial x_i} + \frac{\partial \zeta_{ik}}{\partial x_k} + \rho g_i \tag{1.3.3}$$

式中：g_i 为重力加速度的分量。

黏性应力张量为

$$\zeta_{ik} = \mu \left(\frac{\partial v_i}{\partial x_k} + \frac{\partial v_k}{\partial x_i} - \frac{2}{3} \delta_{ik} \frac{\partial v_m}{\partial x_m}\right) + \eta \delta_{ik} \frac{\partial v_m}{\partial x_m} \tag{1.3.4}$$

我们使用静默求和的常规定义（重复索引求和的约定），即 $a_i b_i = \sum_i a_i b_i$。例如，$\partial v_m / \partial x_m$ 表示向量 $\boldsymbol{v}$ 的散度。

在式(1.3.4)中，系数 μ 为剪切黏度；而 η 为体积(第二)黏度。对于不可压缩的流体，ρ 为常数，$\partial v_m / \partial x_m = 0$，因此 η 在式(1.3.4)中不起作用。然而，对于

可压缩流动的问题，$\mathrm{div}\boldsymbol{v}\neq0$，系数 η 至关重要。

N-S 方程无法通过解析方法求解，甚至有人怀疑它是否有解。到目前为止，还没有确定的证据证明式（1.3.3）是否有解（据我个人判断，答案是"否"）。不过，这些问题不在本书的讨论范围之内。

由于 N-S 方程具有复杂性，因此可以使用速度的其他表示方法。例如，根据亥姆霍兹定理，速度（具体到任何向量）可以用标量势 ϕ、矢量势 $\boldsymbol{\Psi}$ 表示：

$$\boldsymbol{v}=\nabla\phi+\mathrm{rot}\,\boldsymbol{\Psi} \tag{1.3.5}$$

对于一些问题，求 ϕ 或 $\boldsymbol{\Psi}$ 很容易。例如，对于不可压缩流体的二维流动，速度 $\boldsymbol{v}(x,y)$ 可以用具有单个 z 方向分量的势 $\Psi_z(x,y)$ 来表示，在这种情况下，函数 Ψ_z 被称为"流函数"。

1.3.2 界面上的条件

N-S 方程是 v_i 的二阶微分方程，因此，我们必须为每个速度分量定义两个边界条件。注意：对于非黏性流体 $\mu=\eta=0$，只有一个一阶微分方程，因此只需要单个边界条件。

固体壁面上流体速度的最简单边界条件是速度的切向和法向投影为零：$v_\tau=v_n=0$。然而，由于液体表面环境更加复杂：在界面上可能有蒸气质量通量的源（蒸发）或汇（凝结）。我们将在 1.4 节中考虑速度的边界条件，但在这里我们先仔细研究压力条件。

在定义为 $\zeta(x,y)$ 的界面边界处，压力具有不连续性——拉普拉斯压力跳跃，即两相压力差：

$$p_1-p_2=\sigma\left(\frac{\zeta_{xx}}{\sqrt{1+\zeta_x^2}}+\frac{\zeta_{yy}}{\sqrt{1+\zeta_y^2}}\right) \tag{1.3.6}$$

式中，ζ 为下标相应的导数。

凸面的相中的压力较高，对于平滑曲率的界面，导数 $|\zeta_x|\ll1$、$|\zeta_y|\ll1$，可以忽略不计。

现在让我们考虑一下液体表面。定义液体表面的相应坐标为 $z=\zeta(x)$（为简单起见，不考虑第二个坐标 y）。液相中的速度可以用标量 ϕ 来表示，即 $v_x=\dfrac{\partial\phi}{\partial x}$，$v_z=\dfrac{\partial\phi}{\partial z}$，所以对于不可压缩的流体，在 $\mathrm{div}\boldsymbol{v}=0$ 的情况下，有

$$\Delta\phi\equiv\frac{\partial^2\phi}{\partial x^2}+\frac{\partial^2\phi}{\partial z^2}=0 \tag{1.3.7}$$

我们可以写出式（1.3.6）中蒸气 p_1 和液体 p_2 的压力差。假设 p_1 为常数并用伯努利方程表达 p_2：

$$p_2 = p_1 - \rho g \zeta - \rho \frac{\partial \phi}{\partial t} \tag{1.3.8}$$

最后,得到了液体表面上的等式:

$$\rho g \zeta + \rho \frac{\partial \phi}{\partial t} - \sigma \frac{\partial^2 \zeta}{\partial x^2} = 0 \tag{1.3.9}$$

对于以下情况,假设 $\sigma(\zeta)$ 已知,将式(1.3.9)对时间求导,考虑界面处的法向速度是 $\frac{\partial \zeta}{\partial t} = v_z = \frac{\partial \phi}{\partial z}$,同时考虑关系式(1.3.7),得

$$\rho \frac{\partial^2 \phi}{\partial t^2} + (\rho g - \sigma_\zeta \zeta_{xx}) \frac{\partial \phi}{\partial z} + \sigma \frac{\partial^3 \phi}{\partial z^3} = 0 \tag{1.3.10}$$

式中,$\sigma_\zeta = \frac{\mathrm{d}\sigma}{\mathrm{d}\zeta}$ 和 $\zeta_{xx} = \frac{\partial^2 \zeta}{\partial x^2}$ 如上所述。

然后,存在依赖关系 $\phi(z) \to \phi(kz)$,其中 k 为 $\frac{\partial \phi}{\partial z} = k\phi$,因此,$\frac{\partial^3 \phi}{\partial z^3} = c_3 k^3 \phi$,其中参数 c_3 取决于函数 $\phi(kz)$;如果 $\phi \sim \mathrm{e}^{kz}$,那么 $c_3 = 1$。因此,式(1.3.10)可以表示为

$$\frac{1}{\phi} \frac{\partial^2 \phi}{\partial t^2} + \left(g - \frac{\sigma_\zeta}{\rho} \zeta_{xx} \right) k + \frac{\sigma c_3 k^3}{\rho} = 0 \tag{1.3.11}$$

在特殊情况下,对于 $\sigma_\zeta = 0$,可以获得表面上的重力-表面张力波的解:

$$\phi = A \mathrm{e}^{kz} \mathrm{e}^{i\omega t - ikx} \tag{1.3.12}$$

由式(1.3.11)的形式得出的频散方程为

$$\omega^2 = gk + \frac{\sigma k^3}{\rho} \tag{1.3.13}$$

注意,由于式(1.3.7)的存在,式(1.3.12)中 ϕ 对坐标 x 的依赖程度低于对 e^{kz} 的依赖程度。

然而,当表面张力取决于液体表面的局部水平,即 $\sigma_\zeta \neq 0$ 时,我们不能以这种简单的方式描述问题,式(1.3.12)不是式(1.3.10)的解。首先,我们必须阐明实际的 $\sigma(\zeta)$:表面张力与表面坐标之间存在怎样的依赖关系?

二元液体在冷却的固体表面上从蒸气中凝结时存在依赖关系 $\sigma(\zeta)$,此时,表面温度取决于液体高度 ζ。因此,如果各组分具有不同的蒸发速率,各组分的比例将取决于 ζ。由于表面张力强烈依赖于组分的浓度 C,因此,最终得到 $\sigma(\zeta)$。具体来说,有

$$\frac{\mathrm{d}\sigma}{\mathrm{d}\zeta} = \frac{\mathrm{d}\sigma}{\mathrm{d}C} \frac{\mathrm{d}C}{\mathrm{d}T} \frac{\mathrm{d}T}{\mathrm{d}\zeta} \tag{1.3.14}$$

在这个过程中，发生了一种假滴状凝结：大液滴形式的凝结物位于非常薄的液膜上（Ford 和 Missen，1968；Hijikata 等，1996）。如果用文艺的说法，则这种效果称为葡萄酒之泪。

我们可以在式（1.3.11）中看到类似的东西。忽略重力，即考虑纯表面张力作用，利用从式（1.3.9）得到的关系式 $\zeta_{xx}=\dfrac{\rho}{\sigma}\dfrac{\partial\phi}{\partial t}$，可得

$$\frac{1}{\phi}\frac{\partial^2\phi}{\partial t^2}=\frac{\sigma_\zeta}{\sigma}\frac{\partial\phi}{\partial t}-\frac{c_3\sigma k^3}{\rho} \tag{1.3.15}$$

如果 $\sigma_\zeta>0$ 且 $\dfrac{\partial\phi}{\partial t}>0$，我们可以看到，对于式（1.3.15）右侧第一项足够大，则二阶导数（左侧）为正。这意味着如果 ϕ 开始以足够高的速率增长（$\sigma_\zeta>0$），那么它将表现为加速增长。我们可以将这种行为称为不稳定性，整个过程表示液体的表面强烈变形。

因此，在凝结过程中，即使在异物上，蒸发也可能自行出现。

1.3.3　界面边界的运动

本节标题中描述的问题称为斯特藩（Stefan）问题，相变的表面由两个条件决定。

（1）温度等于相变的温度 T_s。

（2）界面的热流会有一个跳跃：

$$\underbrace{-\lambda_1\frac{\partial T_1}{\partial n}}_{q_1}+\underbrace{\lambda_2\frac{\partial T_2}{\partial n}}_{-q_2}=\rho r v \tag{1.3.16}$$

式中：λ 为热导率；ρ 为质量密度；r 为相变潜热；v 为运动的界面边界速度。

必须结合导热方程求解方程（1.3.16），则有

$$\frac{\partial T}{\partial t}=a\Delta T \tag{1.3.17}$$

式中：$a=\dfrac{\lambda}{\rho c_p}$ 为热扩散系数；$\Delta=\sum\limits_k\dfrac{\partial^2}{\partial x_k^2}$。

式（1.3.17）是边界条件。

一般来说，除非在某些特殊情况下，否则不可能通过解析方法求解。对于速度较慢的边界运动，当 $v\ll a/l$（l 是空间尺度，当然这只是粗略的估算）时，我们可以分两步求解斯特藩问题：

（1）找到两个阶段的温度分布；

（2）由式（1.3.16）确定边界速度 v。

式（1.3.16）可用于计算蒸发前沿的速度：由于蒸发引起的质量减少，液体表面的坐标会发生移动。有时，会发现该速度忽略了式（1.3.16）中的热流量 q_2，即速度 $v = \dfrac{q}{\rho r}$ 仅由从其中一个相（例如，来自蒸气）传导的热流量确定。在这种情况下，每单位表面积的质量损失率 $J = \dfrac{1}{S}\dfrac{dm}{dt}$ 可以通过 $J = \dfrac{q}{r}$ 计算。

然而，蒸发与其他类型的相变（如沸腾或熔化）有一个关键的区别在于，蒸发在任何温度下都会进行，因此，我们不能假设蒸发表面的温度等于某个特殊温度 T_s。例如，因为快分子离开表面（蒸发），表面分子的平均动能总是低于液体内部，所以考虑到蒸发表面温度低于液体的主体温度这一事实，我们不能将蒸发表面的温度等同于沸腾温度。简而言之，快分子总是在液体表面变低，因此表面的温度总会降低。但问题是这个温差有多大，是-0.1K 还是 10K？

1.3.4 蒸发表面附近的动力学

在远离界面的地方，我们有一个共同的流体力学问题。蒸气中的质量通量由两部分组成：对流项 ρv 和扩散项 $-D\nabla n$，其中 n 为蒸气的质量浓度。

通常，为简单起见，只考虑质量通量的一个部分：对流或扩散。在空气中蒸发的情况下，可以使用后一种方法，因此得到了蒸气中的扩散方程：

$$\frac{\partial n}{\partial t} = D\frac{\partial^2 n}{\partial x^2} \tag{1.3.18}$$

蒸发面上质量通量边界条件为

$$\left.\frac{\partial n}{\partial x}\right|_{x=0} = -\frac{J}{D} \tag{1.3.19}$$

根据上一节讨论的假设，质量通量可以通过液相的热流密度 q 来确定，即

$$J = \frac{q}{r} = -\frac{\lambda}{r}\left.\frac{\partial T}{\partial x}\right|_{x=0} \tag{1.3.20}$$

至于温度，在没有对流的情况下，有如式（1.3.17）所示的扩散形式。

注意，我们可以用球坐标表示液滴的问题，这样的解将我们引导到麦克斯韦方程，具体将在第 7 章中进行讨论。

这里我们讨论式（1.3.17）~式（1.3.18）系统的非定常解，对于 $x<0$ 的液体和 $x>0$ 的蒸气（轴 x 指向液面进入蒸气的方向），初始条件和边界条件为

$$T(t=0,x<0) = T_0, \quad T(t,x\geq 0) = T_g, \quad n(t=0,x\geq 0) = 0 \tag{1.3.21}$$

此外，我们不考虑界面的运动。严格地说，如在 1.3.3 节中所讨论的那样，

如果界面的位置是 $x=0, t=0$,则该位置为 $x<0, t>0$。假设气体温度为常数,即 T_g 为常数,我们获得了液体内部温度的简单解,在 $x<0$ 处,有

$$T(t,x) = T_g - (T_0 - T_g) \, \mathrm{erf}\left(\frac{x}{2\sqrt{at}}\right) \tag{1.3.22}$$

式中:$\mathrm{erf}(x)$ 为误差函数(附录 B)。

因此,液体表面上的热流密度为

$$q(t) = -\lambda \left.\frac{\partial T}{\partial x}\right|_{x=0} = \frac{\lambda(T_0 - T_g)}{\sqrt{\pi a t}} \tag{1.3.23}$$

因此,我们有蒸气浓度($x>0$):

$$n(t,x) = \frac{1}{\sqrt{\pi}} \int_0^t \frac{J(\tau)}{\sqrt{t-\tau}} \exp\left[-\frac{x^2}{4D(t-\tau)}\right] \mathrm{d}\tau \tag{1.3.24}$$

式中:边界上的质量通量 $J(t)$ 由式(1.3.20)和式(1.3.23)定义。

关联式(1.3.24)确定气相中的蒸气质量。可以看到,即使对于非定常问题也可以获得解。当然,我们在这里做了一些假设,比如蒸气中的温度是恒定的,所以液体表面的所有热量都用于蒸发。然而,实际上,我们在宏观层面中有完整的问题解决方案。我们还可以将对流通量引入问题中,至少在数值求解上。我们看到这里提出的宏观描述有什么问题吗?我们的描述足够吗?还有什么要补充的吗?

23

1.4 边 界 条 件

1.4.1 流体力学的边界条件

正如 1.3 节所述,流体力学方程(N-S 方程)需要求界面上的速度:法向速度分量 v_n 和切向速度分量 v_τ。人们希望通过定义这些速度,可以找到蒸发的所有物理原理。实际上,流体力学方程是精确的基础关系式。例如,N-S 方程中动量守恒方程。接下来,我们期待适当的流体力学解为我们提供蒸发的完整描述。

让我们试着确定蒸发面附近的蒸气速度。乍一看,很容易找到速度 v_n:如果我们知道液体的温度,则可以计算给定方向上的相应平均速度。例如,我们可以得出:

$$v_n = \sqrt{\frac{2T}{\pi m}} \tag{1.4.1}$$

用于描述粒子的麦克斯韦分布函数(MDF)。因此,式(1.4.1)是法向速度,平均

切向速度等于液体的速度,即最常见的情况下,$v_\tau = 0$。

然而,这种方法面临着一个问题:流体力学的描述考虑的是大空间尺度上的物理问题,大于分子的平均自由程(MFP)。换句话说,流体力学中描述的"平均速度"意味着在特定尺度(10 个 MFP)量级的体积中大量分子的平均速度。

在蒸气中,MFP 是一个相当远的距离,蒸发现象的过程发生在大致等于MFP 或者更小尺度上。例如,蒸发原子的分布函数建立在比 MFP 短得多的距离上(距蒸发表面约几纳米,见第 5 章)。因此,在更好的情况下,式(1.4.1)的条件可能在蒸发表面能直接满足(实际上可能不是,见第 5 章)。在大约等于MFP 的距离处,蒸发原子的分布函数发生变化,并且在比 MFP 大得多的距离处发生显著变化。因此,在蒸发面附近介质(根据流体动力学描述的尺度)的"基本点"中,分布函数变化很大,故蒸气在基本点上的速度是不确定的。

因此,流体力学是不够的,它无法正确描述蒸发过程本身。更确切地说,蒸发决定了流体力学方程的边界条件。

但流体力学有一个孪生姐妹——物理动力学。

1.4.2 动力学的边界条件

一如既往,动力学有助于拯救流体力学。边界条件可以通过求解动力学方程,即所谓的速度概率分布函数的方程来获得。实际上,动力学方程有多种形式(第3章),它们几乎都是以微分方程(或积分-微分方程)的形式出现的。

因此,如果求解动力学方程,即通过计算平均速度,就可以找到 N-S 方程的边界条件:

$$\bar{v} = \int v f(v)\, \mathrm{d}v \qquad (1.4.2)$$

然而,首先必须求解分布函数 $f(v)$ 的动力学方程。求解过程中,必须依次确定分布函数的边界条件。

液体表面上分布函数最常用的边界条件是 MDF:

$$f(v) = \sqrt{\frac{m}{2\pi T}} \exp\left(-\frac{mv^2}{2T}\right) \qquad (1.4.3)$$

式中:m 为分子的质量;T 为温度。

可能,"受欢迎"这一说法听起来并不适合用于科学文献,但在大多数作品中,式(1.4.3)没有经过认真讨论就被接受了。有一种方法可以说明式(1.4.3)的正确性:在流体中肯定能观察到麦克斯韦分布,因为蒸发的粒子从液体表面逃脱,而它们具有与液体中的粒子相同的分布函数。

有时,将式(1.4.3)中的分布函数修改为考虑蒸气的平均速度 $\bar{v}$,则有

$$f(v) = \sqrt{\frac{m}{2\pi T}} \exp\left[-\frac{(v-\bar{v})^2}{2T}\right] \qquad (1.4.4)$$

但是这里的分布函数并不比式(1.4.3)中的分布函数严格,在这两种情况下,这些分布函数的来源与其说是物理分析,不如说是直觉。

本书的核心部分致力于确定蒸发表面上的分布函数。在第5章中我们定义了速度的分布函数,并在第6章中定义了势的分布函数。

1.5 结　论

蒸发无处不在,它影响着地球上的生命,也影响着永远"口渴"的魔法鸟。人们可能会认为蒸发是一个简单的过程,但即使在一杯葡萄酒中也可以观察到它的奇特之处。

蒸发是一种"液-气"表面相变,是一个非平衡过程,在液体表面的任何温度下都会发生。蒸发不是沸腾,然而,沸腾过程的许多方面可以使用蒸发的知识来解释。

应该避免将平衡热力学关系用于蒸发,因为蒸发仅代表(最终)"液-气"平衡相变的非平衡部分,而整个平衡过程由蒸发和凝结组成。即使在这里,在结论中,我们也必须重申,应该避免将"温度"用于强烈的非平衡过程:除了造成混乱,你什么也得不到。

蒸发的流体动力学描述从根本上来说是不够的。虽然事实上我们可以在宏观层面上获得一些结果,但由于流体力学公式的空间尺度对于蒸发过程来说太大,任何物理问题上的改进都是不可能的。事实上,在蒸发过程中,所有的事件都发生在较短的时间里,在那里流体力学是没有意义的。

动力学似乎更适合描述蒸发现象,而且,动力学方程也需要边界条件(边界分布函数)。这些边界函数好似强硬的对手,所以我们必须一步步来处理。

让我们开始吧。

📖 参考文献

W. Abtew, A. Melesse, *Evaporation and Evapotranspiration: Measurement and Estimations* (Springer, Dordrecht, 2013).

V. S. Ajaev, *Interfacial Fluid Mechanics: A Mathematical Modeling Approach* (Springer, New York, 2012).

A. A. Avdeev, *Bubble Systems* (Springer, Dordrecht, 2016).

I. P. Bazarov, *Thermodynamics* (Vyscshaya Shkola, Moscow, 1991).

J. D. Bernardin, I. Mudawar, J. Heat Transf. Trans. ASME **121**, 894(1999).

W. Brenig, *Statistic Theory of Heat: Nonequilibrium Phenomena* (Springer, Berlin, 1989).

D. Brutin (ed.), *Droplet Wetting and Evaporation: From Pure to Complex Liquids* (Elsevier, Amsterdam, 2015).

J. D. Ford, R. W. Missen, Can. J. Chem. Eng. **46**, 309 (1968).

Y. Fujikawa, T. Yano, M. Watanabe, *Vapor-Liquid Interfaces, Bubbles and Droplets* (Springer, Heidelberg, 2011).

S. R. German et al., Faraday Discuss. **193**, 223 (2016).

K. Hijikata, Y. Fukasaku, O. Nakabeppu, Trans. ASME **118**, 140 (1996).

A. Kryukov, V. Levashov, Yu. Puzina, *Non-Equilibrium Phenomena Near Vapor-Liquid Interfaces* (Springer, Heidelberg, 2013).

L. D. Landau, E. M. Lifshitz, *Fluid Mechanics* (*Course of Theoretical Physics*, *Volume VI*) (Pergamon Press, Oxford, 1959).

V. Novak, *Evapotranspiration in the Soil-Plant-Atmosphere System* (Springer, Dordrecht, 2012).

P. Papon, J. Leblond, P. H. E. Meijer, *The Physics of Phase Transitions* (Springer, Berlin, 2002).

S. Sazhin, *Droplets and Sprays* (Springer, London, 2014).

J. Serrin, *Mathematical Principles of Classical Fluid Mechanics* (*Encyclopedia of Physics*, *Volume 3/8/1*) (Springer, Berlin, 1959).

Y. Sone, *Kinetic Theory and Fluid Dynamics* (Springer, New York, 2002).

Y. Sone, *Molecular Gas Dynamics* (Birkhauser, Boston, 2007).

A. S. Tucker, C. A. Ward, J. Appl. Phys. **46**, 4801 (1975).

C. A. Ward, A. Balakrishnan, F. C. Hooper, J. Basic Eng. **92**, 695 (1970).

C. A. Ward, A. S. Tucker, J. Appl. Phys. **46**, 233 (1975).

S. -C. Wong, *The Evaporation Mechanism in the Wick of Copper Heat Pipes* (Springer, Cham, 2014).

Yu. B. Zudin, *Non-Equilibrium Evaporation and Condensation Processes: Analytical Solutions* (Springer, Dordrecht, 2018).

第2章
统 计 方 法

计算模拟是本书的重要内容之一。许多分析结果都可以通过数值计算加以验证,比如我们可以用分子动力学的模拟结果表示麦克斯韦分布函数(MDF)。也就是说,我们可以通过解力学方程得到一个统计分布函数。考虑到力学和统计方法各自的优势,我们必须讨论统计描述本身的细微差别。本章的第一个目标不是重提过去的讨论内容,而是解释力学和统计学之间的联系,重点是对分子动力学模拟结果与那些无法通过力学来预测的热平衡态进行协调。本章的第二个目标是将"概率"(通常指随机性)与力学的确定性联系起来。正如我们将在下面看到的,第二个目标是一项容易的任务。

2.1 从力学到概率论

2.1.1 从力学开始

任何把我们周围的世界看作一个力学系统的尝试,都不得不屈服于数不尽的原子——一种高速运动的、认知甚少的且难以预测的粒子。但是在 19 世纪中期,物理学家发现了一种巧妙的办法:尽管单个粒子的运动实际上是不可预测的,但是我们可以预测一大群粒子的运动。具体来说,我们可以预测一大群原子运动的总体参数,这些参数是非力学参数,但它们是力学系统里的,那么这个系统真的是力学系统吗?最小作用原理与热力学第二定律之间的矛盾导致了一种激进的观点,即如果没有额外的随机性假设,力学就无法描述这个世界。更准确地说,最激进的观点认为随机性假设是一种可以充分描述物理的工具。

然而我们也不必怀疑力学的准确性,应用力学定律得到的结果还是可靠的。有时可能会在一个经典的机械系统中发现一些超出力学的东西,比如"先锋效应(Pioneer effect)"。然而,即使对于这些"太空卫星",问题也能够在力学基本原理的范围里得到解决。

显然,大自然总是向我们隐藏它的机制。它可以是一个分母上的小问题,或者是一个力学系统的可积性的常见问题,或者是对初始条件的强烈依赖,等等。大自然相当善于让我们受挫,至少在力学这件事上,它成功了。

由于真实系统中粒子的数量实在太多,物理学不得不在这点上让步。我们无法追踪一定空间中的一小部分粒子的轨迹,我们甚至不能预测一个原子在任何有效时间间隔内的运动。然而,正如我们今天所知道的,我们可以预测房间内气体的一些积分参数,在一般情况下这就是我们需要的(除非我们想要预测地球这个房间的天气)。许多学科的发展都是为了在宏观层面上描述自然界,而没有牵涉任何关于分子及其相互作用的信息。例如,在分析管道中的流动时,我们可以忽略流体的原子结构,而使用诸如"质量密度""通量"等术语。即使理论上可以用原子理论得到的系数(如黏度),通常也是取自实验数据,即通过宏观手段获得。

因此,物理学成功地克服了力学系统的不可预测性:一旦我们分析出了在力学基础与更进一步的领域之间的联系,我们就可以对其进行进一步的理解与描述,如流体动力学或热力学。一般来说,我们倾向于描述一个不必预测分子运动的系统。

举一个物理学文献中比较常见的例子:我们不能预测一个公民的行为,但是我们可以预测一群暴徒的行为。当然,这两点我们都可以讨论,但这里我们有必要回顾一下自然界中预测的可能性。

2.1.2 通过混沌

许多物理术语实际上都来自日常用语,这些词一般都有些难以捉摸,只能从直观上大概理解。"混沌"这个词就是这类术语的一个很好的例子:它源于希腊语"Χαος",意思是任何一种混乱、无序的物质。在时间存在之前是什么?混沌。我们在孩子的房间里看到了什么?混沌。液体的湍流运动是什么?混沌。一个科学术语可以有很多意思,但是在物理学中,"混沌"一词有着精确的含义,使用起来也必须严谨。

混沌系统是一个对初始条件具有很强依赖性的系统。具体来说,如果一个参数 x 的波动 δ 服从指数式:

$$\delta(t) = \delta(0)e^{\lambda t} \quad (\lambda > 0) \tag{2.1.1}$$

那么任何初始的偏差都会随着时间增加。因此,即使是初始时刻一个很小的扰动 $\delta(0)$,也会在 t 时刻产生较大的偏差 $\delta(t)$,并且如果波动 δ 值很高,则参数 x

在长时间之后会变得不可预测。这种对初始条件有很强依赖性的系统被称为混沌系统。这样的系统"忘记"了它的初始条件,如图 2.1 所示。

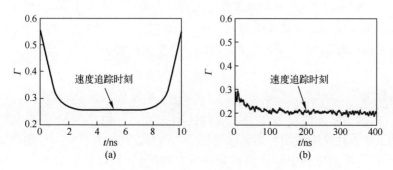

图 2.1　我们能够返回"初态",但时间跨度太大时则无能为力

图 2.1 给出了电子等离子体二维数值模拟的结果(使用了宏观粒子的方法,见 Sigov,2001)。我们在时间间隔 Δt 内模拟等离子体的运动状态,并不断使其停止,从而确定其速度。图 2.1 展示了 5ns 与 200ns 对应的系数 Γ,该系数表示总势能与总动能的比值,即 $\Gamma = u^{\Sigma}/\varepsilon^{\Sigma}$。我们看到,在第一种情况下,等离子体会返回到它的初始状态;而在第二种情况下,我们的停止-反向操作不会导致任何结果,也就是说,系统"忘记"了它的初始状态。

因此,当 Boltzmann 对洛施密特(Loschmidt)说:"试着追踪他们吧!"他的看法部分是正确的,追踪起来可并不容易。然而,这一事实与他们所讨论的问题毫无关系。当然,图 2.1(b)中的图像也与不可逆性无关。

混沌系统的参数是不可预测的(对于任意参数 x_i 的偏差可见式(2.1.1)),但可以为我们的系统引入一些新的参数,并尝试用它们来描述我们的系统。

例如,如果一个力学系统是混沌系统,那么我们不能预测它的粒子的运动,就像我们不能预测一个房间里的气体原子在一个混沌系统中的运动。虽然这个事实很不幸,但通常我们对气体粒子的运动并不感兴趣,我们感兴趣的是温度 T 或压力 p 这样的参数。如果一团粒子中粒子 a 的速度随时间的增加而增加,而粒子 b 的速度随时间的增加而缩减,那么总体结果保持不变。

因此,如果我们不需要知道单个粒子的速度,而是想要知道速度为 v 到 $v+dv$ 的粒子所占的份额,我们就可以列一个分布函数:

$$f(v) = dw/dv \qquad (2.1.2)$$

这就是数学中的"概率密度函数",在这里我们避免使用这个名称有两个原因:一是物理学家称之为"分布函数"(出于未知原因);二是我们想尽可能地避免使用"概率"这个词。

2.1.3 回到概率论

那么,我们如何计算分布函数呢?从力学的角度来看并不难,但也不是很简单。我们要计算出空间里速度为 v_i 且波动范围位于 Δv 内的粒子数量 N_i,记空间中粒子的总数为 $N = \sum N_i$,那么对应粒子所占份额为

$$w_i = N_i / N$$

分布函数为

$$f_i = w_i / \Delta v$$

从上述的计算中我们看到了随机性吗?没有。我们可以看到这里没有随机性,甚至没有比篮球队中运动员的身高分布更随机(运动员的身高与他的角色相关)。到目前为止的计算只是统计,我们计算并统计出分布函数。

然而也有其他可以求出分布函数 $f(v)$ 的方法。既然我们可以为一些普遍的状态确定普遍的分布函数,那么会不会在其中有一些通用的原理呢?如果是这样,那么我们就可以先验地建立分布函数 $f(v)$,而不用再计算一个房间里所有粒子的速度。可是力学真的能够预测这种"普遍的状态"的存在吗?用数学语言讲,力学系统趋近于普遍吸引子吗?

用"阴谋论"中的说法,我们可以发现这种"普遍的状态"在热力学中有一个特殊的名称:"热平衡态"。因此,热平衡的存在(尤其是缺失)也是许多人眼中力学的弱点。看看我们的周围,热平衡明显是存在的。因此,我们有两个选择:

(1)力学可以解释热平衡;

(2)力学是错的。

我们并不会在这里详细地分析这些问题(本书的主旨是论述各种蒸发状态,如第9章),但实际上我们也一点没有夸大学术界在这个问题上的热情。例如,你可能会读到 Ilya Prigogine 的畅销书《确定性的终结:时间、混沌和新的自然法则》(*The End of Certainty*:*Time*,*Chao*,*and the New Laws of Nature*),书中有很多关于不确定性的观点和对经典牛顿运动定律的批判。

如果不用考虑这些"阴谋论",我们就可以冷静地分析之前的问题了。

事实上,在力学中没有特殊的状态。力学系统是一个可逆的系统,庞加莱-策梅洛(Poincare-Zermelo)定理指出,孤立系统的任何状态(由其所有粒子的坐标和速度决定)必须是能以一定精确度重现的。换句话说,像熵这样的函数是不可能存在的(根据最基本的热力学第二定律公式,熵只会在孤立系统中增加)。让我们看一下 Zermelo(1896a,b)的观点。

设 x_μ 为 N 个粒子对应的 $3N$ 个坐标和 $3N$ 个速度分量。因此,哈密顿(Hamilton)方程的形式如下:

$$\frac{\mathrm{d}x_\mu}{\mathrm{d}t}=X_\mu(x_1,x_2,\cdots,x_n)\quad(n=6N) \tag{2.1.3}$$

其中，X_μ 不依赖于 x_μ。例如，对于给定的坐标，时间导数 $\mathrm{d}x/\mathrm{d}t=v\neq f(x)$，所以有

$$\frac{\partial X_1}{\partial x_1}+\frac{\partial X_2}{\partial x_2}+\cdots+\frac{\partial X_n}{\partial x_n}=0 \tag{2.1.4}$$

设每个 μ 处于初始状态 $P_0(t=1)$：

$$x_\mu=\xi_\mu \tag{2.1.5}$$

因此，对于一个瞬时 t 下的状态 P 我们所有的量可以表示为式（2.1.3）的解：

$$x_\mu=\Phi_\mu(t-t_0,\xi_1,\xi_2,\cdots,\xi_n) \tag{2.1.6}$$

这个解对于 $t-t_0>0$ 和 $t-t_0<0$ 都是正确的，因为 P_0 通常是一个任意的状态。对于初始状态的相体积，我们有

$$\gamma_0=\int\mathrm{d}\xi_1\mathrm{d}\xi_2\cdots\mathrm{d}\xi_n \tag{2.1.7}$$

相应地，在时刻 t，有

$$\gamma=\int\mathrm{d}x_1\mathrm{d}x_2\cdots\mathrm{d}x_n \tag{2.1.8}$$

然而，根据刘维尔（Liouville）理论，在式（2.1.4）的情况下，$\gamma=\gamma_0$。因此有

$$\mathrm{d}\gamma=\mathrm{d}x_1\mathrm{d}x_2\cdots\mathrm{d}x_n=\mathrm{const} \tag{2.1.9}$$

让我们考虑 $t=0$（体积为 γ_0）的相位区域 g_0 和它的未来区域，即在 $t>0$ 时（体积 $\gamma=\gamma_0$）的相位区域 g_t。例如，g_0 的所有未来区域 G_0，G_0 是 g_t 的集合。如果量 $x_1,x_2,\cdots,x_n$ 是有限的，那么 G_0 的体积 Γ 就是有限的。由于 $G_0(g_0$ 的所有未来区域）完全由 g_0 决定，因此 G_0 不可能出现新的状态。一些状态可能会偏离 G_0，但是这个集合的维数小于 Γ 本身的维数，也就是说，偏离 G_0 的状态不能用 G_0 的有限体积来表示（Zermelo 称这些状态为"奇异（singular）"）。现在，g_0 被包含在 G_0 中，g_t 被包含在 G_t 中，因此 g_0 被包含在 G_t 中，我们可以看到 $g_0\rightarrow g_t\rightarrow g_0\rightarrow\cdots$（除了奇异状态外，所有其他状态都会返回到初始状态），没有不可逆性。从不确定性的角度来看，力学就是用这个结论来判定自己的性质的。

受其成果启发，Zermelo 表示无法用任何手段证明麦克斯韦分布能表示一个系统的最终状态。

Boltzmann 也同意这个理论，但指出它的应用是错误的。麦克斯韦分布函数适用于系统最普遍的状态；特定函数（如麦克斯韦分布函数）和所有其他函数之间不存在对立，"最大速度分布函数具有麦克斯韦分布函数的特性"。换句话说，Boltzmann 指出，系统中没有特殊的极限状态，但这个系统在"最可能"状态附近波动。对于一个单分子来说，这种"最可能"（最常观察到的）状态符合任何相同的速度组分，即引向了麦克斯韦分布函数（2.2.3 节）。

Zermelo 和 Boltzmann 之间的下一轮讨论(Poincare 也在其中)致力于 *H* 函数,它随时间变化而变化,且符合热力学第二定律和力学原理。人们浪费了大量的精力只是为了证明无法证明的结果,调和不可调和的理论。而对于我们来说,重要的是得出这样的结论:麦克斯韦分布函数可以被认为是最常用的速度分布函数(而不是系统的最终状态)。

我们不必怀疑从混沌力学系统里得到的麦克斯韦分布函数。例如,图 2.2 表示了大颗粒的速度分布函数(大颗粒的总数为 1800),同时参见图 2.1。

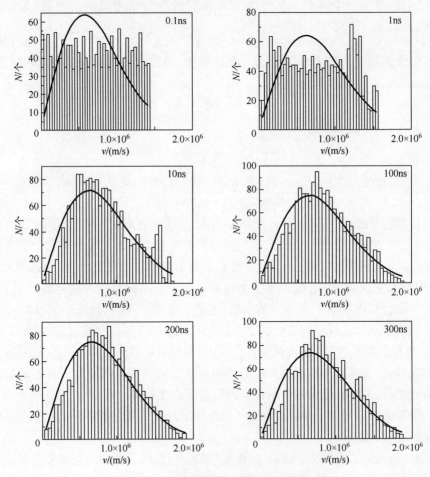

图 2.2　不同时刻的速度分布函数
注:曲线表示二维麦克斯韦分布函数。

最初,所有粒子被分成两组:其中 900 个粒子均匀分布,900 个粒子集中于正方形区域的一角(图 2.3(a));所有 1800 个粒子的初始速度分布函数是均匀的。随着时间的推移,所有的粒子被混合(图 2.3(b))。图 2.2 中的时刻对应图 2.1,也就是说,300ns 瞬间的分布函数对应准反向运动。

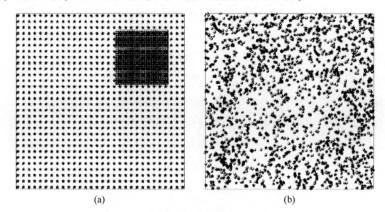

(a)   (b)

图 2.3　空间分布
(a)初始空间分布;(b)200ns 的空间分布。

因此,混沌化可以帮助我们引入一个函数来描述粒子的速度分布。速度为 v 的粒子的占比可以看作单个粒子有速度 v 的概率,或者是一个速度为 v 的粒子的概率。然而,在这两种情况下,概率仅仅意味着粒子的占比,没有随机性。混沌就是混沌,概率就是概率,是不同的东西。

2.1.4　不可逆性与单向性

牛顿力学中描述了可逆系统。例如,在哈密顿方程中:

$$\frac{\mathrm{d}x}{\mathrm{d}t} = v \tag{2.1.10}$$

$$\frac{\mathrm{d}v}{\mathrm{d}t} = \frac{F}{m} \tag{2.1.11}$$

我们可以把 t 替换成 $-t$,v 替换成 $-v$,方程保持不变。或者就像 Loschmidt 提出的那样,我们可以借助一个空间内的气体粒子,让它们回到自己的初始位置。混沌性(对初始条件的强烈依赖性)阻碍了在数值模拟中对这一过程的观测。然而,它无法阻止总体的可逆性:图 2.1(b)并没有表现出系统的不可逆性。在式(2.1.1)中 $\delta(0) = 0$ 或者任何 $\delta(t) = 0$ 条件下,系统就可以被巧妙地预测。

然而,尽管存在可逆性,单向运动仍然是可能的。一个陨石朝地球移动,它不会远离地球或者改变其他方向。运动的方向性是由力的方向决定的。

不可逆性是一个热力学概念,它意味着我们无法在不影响环境 B 的情况下使系统 A 回到初始状态。很久以前,普朗克认为,一般地,朝着一个方向发展的

33

第 2 章　统计方法 ■

过程可能会朝着相反的方向发展。不可逆性是一个更加复杂、过度力学化的特性。

这看起来似乎有些神秘,但是有时候不可逆性和单向性的概念被科学家混淆了。有些过程,比如一块石头从吊索中释放出来,它在空中的飞行可能是单向的,但是如果我们在其飞行过程中(通过某种神奇的力量)阻止了这块石头,并改变它的速度方向,它就可以回转。因此,单向过程可能是可逆的。

在我们身边能看到的只是方向性,而不是不可逆性。正如柏拉图(Plato)在一次宴会上对第欧根尼(Diogenes)说:"你有眼睛去看杯子,但是你没有头脑去理解贪心。"换句话说,我们有眼睛去判断方向,但是我们也必须动脑筋去考虑可逆转。扩散过程是不可逆的,因为它是用不可逆方程描述的

$$\frac{\partial n}{\partial t} = D\frac{\partial^2 n}{\partial x^2} \qquad (2.1.12)$$

该方程不对称是因为 t 被替换成 $-t$,不是因为我们用眼睛看到了扩散过程的不可逆性。

换句话说,可逆性是一种科学结构,而方向性是一种可观察的特征,它们是完全不同的事情。试图用任何可观察的、单向的过程来说明不可逆性逻辑上都是错误。例如,普里高津(Prigogine)在他的书中举的例子:人们永远不会看到一朵花变回种子,当然没人看到过这种神奇的过程。而且一块石头从地面上飞起来这种现象也没人看到过(毕竟它上面也没有外力作用),虽然石头的飞行遵循经典的、可逆的力学。简而言之,在不可逆这样复杂的问题上,眼见不一定为实。

总之,我们可以想象出一个纯力学的"时间之箭"。让我们发射一枚名为"时间之箭"的火箭使其离开太阳系。在它无止境的航行中,这个航天器到太阳的距离可能被那些假设可逆性等同于与时间无关的人用来计算时间。

2.1.5 "明天下雨的概率为 77%"

就像混沌一样,"概率"这个术语有着普通而又难以捉摸的意义,而那一部分普通的意义又容易混淆我们的逻辑。显然,最好是能从我们的日常语言中永远消除"可能性"这个词,但这种尝试成功的可能性微乎其微。

让我们想象一队鸭子(N 只)过马路,一个疯狂的摩托车司机在马路的下一个转弯处漠视着这场悲剧,我们可以确定其中一只鸭子将会在车轮下毙命。从这个角度来看,任何鸭子在这次事故中死亡的概率是 $1/N$。此外,一只聪明的鸭子(它凭直觉感到厄运即将来临)会想到 N 值越高,自己死亡的概率就越小。从这个角度来看,这只聪明的鸭子可能会邀请更多的鸭子过马路。然而,如果我们计算出灾难发生时驾驶员的轨迹和任何鸭子的确切位置,我们就不得不面对这

个结果:对于其中某一只鸭子来说,被撞死的概率等于 1;而对于其他鸭子来说,这个概率等于 0。我们可以用"概率"这个词来衡量我们不完整的知识吗?有些人会说"可以",并在结论中融入大量的哲学思想。但是,"可能性"这个术语只是衡量我们懒惰(在分析和计算上)的标准,意识到这一点着实有些让人难受。

为了引入概率,我们必须在相同的条件下进行一系列独立的测试。至少在假想实验里我们要做到这一点,而在实际之中就不一定可行了。在试图预测诸如天气或足球比赛结果这样神秘的事情时,我们会提到概率,尽管我们还不能给这个词什么明确的定义。有时"概率"本身就是一个不恰当的术语。在这种情况下,我们不可能花费大量的时间去观察天气或体育比赛,对于这种情况我们连假想都无法实现。

有这么一个例子,在街上遇到恐龙的可能性是 50%——遇得到和遇不到。这是一个直观估计概率的例子,而且还不是最离谱的。有多少次我们不知不觉地得出了类似的结论,比如我们在"概率"这个词的定义没有意义的情况下使用了多少次?

举一个夸张的例子:我明天死亡的可能性有多大? 乍一看,人们可能会根据与我有同样性别、社会群体、工作、体重和不良习惯的人的平均寿命,以及其他数十亿个参数来构建一些概率密度函数。然而,在这种情况下,由于缺乏统计资料,我们无法构建这样一个死亡概率密度函数,因为我是一个独特的主体,你也是。否则,由于描述信息有限(如受到"性别–国家"二元关系的限制),死亡概率密度函数可能会遗漏一些重要信息,比如我有没有提到我现在这个年龄所受到的辐射剂量? 诸如此类。事实上,我们没有理由去担心这些愚蠢的问题。实际上,开头那个严肃的问题并没有比"我明天结婚的可能性有多大"这个问题更有意义。

总之,本书中提到的"概率"意味着"份额",如速度为 v 的粒子所占份额、蒸发粒子的份额等,没有使用随机性概念。

2.2 分 布 函 数

2.2.1 概率密度函数

概率密度函数 $f(x)$ 可以通过概率变量 dw 在 x 到 $(x+dx)$ 上的值确定:

$$dw = f(x)dx \tag{2.2.1}$$

数学中,分布函数可写为

$$F(y) = \int_{-\infty}^{y} f(x)dx \tag{2.2.2}$$

在物理学中,传统意义上的"分布函数"是指函数 $f(x)$;本书中我们采用后一种,即式(2.2.1)中的分布函数 $f(x)$。

请注意,分布函数并不一定意味着任何随机性(2.1.3节)。像力学一样,当一部分粒子 x 可以通过一系列的过程进行区分时,我们就可以使用像 $f(x)$ 这样的函数。在这种情况下,概率 dw 意味着具有属性 x(坐标、速度、能量等)的粒子的份额。

2.2.2 特殊概率函数

广义函数 $\chi(x)$ 只能在相应的积分中定义为

$$\int_{-\infty}^{\infty} \chi(x)\,dx \tag{2.2.3}$$

除此之外它没有任何意义。例如,狄拉克函数(δ 函数,附录B)可能被定义为

$$\int_{-\infty}^{\infty} \delta(x)\,dx = 1, \quad \delta(x \neq 0) = 0 \tag{2.2.4}$$

若不用积分这种形式,此函数无法用解析表示,但是我们可以使用一些特殊结构来处理这个问题(附录B)。

另外,我们可以用广义函数来表示分布函数,毕竟严格来说,只有概率密度函数具有这个"物理意义":只有积分能表示具有某种属性的粒子的份额(例如,速度从 a 到 b 的粒子数是 $\int_a^b f(v)\,dv$)。因此,只要不使用一些数学结构的分布函数及其演化(如微分方程),我们就可以使用任何函数的分布函数,包括通用函数。

例如,在最简单的情况下,当一个粒子以 100% 的概率定位在 x_0 点时,分布函数可以表示为

$$f(x) = \delta(x-x_0) \tag{2.2.5}$$

在确定坐标 x_0 下,速度为 v_0 的单个粒子的分布函数为

$$f(x,v) = \delta(x-x_0)\delta(v-v_0) \tag{2.2.6}$$

使用差量函数,对于任意函数 g,有

$$G(y) = \int_{-\infty}^{\infty} g(x)\delta(x-y)\,dx = g(y) \tag{2.2.7}$$

2.2.3 泊松分布与高斯分布

让我们用 $p_n(x_1,x_2)$ 来表示区间 (x_1,x_2) 上事件 n 发生的概率。对于单一事件,有

$$p_1(x,x+\Delta x) = \xi(x)\Delta x \tag{2.2.8}$$

而对于(x_1, x_2)区间的均值,我们可以得出:

$$\mu = \int_{x_1}^{x_2} \xi(x)\,\mathrm{d}x \qquad (2.2.9)$$

对于一连串的概率,我们可以得到微分方程组:

$$\frac{\mathrm{d}p_0}{\mathrm{d}\mu} = -p_0, \qquad \frac{\mathrm{d}p_n}{\mathrm{d}\mu} = -p_n + p_{n-1} \quad (n>1) \qquad (2.2.10)$$

在$p_0 = 1$且$p_n = 0$ $(n>1)$的情况下微分方程$(2.2.10)$的解是泊松分布:

$$p_n = \frac{\mu^n \mathrm{e}^{-\mu}}{n!} \qquad (2.2.11)$$

正态分布(或高斯分布):

$$f(x) = \frac{1}{\sqrt{2\pi D}} \exp\left[-\frac{(x-x_0)^2}{2D} \right] \qquad (2.2.12)$$

根据极限定理,也就是说这个简单的公式为有限离散的随机独立变量建立了分布关系。换言之,相对于均值x_0,式$(2.2.12)$可能包含了大量的微小对称偏差。

式$(2.2.12)$中的x_0是一个均值:

$$x_0 = \int_{-\infty}^{+\infty} xf(x)\,\mathrm{d}x \qquad (2.2.13)$$

而离散度则为

$$D = \int_{-\infty}^{\infty} (x-x_0)^2 f(x)\,\mathrm{d}x \qquad (2.2.14)$$

正如我们将在2.3节中看到的,在完全混沌化(热平衡态)的情况下,任何速度投影的分布函数满足式$(2.2.12)$,在这种情况下,此种分布被称为麦克斯韦分布。

2.2.4 空间尺度

因此,分布函数必须能够确定具有坐标x和速度v的粒子数。需要考虑多少粒子我们才能定义这个分布函数呢?

在Vlasov(1978)中讨论的极端答案是:统计方法不限制粒子的数量。因此,我们甚至可以考虑单个粒子的统计物理学。当然我们可以很容易地对此展开讨论,在这里不多作考虑了,即使我们必须回答这个问题。

考虑变量f的时间或空间尺度将在第3章讨论,本节我们只提供初步的想法。

对于空间尺度L,可能需要两个充分的条件。

(1) 为了构造任何分布函数,必须有许多这样大小的粒子。

（2）为了忽略分布函数的波动,分布函数显示了一小部分粒子在这个点上以一定的速度运动,这个部分随波动而变化——由于热运动效应,粒子在这个点上进进出出。

综上,x 处的粒子数量 $N(x)$ 必须远远大于 N_{min} 值,即

$$N(x) \gg N_{min} \tag{2.2.15}$$

对于第一个条件,$N_{min} = 1$;对于第二个条件,N_{min} 可以通过波动获得某些特定信息。让我们考虑体积 $V = L^3$ 的空间区域。粒子的平均数密度是 $n = N/L^3$,因此根据第一个条件,分布函数的空间尺度为

$$L \gg n^{-1/3} \tag{2.2.16}$$

例如,对于温度为 300K,压强为 10^5 Pa 的理想气体,式（2.2.16）中的 L 为 3.5nm;因此,仅用于密度计算的空间尺度必须约为 10nm,以满足最简单的条件 $N \gg 1$,而且在这么小的尺度上获得的速度分布函数很难分辨 Δv。

现在我们估计体积 V 中粒子数量的波动。立方体六面中每面的通量 $j = nv$,特征速度 $v \sim \sqrt{T/m} \sim 10^2$ m/s,$T \sim 10^2$ K,$m \sim 1$u[①]。因此在时间 Δt 穿过体积 V 的粒子数目可通过相关性定义:

$$N_{min} = nvL^2 \Delta t \tag{2.2.17}$$

进一步可以导出对空间尺度的估计式:

$$L \gg v\Delta t \tag{2.2.18}$$

这里 Δt 是碰撞的时间刻度,式（2.2.18）左边的乘积是分子的平均自由程（MFP）。因此,我们看到波动是微不足道的,在空间尺度下波动远大于分子平均自由程。这种情况符合连续介质,对于统计（动力学）方法,式（2.2.16）是充分条件。

2.2.5 德拜（Debye）半径

以下是对分布函数一个有趣的错误解释。让我们只考虑空间分布函数,即数量密度函数:

$$n(x) = \int f(x,v)\,dv \tag{2.2.19}$$

在等离子体（离子化气体）中,必须考虑三种粒子:密度为 $n_n(x)$ 的中性粒子、密度为 $n_e(x)$ 的电子和密度为 $n_i(x)$ 的离子（我们只考虑带单位电荷的离子,即每个离子只带 +e 的电量）。

根据电场静电势的泊松方程,有

----

① u 为原子量,1u = 1.066×10^{-27} kg。

$$\Delta\varphi = -\frac{\rho}{\varepsilon_0} \qquad (2.2.20)$$

式中:ρ 为电荷密度且有 $\rho = e(n_i - n_e)$,可列出玻尔兹曼分布函数:

$$n = n_0 e^{-u/T} \qquad (2.2.21)$$

$$\Delta\varphi = -\frac{n_0}{\varepsilon_0}\left[\exp\left(-\frac{e\varphi}{2T}\right) - \exp\left(\frac{e\varphi}{2T}\right)\right] \qquad (2.2.22)$$

也许有人把式(2.2.22)展开成一系列关于"$e\varphi/2T$"的值。然而,正如我们将在2.2.7节中看到的,式(2.2.21)和式(2.2.22)只有在 $|e\varphi/2T| \ll 1$ 的情况下才具有物理意义,另见 Ecker(1972)。因此,我们可以另列出:

$$\Delta\varphi = \frac{n_0 e\varphi}{\varepsilon_0 T} \qquad (2.2.23)$$

式(2.2.23)具有普适性,我们可以把它应用到特殊问题上。例如,我们可以考虑等离子体中点电荷(离子或电子)周围电位的空间分布。为此,式(2.2.23)变为

$$\frac{1}{r^2}\frac{d}{dr}r^2\frac{d\varphi}{dr} = \frac{n_0 e\varphi}{\varepsilon_0 T} \qquad (2.2.24)$$

以点电荷半径 r_0 为边界条件,有

$$\varphi(r_0) = \varphi_0 \qquad (2.2.25)$$

我们可以将德拜半径定义为式(2.2.24)中出现的静电势的空间尺度:

$$R_D = \sqrt{\frac{\varepsilon_0 T}{n_0 e}} \qquad (2.2.26)$$

从式(2.2.24)中解得

$$\varphi(r) = \varphi_0 \frac{r_0}{r}\exp\left(\frac{r_0 - r}{R_D}\right) = \frac{A}{r}e^{-r/R_D} \qquad (2.2.27)$$

式(2.2.26)是我们在描述电势屏蔽下的常用公式,但在一些图书里也对式(2.2.27)进行了讨论。根据这个公式,等离子体中任意电荷周围的电势分布服从式(2.2.27)。

因此我们必然得出结论:在任何等离子体粒子(离子或电子)周围的电场是球对称的。这当然是一个绝对荒谬的结论,但我们的推导(式(2.2.20)~式(2.2.27))有什么问题吗?

严格地说,错在了对整个问题的陈述上,而最大的错误则是式(2.2.25),我们要求在单个粒子 r_0 大小的范围内电势一定。在这样的尺度上,式(2.2.21)内的分布函数根本无法被定义,因此整个证明过程也就显得荒谬了。

然而,我们可以很轻松挽回局面。如果我们考虑一个尺寸为 r_0 的宏观粒

子(如一个带电的尘埃粒子),那么式(2.2.27)中的解是正确的。

2.2.6 势能分布

第6章的主要任务是找出流体蒸发处的分布函数,本节我们可以讨论一个常见的问题:动能和势能在统计学上是独立的吗? 也就是说,假设粒子动能为ε、势能为u且相互独立,那么我们可以通过式(2.2.28)的乘法表示动能和势能的分布函数吗?

$$f(\varepsilon,u) = f(\varepsilon)f(u) \qquad (2.2.28)$$

从力学上乍一看这是绝对不可能的。如一个钟摆(这里的动能取决于势能),在最低点时u为最小值而动能为最大值,反之亦然,位于最高点(死点)势能u最大,动能ε为0,如果总能量s是一个常数,则有

$$s = \varepsilon + u = \text{const} \qquad (2.2.29)$$

因此,我们不能假设动能ε和势能u之间是独立的。

然而,对于N粒子系统中的一个给定的粒子,其总能量不是一个常数。其s随其他量的变动而变动,所以没有式(2.2.29)这样的直接限制。因此,我们可以假设任何粒子在给定的动能下都有势能。粒子的ε和u都会随时间的变化而变化,观测时间足够长($t \to \infty$)的情况下我们就能观测到任何可能的ε值与对应的u值。所以,粒子速度(以及相应的动能)的变化是由势能的梯度决定的,即

$$\frac{\mathrm{d}\boldsymbol{v}}{\mathrm{d}t} = -\frac{\nabla u}{m} \qquad (2.2.30)$$

在足够长的时间里仅观察ε和u的任何可能组合,因此可以假设式(2.2.28)是正确的。数值计算的结果见第6章。

2.2.7 统计学方法

本节只是为了步骤完整而给出的。由统计方法关联到热力学(通过吉布斯函数)。

对于能量为常数E的绝热系统,由内参数x和外参数a决定的系统分布函数(概率密度)可以写成:

$$p(x,a) = \frac{1}{B(a)}\delta(E - H(x,a)) \qquad (2.2.31)$$

式中:δ为狄拉克函数;H为系统的哈密顿函数值(系统的总动能和势能);$B(a)$为标准化因子,且有

$$B(a) = \int \delta(E - H(x,a))\mathrm{d}x \qquad (2.2.32)$$

分布函数式(2.2.31)是所谓的吉布斯微正则分布。对于恒温器中的系统的哈密顿函数,我们可以从两个部分考虑,分别是哈密顿函数 $H_1(x_1)$ 和 $H_2(x_2)$,以及相互作用能 U_{12}:

$$H(x_1,x_2,a)=H_1(x_1,a)+H_2(x_2,a)+U_{12} \qquad (2.2.33)$$

假设 $U_{12}=0$,也就是说相互作用能比两个子系统的能量都要低得多(我们在讨论玻尔兹曼分布的线性化时使用了上面的性质),有

$$p_1(x_1,a)=\phi(H_1(x_1,a)), \quad p_2(x_2,a)=\phi(H_2(x_2,a)),$$
$$p(x_1,x_2,a)=\phi(H_1(x_1,a)+H_2(x_2,a)) \qquad (2.2.34)$$

最后,由于子系统的独立性,整个系统的分布函数是可乘的,即

$$p(x_1,x_2,a)=p(x_1,a)p(x_2,a) \qquad (2.2.35)$$

因此,如果这些项的和函数等于乘积函数,那么这个函数就是指数,即

$$p(x)=C(a)\mathrm{e}^{-\beta H(x)} \qquad (2.2.36)$$

这是吉布斯正则分布,插入哈密顿函数的表达式,就可以得到麦克斯韦-玻尔兹曼分布。此处标准化常数可表示为

$$\frac{1}{C(a)}=\mathrm{e}^{-\beta F(a)}=\int \mathrm{e}^{-\beta H(x,a)}\mathrm{d}x \qquad (2.2.37)$$

于是引入公式:

$$Z(\beta,a)=\int \mathrm{e}^{-\beta H(x,a)}\mathrm{d}x \qquad (2.2.38)$$

$$F(\beta,a)=-\frac{1}{\beta}\ln Z(\beta,a) \qquad (2.2.39)$$

式(2.2.38)是配分函数。式(2.2.39)中的 $F(a,\beta)$ 和参数 $\beta=1/\Theta$ 的意义可以用吉布斯正则分布推出的公式确定:

$$\Theta\mathrm{d}\left(-\frac{\partial F}{\partial \Theta}\right)=\mathrm{d}\overline{H}+A\mathrm{d}a \qquad (2.2.40)$$

这里的平均总能量可以看作系统的内能:

$$\overline{H}=\int H(x,a)\mathrm{e}^{\beta F(\beta,a)-\beta H(x,a)}\mathrm{d}x \qquad (2.2.41)$$

式中:Θ 为系统的温度;函数 F 为系统的自由能;熵为

$$S=-\frac{\partial F}{\partial \Theta}=\overline{\ln p}=\int \frac{F-\overline{H}}{\Theta}\mathrm{e}^{(F-H)/\Theta}\mathrm{d}x \qquad (2.2.42)$$

通过这种方式,已经得到了所有的热力学量。我们几乎完全从力学系统的思路出发,找到了热力学第一定律和第二定律的连接点——式(2.2.40)。我们是否已经得到了具有普适性的第二定律公式呢?当然不是。正如第1章提到的一样,第二定律包括不同的表述方式——不同力的表述方式(见1.2节)。综

上,我们只得到了平衡方程(2.2.40),但是孤立系统的熵增的最有趣的特征并不能用这种方法来解释。而熵增正是策梅洛与庞加莱二人和玻尔兹曼之间的讨论点,这也是一个力学与热力学相矛盾的点(2.1.3 节)。

力学以最小作用力原理为基础,可逆的力学方程不能表述最大熵定律。然而我们已经了解到,力学使得一些公式可以用热力学定义来解释,就像式(2.2.41)、式(2.2.42)以及表示它们之间联系的式(2.2.40)。最大熵原理也可以这样吗?

2.2.8 最大熵原理

这一原理允许我们在不需要引用其他概念的基础上构建统计物理学中的,特别是引用力学中的概念。因此,它代表了一种自我验证的方法。我们仅仅需要在此进行基本论述。

我们假设给定系统的熵 S 在某些附加条件下有一个最大值,特别是在一个粒子数为常数 N 且系统总能量为常数 E 的封闭系统中(Haken,1988)。

定义粒子能量的概率等于 ε_i 能量下的粒子与总粒子数的比值,即 $p_i = n_i/N$,于是有

$$S = - \sum p_i \ln p_i \to \max \qquad (2.2.43)$$

$$\sum p_i = 1 \qquad (2.2.44)$$

$$\sum \varepsilon_i p_i = \bar{\varepsilon} = \frac{\varepsilon}{N} \qquad (2.2.45)$$

根据式(2.2.43)~式(2.2.45),可以推得

$$\delta S = - \sum (\ln p_i + 1) \delta p_i = 0 \qquad (2.2.46)$$

$$\sum \delta p_i = 0 \qquad (2.2.47)$$

$$\sum \varepsilon_i \delta p_i = 0 \qquad (2.2.48)$$

将式(2.2.47)乘以 $\ln\alpha - 1$、式(2.2.48)乘以 $-\beta$,再将所有公式求和,得

$$\sum [-(\ln p_i + 1) + (\ln\alpha - 1) - \beta\varepsilon_i] \delta p_i = 0 \qquad (2.2.49)$$

由于变量 δp_i 的独立性,式(2.2.49)中的任何项都必须等于零,因此有

$$-\ln p_i + \ln\alpha - \beta\varepsilon_i = 0 \qquad (2.2.50)$$

$$p_i = \alpha e^{-\beta\varepsilon_i} \qquad (2.2.51)$$

根据式(2.2.44),我们可以得出 α,故

$$\alpha^{-1} = \sum e^{-\beta\varepsilon} \qquad (2.2.52)$$

这是吉布斯正则分布。从现在起我们就可以按照原先的方式继续计算,比

如 $\beta=1/T$。因此正如我们看到的，我们可以从最大熵原理出发导出所有的热力学量。

这种方法可以应用于各种系统，甚至包括沸腾系统（Gerasimov 和 Sinkevich，2004）。

2.2.9 位力（Virial）定理

这是一个相当有用的关系式，特别是在知道压强、动能、势能三个量中的两个，需要找到第三个量时。这个关系式是力学和统计学之间的一种桥梁。

让我们再次考虑 N 粒子系统，r_i 和 p_i 是第 i 群粒子的坐标和动量。有关粒子 N 全部产物的 $r_i p_i$ 之和的时间推导为

$$\frac{\mathrm{d}}{\mathrm{d}t} \sum r_i p_i = \sum \frac{\mathrm{d}r_i}{\mathrm{d}t} p_i + \sum \frac{\mathrm{d}p_i}{\mathrm{d}t} r_i \qquad (2.2.53)$$

利用拉格朗日方程 $L=E-U$，可得

$$\frac{\mathrm{d}r_i}{\mathrm{d}t} = \frac{\partial L}{\partial p_i} = \frac{\partial E}{\partial p_i} = \frac{\partial}{\partial p_i} \sum \frac{p_i^2}{2m} = \frac{p_i}{m} \qquad (2.2.54)$$

式（2.2.53）中第一项：

$$\sum \frac{\mathrm{d}r_i}{\mathrm{d}t} p_i = \sum \frac{p_i^2}{m} = 2E \qquad (2.2.55)$$

然后对式（2.2.53）和式（2.2.55）取均值，对函数 F 的均值我们可以进行以下运算：

$$\overline{F} = \lim_{t \to \infty} \frac{1}{t} \int_0^t F \mathrm{d}t \qquad (2.2.56)$$

对式（2.2.53）的左边求平均，可得

$$\lim_{t \to \infty} \frac{1}{t} \int_0^t \frac{d}{\mathrm{d}t} \left(\sum r_i p_i \right) \mathrm{d}t = \lim_{t \to \infty} \frac{\sum r_i(t) p_i(t) - \sum r_i(0) p_i(0)}{t} = 0 \qquad (2.2.57)$$

因为式（2.2.57）粒子中的每个乘积对于有限体积而言都是有限的，因此：

$$2\overline{E} + \overline{\sum r_i \frac{\mathrm{d}p_i}{\mathrm{d}t}} = 0 \qquad (2.2.58)$$

结合哈密顿方程（或牛顿第二定律）：

$$\frac{\mathrm{d}p_i}{\mathrm{d}t} = F_i = F_i^{\text{out}} - \frac{\partial U}{\partial r_i} \qquad (2.2.59)$$

考虑到两种类型的力：来自系统边界外部物体的外力和来自系统中势能为 U 的其他粒子的内力，即

$$\sum \overline{\left(r_i \frac{dp_i}{dt} \right)} = -\underbrace{\overline{\sum r_i \frac{\partial U}{\partial r_i}}}_{U_r} + \overline{\sum r_i F_i^{ut}} = -\overline{U}_r - p \int r dS = -\overline{U} - 3pV$$

$$(2.2.60)$$

因为 $\int r dS = \int \mathrm{div} r dV = 3V$，所以最终可得

$$2\overline{E} - \overline{U}_r - 3pV = 0 \qquad (2.2.61)$$

例如，对于一个理想的无相互作用粒子系 $\overline{U} = 0$，我们有一个类似于克拉珀龙方程的公式：

$$p = \frac{2\overline{E}}{3V} \qquad (2.2.62)$$

由此即可导出标准公式 $\overline{E} = \frac{3}{2} NT$。对于相互作用势 $U \sim \frac{1}{r^n}$，有 $\overline{U}_r = -n\overline{U}$，且式(2.2.61)变为

$$2\overline{E} + n\overline{U} = 3pV \qquad (2.2.63)$$

例如，如果参数 $\overline{U}_r$ 已知，这些关联式可用于计算系统中的压力。需要注意的是压力的引入稍微改变了描述的性质，如边界面 S 的定义涉及了一些关于压力均匀性的假设，这可能与粒子在 S 上均匀分布的假设相关等。

44

2.3 麦克斯韦分布函数

2.3.1 物理模型

也许物理学和数学的主要区别在于这两门科学所使用的定义的准确性。数学是以逻辑为基础的，而物理学则是由其专家的共同经验和个人直觉引导的。

每个数学定义都是精确而清晰的。每个物理公式都是基于一大堆实验验证发展起来的，这些实验验证在其诞生之时就已经为人所知，并且受到了当代观点的影响。

一些物理公式可以由已知的物理原理进行一定的简化而得到，但这并不意味着这些简化是这些公式的基本组成部分：可能存在另一种方法来建立这个定律，而不需要这样严格的环境。任何定理都是从阐述其条件的正确性开始的，而非常罕见的物理争论有其明确的应用领域；几乎每个物理定律都没有其使用的明确界限。大多数物理定律是针对模型系统或基本物体（理想气体、牛顿流体、质点等）而获得的，因此我们认为这些定律在实际自然界中的适用性是很广的。

麦克斯韦分布函数（MDF）就是一个生动的例子。它被提出、被抨击、被实

验研究,又被复杂系统否认,很快又以一种变体"复活"。在物理学中,MDF 具有"默认分布函数"的地位:当任何其他分布函数没有得到严格证明时,麦克斯韦分布函数可以应用于任何问题。当然蒸发也不例外。

这足以说明麦克斯韦是高斯模型(在物理学中)的类比:在热平衡态下,任何速度投影上的分布函数都可以写成一个形式:

$$f(v_x) = \frac{1}{\sqrt{2\pi D_v}} \exp\left(-\frac{v_x^2}{2D_v}\right) \qquad (2.3.1)$$

其中,$D_v = T/m$。

物理学家相信高斯分布函数是经过数学证明的,而数学家认为它是经过实验验证的;Poincare 在他的 *Probability Theory*(《概率论》)中引用了这句格言并提到了利普曼(Lippman),但像往常一样,这些小细节被忽略了,现在这句格言属于 Poincare。

对于一个物理学家来说,MDF 的证明已经足够多了,但是从数学家的角度来看,这是一个尚未解决的问题(2.1.3 节):最大的障碍是热力学平衡态。高斯模型(2.3.1)可以得到一个随机速度集(可解释为一个热平衡),但是如何让力学系统进入这样的状态?然而如果能够跳过这个绊脚石,那么剩下的证明将会非常直接而简单。从物理学家的角度来看,MDF 会更加坚定可信,特别是考虑到 MDF 的存在是 Zermelo 和 Boltzmann 之间唯一的共识时。

下面介绍 MDF 的原始推导,以及针对该问题的现代观点。

45

2.3.2 麦克斯韦分布函数

最著名的分布函数诞生于 1859 年,之后提出者对其进行了多次重新分析。今天我们可以用不同方法得到 MDF(其中一种方法在 2.3.3 节中介绍),但这些方法都有共同的假设:速度必须随机化(具有各向同性特性)。实际上,这个假设是"热平衡"的同义词。麦克斯韦在他的分布函数的早期推导中,使用了这种方法,但后来他利用详细平衡原理来确定 MDF。

1959 年,在 *Illustrations of the Dynamical Theory of Gases*(《气体动力学理论例证》)一书中,MDF 首次出现。记 v_x、v_y、v_z 为速度 v 在三个方向上的分量。由于这些分量彼此独立,我们可得具有 $v_x/(v_x+dx)$、$v_y/(v_y+dv_y)$、$v_z/(v_z+dv_z)$ 速度的粒子数目,该数目与下式成正比:

$$Nf(v_x)f(v_y)f(v_z)\,dv_x dv_y dv_z \qquad (2.3.2)$$

另外,从速度空间的各向同性性质,我们可以得出结论,粒子的数量只依赖速度空间中从原点出发的半径:

$$f(v_x)f(v_y)f(v_z) = \varphi(v_x^2+v_y^2+v_z^2) = \varphi(v^2) \qquad (2.3.3)$$

从这里我们可以看出:

$$f(v_x) = C\exp(Av_x^2) \text{ 和 } \varphi(v^2) = C^3\exp(Av^2) \tag{2.3.4}$$

考虑到 $A<0$（否则粒子的数量为无限），我们对函数进行整理可以得到

$$f(v_x) = \frac{1}{\alpha\sqrt{\pi}}\exp\left(-\frac{v_x^2}{\alpha^2}\right) \tag{2.3.5}$$

对于常数 α，有

$$\overline{v^2} = \overline{v_x^2} + \overline{v_y^2} + \overline{v_z^2} = \frac{3}{2}\alpha^2 \tag{2.3.6}$$

麦克斯韦并没有说明这个事实，但现在来看，我们可以注意到 $\alpha^2 = 2T/m$。

这就是《气体动力学理论例证》中的命题 IV。同样有趣的是，麦克斯韦命题 V 实际上已经确立了它的分布是稳定的（用现代术语来说）：具有相对速度 w 的粒子的数量满足相同的分布（附录 A）：

$$f(w) = \frac{1}{\sqrt{\alpha^2+\beta^2}}\frac{1}{\sqrt{\pi}}\exp\left(-\frac{w^2}{\alpha^2+\beta^2}\right) \tag{2.3.7}$$

式中：α 和 β 为两种粒子的分布参数，特别是在 $\alpha=\beta$ 的情况下。

接下来麦克斯韦在 1866 年的 *On the Dynamical Theory of Gases*（《气体动力学理论》）一书中导出了他的分布函数。后来在 1873 年的 *On the Final State of a System of Molecules in a Motion Subject to Forces of Any Kind*（《关于受任何种类的力作用的运动分子系统的最终状态》）一文里也用了相似的方法。

这里使用另一种方法：麦克斯韦处理了粒子的碰撞问题。麦克斯韦发现，通常情况下分布函数可以在这样的系统中提供一个动态平衡，或者可以消除碰撞积分（尽管事实上这个项在当时并不存在）。

假设 v、v' 和 w、w' 分别是两个粒子相互碰撞前后的速度。在基本体积 dV 内，数目分别是 $n_1 = f_1(v)dV$，$n_2 = f_2(w)dV$ 发生直接碰撞 $(v,w) \to (v',w')$ 的比例为

$$d\gamma_1 = Ff_1(v)f_2(w)(dV)^2 dt \tag{2.3.8}$$

式中，F 代表粒子相对速度的函数。

对于反向碰撞 $(v',w') \to (v,w)$，有一个类似的方程：

$$d\gamma_2 = Ff_1(v')f_2(w')(dV)^2 dt \tag{2.3.9}$$

其中，F 的表意不变，均衡状态下 $d\gamma_1 = d\gamma_2$，并且

$$f_1(v)f_2(w) = f_1(v')f_2(w') \tag{2.3.10}$$

考虑到能量守恒定律，有

$$\frac{m_1 v^2}{2} + \frac{m_2 w^2}{2} = \frac{m_1 v'^2}{2} + \frac{m_2 w'^2}{2} \tag{2.3.11}$$

根据式（2.3.10）和式（2.3.11），函数 f_1 和函数 f_2 的唯一形式为

$$f_1(v) = C_1 \exp\left(-\frac{v^2}{\alpha^2}\right) \text{和} f_2(w) = C_2 \exp\left(-\frac{w^2}{\beta^2}\right) \tag{2.3.12}$$

同时有关系式 $m_1\alpha^2 = m_2\beta^2$，常数 $C_{1,2}$ 可以通过式 $\int f_{1,2}(v)\,\mathrm{d}v = N_{1,2}$ 求得。我们再一次得到了相同的分布函数——MDF。

换句话说，此处麦克斯韦提供了可以在现代物理动力学教科书中找到的运算——在从"碰撞积分等于零"的条件中找到"平衡"分布函数。而且麦克斯韦用一种更加优雅和直接的方式做到了这一点。

正如我们在 2.2.1 节中所讨论的有关 MDF 的应用条件的一些问题，数学家也对此进行了讨论。尽管本节所述的所有考虑因素看起来都相当可靠，但我们对于 MDF 的一些关键问题的答案并不清楚：如何从力学系统中获得这个函数？为了更好地理解这一问题，我们在 2.3.3 节中提供了确定 MDF 的数学方法。

2.3.3 麦克斯韦理论的现代视角

回到 2.3.1 节的开头，我们可以得出这样的结论：物理学家已经有足够的证据来证明 MDF。然而出乎物理学家意料的是，从数学的角度来看，上述的思想并不够严谨。

对于 MDF 和力学系统之间关系的问题（显然，MDF 是从力学系统中得出的），我们可以加上一个典型的"物理学家"的问题：我们从哪里开始？我的意思是，一个系统中必须有多少粒子才能提供足够的 MDF 精确度？通常就像他们把一些大数字命名为"10 的 N 次方"那样，物理学家依靠他们的直觉。然而也许我们可以在相同的热平衡假设下推导出一个更普遍的关系，可以使 MDF 成为 $N \to \infty$ 的渐近函数。

接下来我们会参考 Kozlov（2002）的推导。

设在 n 维空间下具有 N 个粒子的系统内第 i 个粒子的速度组分为 $v_{i,1}$，$v_{i,2}, \cdots, v_{i,n}$，所有粒子的总动能为

$$\sum_{i=1}^{N} \frac{m\boldsymbol{v}_i^2}{2} = \sum_{i=1}^{N} \sum_{j=1}^{n} \frac{mv_{i,j}^2}{2} = E = \bar{\varepsilon}N \tag{2.3.13}$$

式中：$\bar{\varepsilon}$ 为单个粒子的平均动能。

媒介的状态是由下式定义：

$$\{v_{i,1}, v_{i,2}, \cdots, v_{i,n}; \cdots; v_{N,1}, v_{N,2}, \cdots, v_{N,n}\} \in \Re^{nN} \tag{2.3.14}$$

在 $nN-1$ 维超球体 S 上的半径为

$$R = \sqrt{\frac{2E}{m}} = \sqrt{\frac{2\bar{\varepsilon}N}{m}} \tag{2.3.15}$$

定义球体 S 的概率测度(probability measure)p 这个过程(这一步)总是容易出现问题,Kozlov(2002)把 p 定义为超球 S 的"体积",也就是说,对于给定速度投影的粒子概率测度可以定义为

$$p(a<v_{i,j}<b) = \frac{\mathrm{mes}(a<v_{i,j}<b)}{\mathrm{mes}S} \qquad (2.3.16)$$

其中

$$\mathrm{mes}(a<v_{i,j}<b) = \int_a^b \left(1 - \frac{mx^2}{2\,\overline{\varepsilon}N}\right)^{\frac{nN-3}{2}} \mathrm{d}x \qquad (2.3.17)$$

$$\mathrm{mes}S = \int_{-R}^R \left(1 - \frac{mx^2}{2\,\overline{\varepsilon}N}\right)^{\frac{nN-3}{2}} \mathrm{d}x \qquad (2.3.18)$$

因此,概率密度函数可以在 N 粒子系统中表示为

$$f^N(v) = \left(1 - \frac{mv^2}{2\,\overline{\varepsilon}N}\right)^{\frac{nN-3}{2}} \qquad (2.3.19)$$

对于 $n=1$ 及 $N\to\infty$,可以得到麦克斯韦分布的标准形式:

$$f^\infty(v) = \sqrt{\frac{m}{4\pi\,\overline{\varepsilon}}}\,\mathrm{e}^{-\frac{mv^2}{4\overline{\varepsilon}}} \qquad (2.3.20)$$

而对于 $\overline{\varepsilon}$,有

$$\overline{\varepsilon} = \int_{-\infty}^\infty \frac{mv^2}{2}f(v)\,\mathrm{d}v = \frac{T}{2} \qquad (2.3.21)$$

因此,从这点来考虑,可以看出式(2.3.19)是 MDF 的一个更常见的形式,如图 2.4 所示。

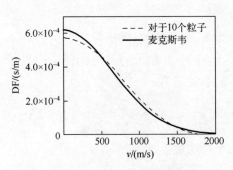

图 2.4　$N=10$ 粒子系统的实际分布函数式(2.3.19)与
麦克斯韦分布函数($T=300$K)的比较

然而,函数 f^N 是也是通过概率量测公式(2.3.17)在相同热平衡的条件下得出的,此条件也可以理解为速度相等(具体地说,每个粒子的速度投影相等)。

回到先前的思路并将"概率"一词替换为"份额",我们可以得出这样的结论:MDF 是一个足够混乱的系统的期望分布。还需注意的是,我们没有在这个方法里考虑势能,这并不意味着这个方法只适用于理想气体。与此相反,从物理学的角度来看,只有粒子间的相互作用才可能导致系统的无序。

2.3.4 二维和三维情况下的最大值

在二维几何平面上,MDF 为

$$f(v) = \frac{mv}{T}\exp\left(-\frac{mv^2}{2T}\right) \quad (v>0) \tag{2.3.22}$$

该分布函数为式(2.3.20)在 $f(v_x)f(v_y)\,dv_x dv_y$ 上的用法,同时用 $v_x^2+v_y^2=v^2$ 替换 $dv_x dv_y = 2\pi v dv$。由此可以得到三维环境下相似的公式:

$$f(v) = \left(\frac{m}{2\pi T}\right)^{3/2} 4\pi v^2 \exp\left(-\frac{mv^2}{2T}\right) \quad (v>0) \tag{2.3.23}$$

在一般情况下,对于 N 维环境(至少在数值模拟方面可以考虑),有

$$f(v) = \frac{2^{(2-n)/2}}{\Gamma(n/2)}\left(\frac{m}{T}\right)^{n/2} v^{n-1} \exp\left(-\frac{mv^2}{2T}\right) \quad (v>0) \tag{2.3.24}$$

由于这些公式对 v 的定义不同,所以在 $n=1$ 条件下,式(2.3.24)和式(2.3.20)并不冲突。

2.3.5 动能的麦克斯韦分布函数

式(2.3.23)代表速度分布函数。然而我们也可能需要用到动能的分布函数。这样的分布函数也可以称为 MDF,我们可以相应地将速度替换为 $\varepsilon = mv^2/2$ 进行推导:

$$f(\varepsilon)\,d\varepsilon = \frac{1}{\sqrt{\pi \varepsilon T}}\exp\left(-\frac{\varepsilon}{T}\right)d\varepsilon \quad (\text{一维情况}) \tag{2.3.25}$$

$$f(\varepsilon) = \frac{1}{T}\exp\left(-\frac{\varepsilon}{T}\right) \quad (\text{二维情况}) \tag{2.3.26}$$

$$f(\varepsilon)\,d\varepsilon = \frac{2\sqrt{\varepsilon}}{\sqrt{\pi T^3}}\exp\left(-\frac{\varepsilon}{T}\right)d\varepsilon \quad (\text{三维情况}) \tag{2.3.27}$$

式(2.3.27)的平均动能为

$$\varepsilon_m = \int_0^\infty \varepsilon f(\varepsilon)\,d\varepsilon = \frac{2}{\sqrt{\pi T^3}}\int_0^\infty \varepsilon \sqrt{\varepsilon}\, e^{-\varepsilon/T}d\varepsilon = 1.5T \tag{2.3.28}$$

式(2.3.27)中的 MDF 离散度为

$$D_{\varepsilon} = \overline{(\varepsilon - \varepsilon_m)^2} = \frac{2}{\sqrt{\pi T^3}} \int_0^{\infty} (\varepsilon - \varepsilon_m)^2 \sqrt{\varepsilon}\, e^{-\varepsilon/T} d\varepsilon = 1.5T^2 \quad (2.3.29)$$

我们将在第 6 章中进一步使用这些关系式。

2.3.6 麦克斯韦分布函数的意义

这个问题在 2.2.1 节中讨论过,但在这里我们将重复并强调关键的部分。

MDF 不是一个动态系统演化的终点,我们也没有说系统中任何瞬时时刻分子的速度都服从麦克斯韦分布,而且这种说法充满了混乱和错误。速度分布函数在 MDF 周围的振荡波动实际上代表了混沌系统中的一种微弱的吸引力。一般情况下,在给定时刻,速度分布函数偏离 MDF 的情况取决于系统中粒子的数量 N,但即使当 $N \rightarrow \infty$,分布函数也不会是 MDF。因为动态系统中的波动强度可以是任意的。需要注意的是,波动这个词本来不是出自力学系统,而是另一套热力学系统。即便是动力学系统也不会"波动","波动"指的是永不停息地运动。

由于速度的混沌特性,我们可以注意到平均速度分布函数的一些特性:在这种条件下,任何投影速度都必须满足高斯分布,这里称为 MDF。

在另一个公式中,分布函数甚至在 $t \rightarrow \infty$ 时都不是 MDF;MDF 只能在下式中观测到:

$$\lim_{\Delta t \rightarrow \infty} \frac{1}{\Delta t} \int_t^{t+\Delta t} f(v,t)\, dt \qquad (2.3.30)$$

这个方程也很容易证明。在"严谨的物理学"领域,值得指出的是测量值(式(2.3.17))可用于速度的平均值就足够了。在相关系统(当然也包括其他系统)中,我们可以预期任何粒子都会重复任何其他粒子的命运。也就是说,粒子在它们的动能谱上是无法区分的。在这种情况下,我们可以得出式(2.3.17)和式(2.3.20)的结果。

2.4 结 论

本章讨论了所要面临的一系列重要问题。

我们不能通过由 10^N 个粒子(N 非常大)构成的真实系统进行数值计算来得到任何结果。这是一个超级复杂的任务,这个任务或许仍然是不可能实现的。因此,我们必须转向统计科学。我们可以用概率密度函数来代替所有粒子的坐标和速度。

统计方法使用"概率"这一词作为标准。为了描述一个由许多粒子组成的力学系统,这里的"概率"并不意味着"几率",而是"份额"。本章只用很少的篇幅讨论了混沌,我们的思路从来不涉及任何随机性的概念。

混沌不是概率,混沌系统是确定性模型。由于对初始条件的强烈依赖,混沌系统忘记了它的初始状态。在这样一个系统中,我们甚至可以观察到一种准不可逆性,然而这不是其直接意义上的不可逆性,而是一种"幻象"。

我们可以通过数值模拟的方式,不含任何附加因素地得出 MDF,如随机力等。即使在确定性系统中,粒子速度的混沌化也是获得 MDF 的一个充分条件,这个结果与力学可逆性原理没有矛盾。在充分混沌化的情况下,粒子的速度分布函数可能会在 MDF 周围振荡。

参考文献

G. Ecker, *Theory of Fully Ionized Plasmas*(Academic Press, New York–London, 1972).

D. N. Gerasimov, O. A. Sinkevich, High Temp. **42**, 489(2004).

H. Haken, *Information and Self–organization* (Springer, Berlin–Heidelberg–New York, 1988).

V. V. Kozlov, *The Heat Equilibrium by Gibbs and Poincare* (Institute of Computer Science, Moscow–Izhevsk, 2002).

Y. S. Sigov, *Numerical Experiment: The Bridge between the Past and the Future*(Fismatlit, Moscow, 2001).

A. A. Vlasov, *Nonlocal Statistical Mechanics* (Nauka, Moscow, 1978).

E. Zermelo, Ann. Phys. **57**, 485(1896a).

E. Zermelo, Ann. Phys. **59**, 797(1896b).

推荐文献

L. Boltzmann, Ann. Phys. **57**, 773(1896).

J. W. Gibbs, *Elementary Principles in Statistical Mechanics*(Charles Scribner's Sons, New York, 1902).

J. C. Maxwell, *The Scientific Papers of James Clerk Maxwell*(Dover Publications Inc, New York, 1965).

D. Ruelle, *Chance and Chaos* (Princeton University Press, Princeton, NJ, 1993).

第 3 章
动 力 学 方 法

本章是第 2 章的进一步延伸讨论。分布函数的动态性可以用多种方法和不同方程表示,其中,玻尔兹曼动力学方程是最普遍的表达式,还有许多其他相关方程同样可以表达分布函数的动态性。

本章介绍了几种动力学方法。

3.1 概率动力学

3.1.1 动力学方程

在第 2 章中介绍的分布函数 $f(x,v)$ 描述了静态图像:点 x 处的粒子数与速度 v。然而,对于瞬态过程,必须考虑分布函数的变化,即必须考虑 $f(t,x,v)$ 函数形式。

动态相关函数 $f(t,x,v)$ 被称为动力学方程。最著名的方程是玻尔兹曼动力学方程,但它不是唯一的表达式,甚至不是许多实际应用情况下的最佳结构式。本章使用了多种动力学方程进行讨论。

确定分布函数时间演化表达式的常用方法,可以通过类比连续性方程(质量守恒定律)来解释:

$$\frac{\partial \rho}{\partial t}+\mathrm{div}\rho v = S \tag{3.1.1}$$

在正常条件下,质量源 $S=0$(不考虑 γ 量子的配对产生),则在混合物中,所述混合物某一组分的密度可以用非零源项(由于化学反应)的式(3.1.1)来表示。对于纯净物,当 $S=0$ 时,式(3.1.1)表明质量可能流入这一点或从这一点流出,但不能以任何方式产生。

我们记得,分布函数本质上是扩展空间中的数密度(不仅在通常的坐标空

间中,而且在速度空间中),因此我们可以为分布函数制定一个类似于
式(3.1.1)的动态方程:

$$\frac{\partial f}{\partial t}+v\,\frac{\partial f}{\partial x}+a\,\frac{\partial f}{\partial v}=I \tag{3.1.2}$$

左侧的最后两个项可以写为相空间(x,v)中的散度项$\text{div}Vf$,其中矢量V将
矢量v和a结合起来。这种动力学方程的"推导"提出了许多问题;其中一些可
能是出乎意料的,我们将在后面的3.4节中总体上考虑动力学方法的细微差别。

关于式(3.1.2)的一个问题必须在本节中解决:右侧的源项,表示为I。这
是碰撞积分,它的形式定义了动力学方程的类型。最早版本的碰撞积分由麦克
斯韦和玻尔兹曼获得,相应的方程称为玻尔兹曼方程。

玻尔兹曼动力学方程可以通过各种方式获得,几乎只需考虑粒子之间的碰
撞得到的分布函数$f(x,v)$就可以被立即写出。实际上,它几乎与第2章的推导
过程相同。但是,从某种角度来说,这种方法带来了更多的问题,而不是最佳
方案。

因此我们更倾向最常见的方法,这要求我们首先重新确定分布函数。

3.1.2 刘维尔(Liouville)定理

之前使用的分布函数$f(x,v)$定义了在坐标x处用速度v找到单个粒子的
概率。然而,可以使用另一种方法:获得用x_1和v_1找到第1个粒子的概率,再
获得用x_2和v_2找到第2个粒子的概率,然后对于所有N个粒子以此类推。当
位于(x_1,v_1)的第1个粒子影响在(x_2,v_2)处找到第2个粒子的概率时,这种方
法可能是有意义的。

让我们介绍一个多粒子分布函数,描述第一个粒子有坐标x_1和v_1的概率,
第二个粒子有坐标x_2和v_2的概率,依此类推:

$$dw^N=f^N(t;x_1,v_1;\cdots;x_N,v_N)\,dx_1dv_1\cdots dx_Ndv_N \tag{3.1.3}$$

当然,分布函数f^N是标准化的:

$$\int f^N dx_1\cdots dx_N dv_1\cdots dv_N = 1 \tag{3.1.4}$$

$N-1$个粒子的分布函数可以用式(3.1.3)获得:

$$f^{N-1}(x_1,v_1;\cdots;x_{N-1},v_{N-1}) = \iint f^N dx_N dv_N \tag{3.1.5}$$

以这种方式,我们可以一直积分,直到找到单粒子分布函数$f(x,v)$。然后,
以上面讨论的形式介绍分布函数的"概率守恒方程":

$$\frac{\partial f^N}{\partial t}+\text{div}_{2N}Vf^N=0 \tag{3.1.6}$$

式中:V 为广义速度的矢量,由 N 个常速度 v_i 和 N 个加速度 a_i 组成。

式(3.1.6)表示分布函数 f^N 的不连续方程。稍传统的表示方式为

$$\frac{\partial f^N}{\partial t} + \sum_{k=1}^{N} v_k \frac{\partial f^N}{\partial x_k} + \sum_{k=1}^{N} a_k \frac{\partial f^N}{\partial v_k} = 0 \tag{3.1.7}$$

式(3.1.6)可以通过多种方式得到验证。例如,在 Cercignani(1969)中,使用了 f^N 的力学模拟:

$$f^N = \prod_{i=1}^{N} \delta(x - X(t)) \delta(v - X(t)) \tag{3.1.8}$$

式中:$X(t)$ 和 $\dot{X}(t)$ 为粒子的坐标和速度,相应地由力学方程(哈密顿方程)和 $\delta(x)$ (狄拉克函数,附录B)确定。实际上,为了这些目的使用广义函数,我们必须定义它的导数。总而言之,用这种方式,可以获得式(3.1.6)。

式(3.1.6)方程只是动力学方程求导的起点。这个等式意味着,在整个 N 个粒子系统中,概率是一个守恒量(与单粒子分布函数相反,当 $I \neq 0$ 时,它服从式(3.1.2))。

在3.2节中我们简要提供了一个真实的展示,类似于花样滑冰短项目那样的练习。

3.2 BBGKY 链动力学方程

博弋留博夫-波恩-格林-柯克伍德-伊冯(Bogoliubov-Born-Green-Kirkwood-Yvon,BBGKY)链(或层次结构)定义了分布函数 f^k 到分布函数 f^{k+1} 的动力学方程。

动力学方程中的加速度 a 可以具有双重性质:这可以是外力 F 的加速度或者粒子间相互作用产生的加速度。在后一种情况下,a 的值取决于相互作用粒子的坐标,即式(3.1.7)中的每个 $a_k \frac{\partial f}{\partial v_k}$ 可以用一对粒子相互作用的势能 $\varphi_{ik}(|x_i-x_k|)$ 来表示:

$$a_k \frac{\partial f^N}{\partial v_k} = \frac{F_k}{m} \frac{\partial f^N}{\partial v_k} - \frac{1}{m} \sum_{i \neq k} \frac{\partial \varphi_{ik}}{\partial x_k} \frac{\partial f^N}{\partial v_k} \tag{3.2.1}$$

式中:m 为粒子的质量。

对式(3.1.7)中第 N 个粒子的坐标 x_N 和速度 v_N 进行积分,可得

$$\int \frac{\partial f^N}{\partial t} dx_N dv_N = \frac{\partial f^{N-1}}{\partial t} \tag{3.2.2}$$

$$\int \sum_{k=1}^{N} \mathbf{v}_k \frac{\partial f^N}{\partial \mathbf{x}_k} \mathrm{d}\mathbf{x}_N \mathrm{d}\mathbf{v}_N = \sum_{k=1}^{N-1} \mathbf{v}_k \frac{\partial f^{N-1}}{\partial \mathbf{x}_k} + \underbrace{\int \mathbf{v}_N \frac{\partial f^N}{\partial \mathbf{x}_N} \mathrm{d}\mathbf{x}_N \mathrm{d}\mathbf{v}_N}_{0} \qquad (3.2.3)$$

类似地,式(3.1.7)中的最后一项可表示为

$$\int \sum_{k=1}^{N} \mathbf{a}_k \frac{\partial f^N}{\partial \mathbf{v}_k} \mathrm{d}\mathbf{x}_N \mathrm{d}\mathbf{v}_N = \sum_{k=1}^{N-1} \int \mathbf{a}_k \frac{\partial f^N}{\partial \mathbf{v}_k} \mathrm{d}\mathbf{x}_N \mathrm{d}\mathbf{v}_N + \underbrace{\int \mathbf{a}_N \frac{\partial f^N}{\partial \mathbf{v}_N} \mathrm{d}\mathbf{x}_N \mathrm{d}\mathbf{v}_N}_{0} \qquad (3.2.4)$$

我们可以将式(3.2.1)重写为

$$\sum_{k=1}^{N-1} \frac{\mathbf{F}_k}{m} \frac{\partial f^{N-1}}{\partial \mathbf{v}_k} - \frac{1}{m} \sum_{k=1}^{N-1} \sum_{j \neq k} \int \frac{\partial \boldsymbol{\varphi}_{ik}}{\partial \mathbf{x}_k} \frac{\partial f^N}{\partial \mathbf{v}_k} \mathrm{d}\mathbf{x}_N \mathrm{d}\mathbf{v}_N \qquad (3.2.5)$$

对变量 $\mathbf{x}_{N-1}, \mathbf{x}_N, \mathbf{v}_{N-1}, \mathbf{v}_N$ 积分,即式(3.1.7),得到函数 f^{N-2} 的对应方程。实际上,式(3.1.7)可以进一步积分,对于分布函数 f^i 可得

$$\frac{\partial f^i}{\partial t} + \sum_{k=1}^{i} \mathbf{v}_k \frac{\partial f^i}{\partial \mathbf{x}_k} + \sum_{k=1}^{i} \frac{\mathbf{F}_k}{m} \frac{\partial f^i}{\partial \mathbf{v}_k} = \frac{1}{m} \sum_{k=1}^{i} \sum_{j \neq k} \int \frac{\partial \varphi(|\mathbf{x}_k - \mathbf{x}_j|)}{\partial \mathbf{x}_k} \frac{\partial f^{i+1}}{\partial \mathbf{v}_k} \mathrm{d}\mathbf{x}_i \mathrm{d}\mathbf{v}_{i+1}$$

$$(3.2.6)$$

最后,对所有变量 $\mathbf{x}_2, \cdots, \mathbf{x}_N$ 和 $\mathbf{v}_2, \cdots, \mathbf{v}_N$ 进行积分后,得到单个粒子分布函数 f^1 的动力学方程:

$$\frac{\partial f^1}{\partial t} + \mathbf{v}_1 \frac{\partial f^1}{\partial \mathbf{x}_1} + \frac{\mathbf{F}_1}{m} \frac{\partial f^1}{\partial \mathbf{v}_1} = \frac{1}{m} \sum_{k=2}^{N} \int \frac{\partial \varphi(|\mathbf{x}_1 - \mathbf{x}_k|)}{\partial \mathbf{x}_1} \frac{\partial f^2}{\partial \mathbf{v}_1} \mathrm{d}\mathbf{x}_k \mathrm{d}\mathbf{v}_k \qquad (3.2.7)$$

或者,为了简化和避免混淆,删除系数"1"并将双粒子分布函数表示为 f_{1k},然后将导数 $\partial/\partial\mathbf{v}$ 从积分中取出,我们可以将式(3.2.7)重写为

$$\frac{\partial f}{\partial t} + \mathbf{v} \frac{\partial f}{\partial \mathbf{x}} + \frac{\mathbf{F}}{m} \frac{\partial f}{\partial \mathbf{v}} = \frac{1}{m} \sum_{k=2}^{N} \frac{\partial}{\partial \mathbf{v}} \int \nabla \varphi f_{1k} \mathrm{d}\mathbf{x}_k \mathrm{d}\mathbf{v}_k \qquad (3.2.8)$$

因此,为了获得单粒子分布函数的确定方程,我们必须包括双粒子分布函数 f_{1k},但我们不能直接从 BBGKY 链获得这样的表达式,因为这个函数必须通过三粒子分布函数等表示。因此,我们可以根据一些物理假设为函数 f_{1k} 设计一些相关性。

我们将在 3.3 节中使用这种方法,并获得玻尔兹曼方程。

3.3 玻尔兹曼动力学方程

3.3.1 从 BBGKY 链推导而来

正如我们在 3.1 节中提到的那样,玻尔兹曼方程可以用碰撞过程的"物理"思考来构建,但我们更喜欢形式化的方式。

玻尔兹曼型的动力学方程可以从 BBGKY 结构链获得,这是单粒子分布函

数的动力学方程。从上一节开始,对于函数 f,总有一个动力学方程,方程右侧有一个双粒子分布函数项(在积分下)。通常,玻尔兹曼方程的这种运算推导在一系列纯数学步骤中执行。在这里,我们遵循一种更深入、更有趣的方法,即弗拉索夫(Vlasov)的方法。

单粒子分布函数 f 的动力学方程可以在 7 个假设下获得(Vlasov,1966)。

(1) 没有加速度的扩散。这意味着在动力学方程中没有 $\partial f/\partial a$ 项,见 3.4 节中的讨论。

(2) 系统必须受到积分收敛的常规条件的限制(如式(3.2.3))。

(3) 碰撞发生的空间尺度远小于气体中粒子之间的平均距离。换句话说,名为"碰撞"的相互作用的尺度非常短,这些是局部点的相互作用。在 3.4 节和 3.5 节中,这是一条重要的假设。

(4) 粒子之间的相互作用仅限于成对碰撞。

(5) 在动力学方程中:

$$\frac{\partial f}{\partial t}+v\,\frac{\partial f}{\partial x}=I \tag{3.3.1}$$

在时间箭头的左侧描述了碰撞后的事件,即右侧描述的事件。

(6) 碰撞所花费的时间很短,这个时间可以忽略不计,我们可以假设碰撞是一个瞬间过程,其中有速度的碰撞粒子改变它们的速度大小和速度方向。

(7) 双粒子分布函数是乘法形式的: $f_{1s}=f_1 f_s$。从数学的角度来看,这个假设是主要要求。它允许我们从动力学方程右侧的积分中获得确定性。注意,通常这个条件是在推导玻尔兹曼方程期间讨论的唯一条件。

我们需要前两个假设来获得 BBGKY 链,然后可得

$$I=\frac{1}{m}\sum_{k=2}^{N}\frac{\partial}{\partial \boldsymbol{v}}\iint \nabla\varphi f_{1k}\mathrm{d}\boldsymbol{x}_k\mathrm{d}\boldsymbol{v}_k \tag{3.3.2}$$

式中,$\nabla\varphi$ 项表示在碰撞期间作用在粒子之间的力。在两次连续碰撞的时间间隔中,$\nabla\varphi=0$。

可以使用相关性表示此积分:

$$\mathrm{div}_v(f_{1k}\nabla\varphi)=\mathrm{div}_x(f_{1k}\boldsymbol{v}) \tag{3.3.3}$$

代入式(3.3.2),得到

$$I=\frac{1}{m}\sum_{k=2}^{N}\iint \xi\,\nabla f_{1k}\mathrm{d}\boldsymbol{x}_k\mathrm{d}\boldsymbol{v}_k \tag{3.3.4}$$

式中: $\xi=|\boldsymbol{v}-\boldsymbol{v}_k|$ 为碰撞粒子的相对速度。

总和中必须考虑计入多少项?这取决于导数 $\partial f/\partial t$ 的时间尺度 τ 相对于两次连续碰撞之间的时间 t_{col}。

第一种限制情况是 $\tau<t_{col}$。如果是这样，则总和中的所有项都等于零，或者一个项不为零。第二种情况是假设在时间 $\tau>t_{col}$ 碰撞 n 次。最后一种情况，对于非相关碰撞，将从总和中得到 n 个相同的项。重整化单粒子分布函数 $f \to nf$，我们得到相同的结果，即相同的最终方程。

然后，用轴 z 和半径 a 表示柱系统中坐标空间的积分：

$$\mathrm{d}\boldsymbol{x}=a\mathrm{d}a\mathrm{d}z\mathrm{d}\vartheta \tag{3.3.5}$$

式中，ϑ 表示影响参数，轴 z 沿矢量 $\boldsymbol{v}-\boldsymbol{v}_k$ 定向。因此，积分为

$$\int a\mathrm{d}a\mathrm{d}\vartheta \mathrm{d}\boldsymbol{v}_k \int \xi \frac{\partial f_{1k}}{\partial z}\mathrm{d}z \tag{3.3.6}$$

z 的最后一个积分必须从"碰撞前"到"碰撞后"。使用假设(6)，我们可以从积分中取出 ξ，因此有

$$\int \xi \frac{\partial f_{1k}}{\partial z}\mathrm{d}z = \xi \int \frac{\partial f_{1k}}{\partial z}\mathrm{d}z = \xi(f'_{1k}-f_{1k}) \tag{3.3.7}$$

其中，"$'$"表示碰撞后的双粒子分布函数。

最后，利用假设7我们获得

$$\frac{\partial f}{\partial t}+\boldsymbol{v}\frac{\partial f}{\partial \boldsymbol{x}}+\frac{\boldsymbol{F}}{m}\frac{\partial f}{\partial \boldsymbol{v}}=\frac{1}{m}\int \xi(f'f'_k-ff_k)a\mathrm{d}a\mathrm{d}\vartheta \mathrm{d}\boldsymbol{v} \tag{3.3.8}$$

这就是玻尔兹曼方程。为了使用这个方程，必须为式(3.3.8)中导数的存在添加另一个条件，并由此确定整个式(3.3.8)的成立。

3.3.2 差异化

我们用数学语言来表达物理定律，也就是指微分方程。有时我们为这些方程式添加积分项(如动力学方程中的碰撞积分)，但可以毫不夸张地说，数学物理学是关于微分方程的理论：我们通过将各种导数应用于物理量，并把它们组合加入方程式来形成理论。这种理论方法似乎是唯一可以使用的方法，但实际上并非如此。

另一种方法是用映射的方式表述物理问题。实际上，在现代理论物理学中考虑到数值仿真的主导作用，这并不是一个坏的方法。省略微分方程项，将问题表述为映射 $x_{i+1}\leftarrow F(x_i)$ 看起来是合理的。然而，这种方法在超序数模型中很少应用(如在费米加速问题中)。物理问题的数学描述和微分方程几乎成了同义词。

许多数学家确信物理学(在理论部分)只包含方程式。事实并非如此：理论物理不仅包括方程，还包括这些方程中的变量。物理描述的充分表述意味着这些变量所选尺度的正确性，这是一项艰巨的任务。

要将导数应用于物理变量,表示物理量的变量必须满足:

(1) 在介质中的给定点处定义良好;

(2) 不连续性;

(3) 平滑。

我们可以通过考虑温度的例子来讨论这些问题。

首先,这意味着存在温度。在最简单的情况下,温度可以定义为无序运动的平均动能,即一维情况:

$$\frac{T}{2} = \bar{\varepsilon} = \frac{1}{N} \sum_{k=1}^{N} \frac{m(v_k - \bar{v})^2}{2} \tag{3.3.9}$$

其中,$\bar{v} = \frac{1}{N} \sum_{k=1}^{N} v_k$。单个粒子(对于 $N=1$)具有零平均动能 $\bar{\varepsilon}$(因为 $\bar{v}_1 = \bar{v}$),因此我们看到 $T=0$,有人可能会说单个粒子的温度不存在。然后我们取两个粒子并注意到在这样的系统中 $\bar{\varepsilon} > 0$。那这个系统存在温度这个量吗?事实上,不存在。这背后的热力学论据在第 1 章中被考虑过。简而言之,"平衡态分布函数"是此处的关键词。在这里,我们提供另外一种推导方式。

温度是出现在各种物理关系中的量。为了保证准确性,我们将考虑傅里叶定律:

$$q = -\lambda \frac{\partial T}{\partial x} \tag{3.3.10}$$

我们看到,在该等式的左侧为热通量 q,在右侧为热导率 λ 和温度 T 的梯度。因此温度是一个量,其梯度决定了热通量(具有可在参考文献中找到的比例系数)。在两个相邻基本体积中各有两个粒子的情况下,显然跨容积的热通量不符合式(3.3.10)中的相关性。因此,我们无法用 $\bar{\varepsilon}$ 取代 T,并以此获得合理的结果。

我们需要多少个粒子来引入温度这一概念?这个问题没有明确的答案。我们可以确定式(3.3.9)的正确性,当且仅当它为有限的 N 和 $N \to \infty$ 得到相同的结果(在公认的准确度 δ 下):

$$\frac{\left| \frac{1}{N} \sum_{k=1}^{N} \frac{m(v_k - \bar{v})^2}{2} - \lim_{N \to \infty} \frac{1}{N} \sum_{k=1}^{N} \frac{m(v_k - \bar{v})^2}{2} \right|}{\lim_{N \to \infty} \frac{1}{N} \sum_{k=1}^{N} \frac{m(v_k - \bar{v})^2}{2}} < \delta \tag{3.3.11}$$

当然式(3.3.11)是一种理论估计,因为在实际系统中很难获得 $N \to \infty$。式(3.3.11)的条件适用于各种物理量(如压力、密度等),但温度是一种特殊情况:除了式(3.3.11)中的常见关系外,我们还要求用不同物理方法获得的任何温度值必须相同。

我们的意思是温度是决定平衡态的参数(根据热力学的第零定律,见第1章)。任何能量分布必须具有相同的模数(在这以及下文中的"模数",我们理解为确定分布量比例的概率密度函数参数)。例如,在平衡介质中有3项要求:

(1) 温度决定了所有分布函数。

(2) 放置在此介质中的物体具有此温度。

(3) 该介质发出的辐射温度相同。我们并不是说任何介质都会发出热辐射。例如,对于薄的光学气体层来说,它是不可能发出热辐射的,但是气体的转动温度和振动温度必须与过渡温度一致。

因此,我们完成了第1项要求的讨论,即物理定义的存在。至于不连续性,乍一看没有问题,任何物理量都存在于空间的任何一点,"大自然是没有真空的"等。然而在特殊情况下,对于稀薄介质,均匀地定义数量(在介质的每个点处以相同的空间尺度),我们可能在一些(更稀薄的)区域中存在问题。下一个反例是非均匀加热液体的温度(9.3节)。实际上,第2项要求也一定不能缺失。

最后一项要求更重要。正如我们根据 L. F. Richardson 的研究可知,"风没有速度",由于液体粒子的不规则运动,它们的轨迹可以被看作不可求导的函数,即 $v = dx/dt$ 不存在。

例如在图 3.1 中,给出了粒子的速度 v 的变化。该粒子通过相等的距离 L 与其他粒子碰撞(当然这是一个模型)。在每次碰撞中,速度值在离散随机值 Δv 上急剧变化。

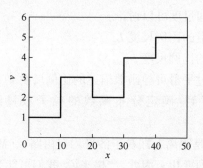

图 3.1　测试函数 $v(x)$ 在几个点上没有导数

我们可以确定能通过运算得出 dv/dx 吗?当然不能。该导数在碰撞的任何一点都不存在(在图 3.1 中"阶梯"的任何"台阶"处)。因此,图 3.1 所示的函数是不可微分的。我们不能为这样的函数构成任何微分方程,但是我们可以通过许多"台阶"(图 3.2)平均我们的"阶梯"并以这种方式获得平滑的"山丘"(可微函数)。在"山丘"上使用这个平滑函数,我们不能假装在给定点计算 v 的精确值,我们只能找到一个平均值。换句话说,在大尺度规模上,我们可以用平滑函数$v^s(x)$ 替换实际阶梯函数$v(x)$,如图3.2所示。从物理的角度来看,这里没有严重的问题:这种替换要求描述$v^s(x)$变化的物理模型有一些变化,但不需要太大的变化。通过上述所说的"变化"这个代价,我们获得了一个好处:现在可以组成一个函数$v^s(x)$的微分方程,与函数$v(x)$相反。

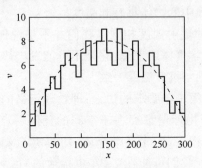

图3.2　测试函数及其"平滑"变体

因此通过取代$v(x) \rightarrow v^s(x)$,我们得到微分方程的优点,而缺点是$V^s(x)$代表坐标x处周围某个空间区间Δx上的平均量v。

这个例子解释了当我们为这个量制定微分方程时,出现的物理量的限制。下面我们准备专门讨论作为玻尔兹曼方程解的分布函数的空间尺度。

3.3.3　分布函数的空间尺度

有三种类型的空间尺度可以讨论:

(1) 已存在物理量的比例尺度L_A。

(2) 物理量变化的比例尺度L_B。

(3) 物理量可通过平滑可导函数描述的比例尺度L_C。

在第2章中注意到:确定分布函数的粒子数量的尺度L_A足够大,即$N(L_A) \gg 1$。

空间尺度L_B显然是距离l,即粒子的平均自由路径(MFP)。在距离L_B处,单个粒子的速度经历剧烈变化。因此,严格来说,我们可能会遇到f的求导问题。

当然,分布函数$f(x, v)$不重复图3.2中单个粒子$v(x)$的速度函数。分布函数代表许多粒子的数密度,我们希望平均(多个粒子)速度$\bar{v}(x)$比函数$v(x)$更"平滑"。实际上,有些粒子直接在MFP处发生碰撞,而其他粒子则在MFP/2或$\pi \cdot$MFP等处发生碰撞。无论如何,构建可微分的分布函数的可能性都是值得怀疑的(答案取决于小规模碰撞模型),前一节中描述的问题仍然存在。在通常情况下,我们必须得出结论,计算得出的分布函数是在大约等于MFP的尺度上平滑的函数。换句话说,分布函数的空间分辨率约等于 MFP 的尺度——我们无法用更小尺度的分布函数的微分方程预测分布函数的精确值。

但是,我们可以使用微分方程来表示"平滑"分布函数 f。在这种情况下,函数 f 的空间尺度 L_C 约为粒子的几个 MFP(在一般情况下,不可能更精确;最小尺度约为 l):$L_C \sim L_B \sim l$。

顺便说一句,在第 2 章中空间尺度 $L_D \gg l$,其中分布函数的波动很小,并且可以用连续的方法。

3.3.4 分布函数的时间尺度

碰撞积分的一个有趣特性是 $I(f_M) = 0$ 的问题,其中 f_M 是麦克斯韦分布函数(MDF)。我们在第 2 章中展示了这一点(当我们从条件 $f_1' f_2' = f_1 f_2$ 且 $v_1'^2 + v_2'^2 = v_1^2 + v_2^2$ 处获得麦克斯韦分布函数时)。因此,动力学方程预测麦克斯韦(Maxwellian)是非平衡系统的最终状态。

然而,我们看到(在第 2 章中)这个陈述与系统的力学性质相矛盾:麦克斯韦是系统中最常见的状态,而不是系统演变的最终结果。调和这两种方法的最简单方式是关注比这些波动长得多的尺度范围,粒子碰撞带来的波动通常是快速而短暂的。

因此,从另一个角度来看,我们再次获得 3.3.1 节中使用的条件 $\tau \gg t_{col}$。

3.4 弗拉索夫方法:没有碰撞

3.4.1 不碰撞

乍一看很容易理解(并向其他人解释)什么是"碰撞"。实际上,从物理角度来看这是一项艰巨的任务。分子不是弹性点,并且从严格的观点来看,"碰撞"意味着通过物理力在两个(或更多个)分子之间进行相互作用。这些力受到相互作用的势能的限制,严格地说,"碰撞"是指在这些力的场上具有交替加速的运动。对于给定粒子,这些力是由来自该系统的其他粒子引起的。由于我们的目标是找到粒子的分布函数,然后可能是"碰撞"——交替加速的运动,引起这种加速的力,即提供这些力的粒子的瞬态分布,可以通过这个分布函数本身来描述(以及分子间相互作用的势能)。我们从这个方向分析能走多远?

弗拉索夫对物理动力学的各个方面都有自己的见解。在他的著作 *Many-Particle Theory*(《多粒子理论》)、*Statisical Distribution Functions*(《统计分布函数》,值得特别关注)、*Nonlocal Statistical Mechanics*(《非局部统计力学》)中,

他提出了许多独到的观点。他的等离子体动力学方程成为强耦合系统统计方法的经典之作，这一成功意味着他倾向于将这种方法推广到所有类型的系统。正如我们知道的那样，在一些特殊的情况下，这是一个过于勇敢的举动而且是不正确的，但无论如何……弗拉索夫的动力学理论应该比现在更受关注。我们打赌，10 个物理学家中有 9 个会在下面描述的理论中找到新的东西。在这里，我们不去考虑 3.1~3.3 节之前的所有因素，并从最开始处重新开始。

让我们介绍多参数分布函数 $f(t, \boldsymbol{x}, \boldsymbol{v}, \dot{\boldsymbol{v}}, \ddot{\boldsymbol{v}}, \cdots)$，正如我们所看到的那样，它不仅取决于坐标和速度，还取决于 $\dot{\boldsymbol{v}}$（加速度）、$\ddot{\boldsymbol{v}}$ 等。也就是说，相应参数下的粒子数定义为

$$\mathrm{d}n = f(t, \boldsymbol{x}, \boldsymbol{v}, \dot{\boldsymbol{v}}, \ddot{\boldsymbol{v}}, \cdots)\mathrm{d}\boldsymbol{x}\mathrm{d}\boldsymbol{v}\mathrm{d}\dot{\boldsymbol{v}}\mathrm{d}\ddot{\boldsymbol{v}} \cdots \tag{3.4.1}$$

为了统一所有自变量 $\boldsymbol{x}, \boldsymbol{v}, \dot{\boldsymbol{v}}, \cdots$，可以使用 $\dot{\boldsymbol{x}}, \ddot{\boldsymbol{x}}, \dddot{\boldsymbol{x}}, \cdots$。然而，我们得到了一个或多或少规则的动力学方程，因此，我们区分了坐标和速度。

对于式（3.4.1）中的分布函数，例如，密度可以做积分计算：

$$\rho(t, \boldsymbol{x}) = \int f(t, \boldsymbol{x}, \boldsymbol{v}, \dot{\boldsymbol{v}}, \ddot{\boldsymbol{v}}, \cdots)\mathrm{d}\boldsymbol{v}\mathrm{d}\dot{\boldsymbol{v}}\mathrm{d}\ddot{\boldsymbol{v}} \cdots$$

$$= \int f(t, \boldsymbol{x}, \boldsymbol{v})\mathrm{d}\boldsymbol{v} \tag{3.4.2}$$

$$= \int \left(\int f(t, \boldsymbol{x}, \boldsymbol{v}, \dot{\boldsymbol{v}})\mathrm{d}\dot{\boldsymbol{v}} \right)\mathrm{d}\boldsymbol{v}$$

$$= \cdots$$

62

对相应变量有适当的限制（通常这些限制可以设为 $\pm\infty$）。以这种方式，每个分布函数的 N 个参数 $\boldsymbol{x}, \boldsymbol{v}, \dot{\boldsymbol{v}}, \cdots$ 可以通过大量参数的函数来表达。

然后我们建立一个守恒定律——一种不连续方程，对于函数 $f(t, \boldsymbol{x}, \boldsymbol{v}, \dot{\boldsymbol{v}}, \ddot{\boldsymbol{v}}, \cdots)$ 与 $\rho(t, \boldsymbol{v})$，质量守恒定律方程相同：

$$\frac{\partial f}{\partial t} + \mathrm{div}_x \boldsymbol{v}f + \mathrm{div}_v \dot{\boldsymbol{v}}f + \mathrm{div}_{\dot{v}} \ddot{\boldsymbol{v}}f + \cdots = 0 \tag{3.4.3}$$

在这里，我们在适当的空间中进行发散。例如：

$$\mathrm{div}_v \dot{\boldsymbol{v}}f = \frac{\partial \dot{v}_x f}{\partial v_x} + \frac{\partial \dot{v}_y f}{\partial v_y} + \frac{\partial \dot{v}_z f}{\partial v_z} \tag{3.4.4}$$

式（3.4.4）必须留下多少部分？为了截断式（3.4.3）中的高阶微分项，我们需要关于 $\boldsymbol{v}$、$\dot{\boldsymbol{v}}$ 或 $\ddot{\boldsymbol{v}}$ 等的平均值的额外信息，即某部分的确定表达式，如：

$$\langle \dot{\boldsymbol{v}} \rangle = \int \dot{\boldsymbol{v}}f(t, \boldsymbol{x}, \boldsymbol{v}, \dot{\boldsymbol{v}})\mathrm{d}\dot{\boldsymbol{v}} \tag{3.4.5}$$

或者 $\boldsymbol{v}$ 的其他任意阶数。

通常我们知道式（3.4.5）的具体表达式：根据牛顿第二定律，它遵循：

$$\langle \dot{\boldsymbol{v}} \rangle = \boldsymbol{a} = \frac{\boldsymbol{F}}{m} \tag{3.4.6}$$

作用在粒子上的力 $\boldsymbol{F}$ 必须由外部闭合关系式确定。在这种情况下,我们有通常的动力学方程(3.4.3),用于函数 $f(t,\boldsymbol{x},\boldsymbol{v})$,它来自式(3.4.3):

$$\frac{\partial f}{\partial t}+\mathrm{div}_x\boldsymbol{v}f+\mathrm{div}_v\langle\dot{\boldsymbol{v}}\rangle f=0 \tag{3.4.7}$$

上述执行的截断是唯一的么?不是。例如在发射电磁辐射的粒子系统中,辐射的反应式为

$$\boldsymbol{F}_{\mathrm{rr}}=\frac{e^2}{6\pi\varepsilon_0 c^3}\ddot{\boldsymbol{v}} \tag{3.4.8}$$

所以我们有一个不同的闭合关系式而不是式(3.4.6):

$$\langle\ddot{\boldsymbol{v}}\rangle=\frac{6\pi\varepsilon_0 c^3}{e^2}(m\ddot{\boldsymbol{v}}-\boldsymbol{F}_{\mathrm{other}}) \tag{3.4.9}$$

式中,$\boldsymbol{F}_{\mathrm{other}}$ 表示各种其他力。因此在这种情况下的动力学方程为

$$\frac{\partial f}{\partial t}+\mathrm{div}_r\boldsymbol{v}f+\mathrm{div}_v\dot{\boldsymbol{v}}f+\mathrm{div}_{\dot{v}}\langle\ddot{\boldsymbol{v}}\rangle f=0 \tag{3.4.10}$$

通常辐射力很小,因此加速度的扩散也很窄,因为它遵循式(3.4.9),$\dot{\boldsymbol{v}}$ 仍然服从 $\boldsymbol{F}_{\mathrm{other}}/m$。但是,我们可以(或必须?)根据加速度考虑分布函数的事实仍然值得关注。

现在让我们回到式(3.4.7)。在许多情况下,力 $\boldsymbol{F}$ 可以通过两个粒子之间的相互作用势能 $\varphi(|\boldsymbol{x}_1-\boldsymbol{x}_2|)$ 来表示,这两个粒子之间的相互作用势能仅取决于坐标差异。因此,作用于给定粒子的总力为

$$\begin{aligned}
\boldsymbol{F} &= \sum_i -\nabla\varphi(|\boldsymbol{x}-\boldsymbol{x}_i|)\\
&= -\nabla\iint_{-\infty}^{+\infty}\varphi(|\boldsymbol{x}-\boldsymbol{x}'|)f(t,\boldsymbol{x}',\boldsymbol{v}')\mathrm{d}\boldsymbol{v}'\mathrm{d}\boldsymbol{x}'\\
&= -\nabla\int\varphi(|\boldsymbol{x}-\boldsymbol{x}'|)\rho(t,\boldsymbol{x}')\mathrm{d}\boldsymbol{x}'\\
&= -\nabla U(t,\boldsymbol{x})
\end{aligned} \tag{3.4.11}$$

式(3.4.11)表示:

(1) 两个粒子之间相互作用的能量确实取决于第三个粒子。

(2) 影响这个给定粒子的粒子分布可以用所需的分布函数 $f(t,\boldsymbol{x},\boldsymbol{v})$ 来描述。

我们可以使用式(3.4.11)中的任何一对势能,如常规的库仑势:

$$\varphi(r)=-\frac{e^2}{4\pi\varepsilon_0 r} \tag{3.4.12}$$

或尘埃等离子体中两种粒子的异域势能(Gerasimov 和 Sinkevich,1999):

$$\varphi(s=r/r_0)=A\mathrm{e}^{-s}\left(\frac{B}{s}-1\right) \tag{3.4.13}$$

其中，$r_0 = \sqrt{\dfrac{ne^2}{\varepsilon_0 T}}$ 为德拜半径(2.2.5节)。

此外，我们可以尝试构建描述两个粒子之间"碰撞"的势能(一种在排斥性项中对坐标有明显依赖性的势能)。无论如何，动力学方程：

$$\frac{\partial f}{\partial t} + v \frac{\partial f}{\partial r} - \frac{\nabla_r U(r)}{m} \frac{\partial f}{\partial v} = 0 \qquad (3.4.14)$$

提供了对我们物理问题的充分描述。我们稍后将在3.4.4节中讨论这个问题。在这里，我们想要推断弗拉索夫的其他一些观点。

3.4.2 宏观系统的哈密顿量

大家都知道系统的哈密顿量只能依赖这个系统的粒子坐标和速度。然而事实并非如此，因为上面提到原因——电磁力，如式(3.4.8)。

可以考虑的第二个例子，式(3.4.13)中所示的相互作用势能，这是第二个原因。这种关系用于热等离子体中的两个尘埃粒子，并且如我们所见，这对势能取决于温度。因此，宏观粒子系统的哈密顿量取决于温度。

要解决的第一个问题是，系统的势能怎么可能取决于温度这样的参数？点粒子是不可能的，但是当我们考虑宏观系统时，我们可能会得到这样的结果。简而言之，等离子体中两个宏观粒子的相互作用由两种力组成：

（1）带电尘埃粒子的排斥。

（2）尘埃粒子与围绕另一尘埃粒子的等离子云之间的吸引力。实际上，等离子体中的尘粒是一种"宏观原子"(尘粒是核，等离子云是壳)，因此，这些原子的相互作用是一种共价键。

第二种力取决于等离子体条件，因此取决于温度。

要解决的第二个问题是我们如何处理 $H(T)$。我们是否能够使用传统的统计物理学(2.2.7节)以相同的方式获得所有结果？

答案是否。实际上，如果哈密顿量是温度的函数，那么我们就得颠覆所有的理论。我们可以在这里展开分析，但是弗拉索夫已经获得了解决方案(顺便说一下，这不是一个非常难的问题)。最后我们可以得出结论，所有热力学方程中的内能必须由函数代替：

$$U = \overline{H(T)} - T \overline{\frac{\mathrm{d}H}{\mathrm{d}T}} \qquad (3.4.15)$$

因此，这是关于我们称之为"内在能量"函数 U 或函数 $\overline{H(T)}$ 的问题。例如，吉布斯-亥姆霍兹方程具有以下形式：

$$U = F - T\frac{\partial F}{\partial T} \tag{3.4.16}$$

式中：U 由式（3.1.15）定义，系统的自由能是吉布斯规范分布式（2.2.36）的函数。

3.4.3 结晶

弗拉索夫得到的另一个结果是结晶理论，下面我们将按照他的理论讲解。

让我们回到弗拉索夫方程。最简单的形式是

$$\frac{\partial f}{\partial t} + v\frac{\partial f}{\partial x} + a(x)\frac{\partial f}{\partial v} = 0 \tag{3.4.17}$$

对于粒子的总能量 $E = \frac{mv^2}{2} + U(x)$ 的任何函数 $\varPhi$，都有一个固定的解。确实：

$$\frac{\partial f}{\partial x} = \frac{\mathrm{d}f}{\mathrm{d}\varPhi}\frac{\partial \varPhi}{\partial x} = -ma\frac{\mathrm{d}f}{\mathrm{d}\varPhi} \tag{3.4.18}$$

$$\frac{\partial f}{\partial v} = \frac{\mathrm{d}f}{\mathrm{d}\varPhi}\frac{\partial \varPhi}{\partial v} = mv\frac{\mathrm{d}f}{\mathrm{d}\varPhi} \tag{3.4.19}$$

式（3.4.18）和式（3.4.19）都可以对式（3.4.17）求解。例如，可以选择 $\varPhi_1 = \mathrm{e}^{-E}$、$\varPhi_2 = \ln E^2$ 或 $\varPhi_3 = \sin E$。那么，$\varPhi(E)$ 的哪个函数是首选？

答案来自坐标和速度的统计独立性。固定分布函数必须表示为

$$f(\pmb{x}, \pmb{v}) = f_x(\pmb{x})f_v(\pmb{v}) \tag{3.4.20}$$

如果是这样，那么我们得到分布函数为指数形式的 $f(E) = A\mathrm{e}^{-E/T}$，其中势能定义为式（3.4.11）：

$$U(\pmb{x}) = \int\varphi(|\pmb{x} - \pmb{x}'|)\rho(\pmb{x}')\mathrm{d}\pmb{x}' \tag{3.4.21}$$

式中：ρ 为数密度式（3.4.2）。

因此对于静止的情况，我们具有以下势能条件：

$$U(\pmb{x}) = A\int\varphi(|\pmb{x} - \pmb{x}'|)\mathrm{e}^{-U(x)/T}\mathrm{d}\pmb{x}' \tag{3.4.22}$$

式（3.4.22）的解为 $U(0) = \mathrm{const}$，其中

$$U(0) = \int\varphi(|\pmb{x} - \pmb{x}'|)\rho(0)\mathrm{d}\pmb{x}' \tag{3.4.23}$$

最后一个积分可以用以下形式的球坐标系表示：

$$U(0) = \rho(0)\underbrace{4\pi\int_0^\infty \varphi(r)r^2\mathrm{d}r}_{-\lambda T/A} \tag{3.4.24}$$

然后引入函数:

$$u(\boldsymbol{x}) = -\frac{U(\boldsymbol{x}) - U(0)}{T} \qquad (3.4.25)$$

式(3.4.22)可写为

$$u(\boldsymbol{x}) = \lambda \int \varphi^*(|\boldsymbol{x} - \boldsymbol{x}'|) e^{u(\boldsymbol{x}')} d\boldsymbol{x}' \qquad (3.4.26)$$

其中,$\varphi^*(r) = \dfrac{\varphi(r)}{4\pi \int_0^\infty \varphi(y) y^2 dy}$。

对于恒定势能 $\varphi(r) = \mathrm{const} = C$,我们得到了式(3.4.26)中空间均匀解的存在条件:

$$C = \lambda e^C \qquad (3.4.27)$$

该等式在 $\lambda < 1/e$ 时有解(两个实根),在 $\lambda > 1/e$ 时无解。对于 $\lambda = 1/e$ 唯一的解是 $C = 1$;在这种情况下,$\rho = Ae = \rho_0$ 我们有条件:

$$-\frac{4\pi \rho_0}{T} \int_0^\infty \varphi(r) r^2 dr = 1 \qquad (3.4.28)$$

换句话说,式(3.4.28)决定了空间均匀分布存在的极限。另外,这个条件定义了式(3.4.26)的周期解的开始,具体形式如下:

$$u(r) = C + Be^{ikr} \qquad (3.4.29)$$

在线性化和 $B \ll C$ 的假设后,我们得到了用波矢量 $\boldsymbol{k}$ 确定周期结构存在的关系:

$$1 = 4\pi \lambda e^C \int_0^\infty \varphi^*(r) \frac{\sin kr}{kr} r^2 dr \qquad (3.4.30)$$

因此,弗拉索夫方程预测周期解的存在,其范围和有效性由式(3.4.30)定义。但是,我们还必须确定弗拉索夫方程本身的有效范围。

3.4.4 弗拉索夫方法的局限性

弗拉索夫的观点看起来如此合乎逻辑,以至于很难与他争论。到目前为止,我们忽略了碰撞。但是什么是碰撞?粒子之间的任何相互作用可以用力来描述,因此可以用相互作用势能来描述。我们用动力学方程表示:

$$\int \varphi(|\boldsymbol{x} - \boldsymbol{x}'|) \rho(\boldsymbol{x}') d\boldsymbol{x}' \qquad (3.4.31)$$

该描述满足任何具有给定 $\varphi(r)$ 的物理模型:库仑相互作用、范德瓦尔斯力或任何其他类型的力。碰撞可以解释为,与 $\varphi(r)$ 形式有关的短程相互作用力或 n 值较大时 r^{-n} 形式的短排斥势。当我们使用多种可能的相互作用势能时,很难指望微分方程中的单个项会使所有方法都不正确。

还有什么呢？什么物理原因可以限制弗拉索夫方法？

为了回答这些问题，我们必须回到有关动力学方程中量的尺度及其导数的讨论。分布函数是在空间尺度 L 上定义的，这一事实意味着"空间分辨率"受到足够大的尺度的限制：基本体积 L^3 必须包含大量粒子。式（3.4.31）意味着我们在给定的时刻考虑点 x 处的给定粒子与点 x' 处的大量粒子之间的相互作用，即作用于给定的点 x 的粒子相应的平均力是

$$F = -\nabla \varphi(|x-x'|) \underbrace{\rho(x')\,\mathrm{d}x'}_{\mathrm{d}N'} \tag{3.4.32}$$

因此，弗拉索夫方程最初意味着集体相互作用。施加力的来源是空间中的模糊点，我们无法根据给定粒子的大小更精确地定位它。式（3.4.31）的积分过程放大了集体化的效果。

因此，即使采用本节开头的初始位置，也可以看到自洽域的方法受到限制：我们无法考虑短程瞬时相互作用（碰撞）。我们也可以通过相关函数、双粒子分布函数等观点加以论证。

3.5 实用目的的动力学方程

3.5.1 拆分理论

正如所看到的，我们可以通过两种限制方法来表示粒子之间的相互作用。

（1）碰撞：局部瞬时相互作用，在这种相互作用之前和之后，可以假设粒子是不相关的。

（2）长程相互作用：当给定粒子根据单粒子分布函数受到其他粒子影响时。

这些方法导致产生了不同形式的动力学方程：第一种方法的玻尔兹曼方程，第二种方法的弗拉索夫方程。玻尔兹曼方程适用于气体，其中碰撞是这种相互作用的充分表示。与此相反，对于强耦合等离子体，集体相互作用起主要作用。

然而，有时我们碰到介于两者中间的条件：长程相互作用和碰撞是不够的。各自以不同的方式进行处理。通常这种情况下，动力学方程可以直接写成由两个基本方程的组合的形式：

$$\frac{\partial f}{\partial t} + v\frac{\partial f}{\partial x} + \frac{F}{m}\frac{\partial f}{\partial v} = I \tag{3.5.1}$$

式中：I 为碰撞积分；F 为影响粒子的总力，这是外力 F^{ext} 和影响其他粒子的所有力的总和：

$$F(x) = F^{\text{ext}}(x) - \int \nabla \varphi(|x - x'|) f(x') \, dx' \qquad (3.5.2)$$

当然,如果 $\varphi = 0$(没有相互作用)那么式(3.5.1)变成玻尔兹曼方程,反之亦然。讨论类似式(3.5.1)的物理意义并找出替代方法更有意思。

3.5.2 中等尺度下的相互作用

实际上如果我们根据它们所作用的尺度范围将各种力分离,即将所有类型的相互作用分成本节开头所述的两种限制情况,则可以从 BBGKY 链获得式(3.5.2)。在这种方法中,我们获得两种类型的项:

$$a^{\text{long}} \frac{\partial f}{\partial v} + a^{\text{short}} \frac{\partial f}{\partial v} \qquad (3.5.3)$$

并且我们从第二项获得了 a^{long} 和玻尔兹曼积分的弗拉索夫关系式。该方法可能更适合校正等离子体的动力学方程(通过考虑短程相关性)。

然而,对于稠密气体或液体,这种方法是有问题的。在这种情况下,我们没有式(3.4.30)形式的纯粹的长程集体效应,因为像兰纳-琼斯(Lennard-Jones)这样的短程相互作用势能并没有提供这种类型的相互作用。对于液体有另一个出发点:采用短程相关性,但考虑中等尺度相关性的影响。

正确的方法是直接从 BBGKY 链中找到双粒子分布函数(也就是考虑 f_{1k} 的动力学方程),或者采用修正的分布函数乘法近似:

$$f_{1k} = f_1 f_k + g_{1k} \qquad (3.5.4)$$

并为相关函数 g_{1k} 构造一些关系式,这个函数在液体动力学理论中起主要作用(Croxton,1974)。

3.5.3 松弛方法

当然,在实际应用中,以数学形式描述问题的主要优点之一就是其具有简单性。从这个观点来看,碰撞积分必须提供到平衡态的过渡,即转换到分布函数 f_0,其对应于速度的 MDF。在这种情况下,碰撞积分可以用 $f_0 - f$ 的形式表示,即动力学方程具有以下形式:

$$\frac{\partial f}{\partial t} + v \frac{\partial f}{\partial x} + \frac{F^{\text{ext}}}{m} \frac{\partial f}{\partial v} = -\frac{f - f_0}{\tau} \qquad (3.5.5)$$

有时这个等式被称为巴特纳加-格罗斯-克鲁克(Bhatnagar-Gross-Krook)方法。由于该关系式比较简略,在凝聚态物理学中得到广泛应用。

68

3.6　概率的演变:数学方法

可以想象两种应用理论物理的方法。

第一种方法是使用包含所有答案的通用方程式,任何解都可以从这些完美的方程中获得。目前几乎被遗忘的第二种方法是为给定问题人为构建一个方程。由此,我们打开通向动力学的大门。

3.6.1　主方程

我们将使用函数 p 而不是本书中随处可用的函数 f 来区分这种方法与其他更传统的方程。为了清楚起见,我们获得了一维案例的一些结果,将这些结果推广为三维方程并不难。

首先,我们将考虑描述时刻 t、坐标 x 与速度 v 的概率的函数,可以正式命名为"概率密度函数"$p(t,x,v)$,但是与其他部分一样,我们将其称为"分布函数"。该函数描述参数为 (t,x,v) 的一小部分粒子。

然后我们必须制定 $p(t,x,v)$ 推导的方程。假设粒子不能出现或消失,则可以写为

$$p(t+\tau,x,v) = \iint p(t,x-\Delta,v-\Omega)w(\tau,\Delta,\Omega)\,\mathrm{d}\Delta\mathrm{d}\Omega \qquad (3.6.1)$$

这里函数 $w(\tau,\Delta,\Omega)$ 定义在时间间隔 τ 内其坐标 Δ 和速度 Ω 发生变化的概率,当然这个概率是归一化的,即

$$\iint w(\tau,\Delta,\Omega)\,\mathrm{d}\Delta\mathrm{d}\Omega = 1 \qquad (3.6.2)$$

式(3.6.1)和式(3.6.2)中的二重积分必须在 Δ 和 Ω 的所有范围内取得。

在其他相近的科学领域(如非线性动力学理论)中,式(3.6.1)被称为福克-普朗克-柯尔莫哥洛夫(Fokker-Plank-Kolmogorov,FPK)方程。在它的积分形式中不包含任何重要的假设。例如,对函数 $p(t,x,v)$ 的可微性没有特殊的假设。此外在第7章,我们将直接应用式(3.6.1)。在这里我们选择另一种方式。

然后,假设具有足够短的时间步长 τ,我们可以写出一系列分布函数:

$$p(t+\tau,x,v) = p(t,x,v) + \tau\frac{\partial p}{\partial t} + \cdots \qquad (3.6.3)$$

$$p(t,x-\Delta,v-\Omega) = p(t,x,v) - \Delta\frac{\partial p}{\partial x} + \frac{\Delta^2}{2}\frac{\partial^2 p}{\partial x^2} - \Omega\frac{\partial p}{\partial v} + \cdots \qquad (3.6.4)$$

等等,包括混合微分形式。

在式(3.6.3)和式(3.6.4)中保留足够数量的项,并将这些项代入式(3.6.1),

可以得到给定问题的动力学方程, 由一定的概率函数 $w(\tau,\Delta,\Omega)$ 确定。一般来说,函数 $w(\tau,\Delta,\Omega)$ 可以写成多种形式。例如,可以写乘法形式 $w(\tau,\Delta,\Omega) = w_x(\tau,\Delta)w_v(\tau,\Omega)$ 或者其他形式。该函数甚至可以取决于概率分布函数本身,因此在通常情况下,w 是所有参数的函数。

接下来,专门讨论这些问题:通过选择不同的函数 w,获得各种形式的动力学方程。

3.6.2 外力场中的动力学方程

只计算式(3.6.3)和式(3.6.4)中的一次导数。然后,式(3.6.1)的右边可以写为

$$\iint p(t,x,v) w\mathrm{d}\Delta\mathrm{d}\Omega - \iint \Delta\frac{\partial p}{\partial x}w\mathrm{d}\Delta\mathrm{d}\Omega - \iint \Omega\frac{\partial p}{\partial v}w\mathrm{d}\Delta\mathrm{d}\Omega \tag{3.6.5}$$

$$= p(t,x,v) - \frac{\partial p}{\partial x}\iint \Delta w\mathrm{d}\Delta\mathrm{d}\Omega - \frac{\partial p}{\partial v}\iint \Omega w\mathrm{d}\Delta\mathrm{d}\Omega$$

将式(3.6.5)和式(3.6.3)合并到式(3.6.1)中,有

$$\frac{\partial p}{\partial t} + \frac{\partial p}{\partial x}\iint \frac{\Delta}{\tau}w\mathrm{d}\Delta\mathrm{d}\Omega + \frac{\partial p}{\partial v}\iint \frac{\Omega}{\tau}w\mathrm{d}\Delta\mathrm{d}\Omega = 0 \tag{3.6.6}$$

式(3.6.6)中的第二项包含粒子在时间间隔 τ 内的位移的平均值:

$$\overline{\Delta} = \iint \Delta w(\tau,x,v)\mathrm{d}\Delta\mathrm{d}\Omega \tag{3.6.7}$$

用平均位移除以时间步长 τ,得到粒子的速度 $v = \overline{\Delta}/\tau$。

类似地,第三项具有平均加速度的因子:

$$a = \frac{\overline{\Omega}}{\tau} = \frac{F}{m} = -\frac{1}{m}\nabla U \tag{3.6.8}$$

式中:U 为外力势场。

因此,我们看到外力势场 U 上粒子的动力学方程的常规形式:

$$\frac{\partial p}{\partial t} + v\frac{\partial p}{\partial x} - \frac{\nabla U}{m}\frac{\partial p}{\partial v} = 0 \tag{3.6.9}$$

这里没有什么新东西。下一节中没有什么新内容,但我们必须讲清楚它是如何工作的。

3.6.3 自洽场的动力学方程

当粒子位移的概率(在两个维度中:坐标和速度)取决于所有粒子的性质时,我们将观察到更复杂的情况。

首先,我们考虑给定粒子与其他粒子通过自洽场的相互作用:由具有相同分

布函数 $p(t,x,v)$ 的其他粒子产生的势场。Ω(速度空间)中位移的"概率"现在完全由牛顿第二定律决定,因此有

$$w(\tau,\Delta,\Omega) = w(\Delta)\delta\left(\frac{\Omega}{\tau} - \frac{F(x)}{m}\right) \tag{3.6.10}$$

在这里我们可以通过函数 p 表示力,如 3.4 节:

$$F(x) = -\iint \nabla\varphi p(t,x',v)\,\mathrm{d}x'\mathrm{d}v \tag{3.6.11}$$

其中,$\varphi(|x-x'|)$ 是一对势函数。然后我们得到弗拉索夫方程:

$$\frac{\partial p}{\partial t} + v\frac{\partial p}{\partial x} - \frac{\iint \nabla\varphi p\,\mathrm{d}x'\mathrm{d}v}{m}\frac{\partial p}{\partial v} = 0 \tag{3.6.12}$$

对于足够小的空间尺度,该描述是不正确的。如上所述,我们不能以这种方式定义来自其他粒子的力。弗拉索夫方法中力的空间分辨率与定义概率函数的空间尺度有关。在某些情况下,对于远程力(对于像等离子体这样的物体,其中远程电磁力占主导地位),这种描述可能就足够了。

通常来讲,特别是对于气体,我们需要更详细的限制。出于这些目的,必须使用另一种形式的函数 $w(\tau,\Delta,\Omega)$,现在这个函数必须依赖子分布函数本身。

3.6.4 碰撞动力学方程

有趣的是,当描述给定粒子在点 $(x-\Delta)$ 处位移的概率函数 w 时,该函数由此处的其他粒子确定。这是一个完全不同的问题,我们将分几步解决它。

首先为简单起见,只考虑函数 $p(t,v)$,即忽略了空间分布。接下来,从概率函数 w 中排除时间步长 τ。现在通过以此点为"分散中心",即具有相同分布函数 p 的粒子的相互作用,来确定该函数。假设概率 $\omega(v,v',\Omega)$ 定义了速度为 v 和 v' 的两个粒子之间碰撞中速度 Ω 的传递。这种碰撞的概率由具有速度 v':$p(v')\mathrm{d}v'$ 的粒子比例决定。为了考虑不同速度的粒子所有可能的碰撞,必须考虑对 v' 进行积分。最后,有

$$p(t+\tau,v) = \int p(t,v-\Omega)\mathrm{d}\Omega\underbrace{\int \omega(v-\Omega,v',\Omega)p(t,v')\mathrm{d}v'}_{w(\Omega)} \tag{3.6.13}$$

将 $p(t+\tau,v)$ 展开成式(3.6.3)的形式,得到如下形式的动力学方程:

$$\frac{\partial p}{\partial t} = \frac{P-p}{\tau} \tag{3.6.14}$$

其中,P 为式(3.6.13)的右侧公式。

此外,我们可以得出结论:在平衡态时 $p=p_0$,同时 $P=p_0$(上式右边项必须在

平衡态时消去,这也是平衡态的一种可能定义)。当然这种情况并不意味着$P\equiv p_0$,更正确的公式是$P(p_0)=p_0$。但是假设接近平衡态$P\approx p_0$,我们能得到一种近似形式的动力学方程。

除了式(3.6.14),可以选择另一种方法。考虑到

$$p(t,v) = \int p(t,v)w(\Omega)\mathrm{d}\Omega = \iint \omega(v-\Omega,v',\Omega)p(t,v)p(t,v')\mathrm{d}\Omega\mathrm{d}v'$$

(3.6.15)

我们可以通过式(3.6.13)和式(3.6.15)将式(3.6.14)改写成更"玻尔兹曼"的形式,特别是在用概率函数$\omega(v-\Omega,v',\Omega)$进行一些操作之后。但是我们不会在此重写相同的等式太多次,必须展示其他形式的动力学方程。

3.6.5 扩散方程

FPK 方程的首要应用之一是扩散方程的导数(Einstein, 1905)。忽略式(3.6.1)的所有速度部分(如速度积分),并假设平均位移等于零,即

$$\int \Delta w(\tau,\Delta)\mathrm{d}\Delta = 0 \tag{3.6.16}$$

如果在式(3.6.4)中保留第二个空间导数,然后得到:

$$\frac{\partial p}{\partial t} = \underbrace{\frac{1}{2\tau}\int \Delta^2 w(\tau,\Delta)\mathrm{d}\Delta}_{D} \cdot \frac{\partial^2 p}{\partial x^2} \tag{3.6.17}$$

式(3.6.17)右侧的第一个因子是扩散系数D,即均方位移与相应的双倍时间步长的比例:

$$D = \frac{\overline{\Delta^2}}{2\tau} \tag{3.6.18}$$

方程的最终形式,是众所周知的扩散方程,即

$$\frac{\partial p}{\partial t} = D\frac{\partial^2 p}{\partial x^2} \tag{3.6.19}$$

在速度空间中获得相同的方程更有意思。假设速度的变化是通过与另一种性质的粒子的碰撞来确定的,如与具有不同质量的粒子碰撞。在一次这样的碰撞中,粒子的速度改变其方向,而速度的绝对值保持(假设)不变:在质量为$m_1 \ll m_2$的粒子的单次碰撞中,只能传递m_1/m_2量级的能量。因此,在许多碰撞中(碰撞的数量必须小于m_2/m_1),粒子速度只会杂乱地改变方向。

执行相同的操作,可得

$$\frac{\partial p}{\partial t} = D_v\frac{\partial^2 p}{\partial v^2} \tag{3.6.20}$$

72

在文献中,这个方程也被称为福克-普朗克(Fokker-Planck)方程。当然,扩散系数 D_v 与通常的模拟 D 不同:这些量决定了在不同空间中的扩散系数。

3.6.6 静态方程

我们可以稍微换一种方式来使用式(3.6.1)。与时间、坐标、速度三元方程不同,这里只考虑静态(或准静态)问题,相关表达式为

$$p(x+\Delta,v) = \int p(x,v-\Omega)w(\Delta,\Omega)\mathrm{d}\Omega \qquad (3.6.21)$$

由此我们考虑沿 x 轴的静态概率密度函数并找到其对速度的依赖性。当我们尝试确定速度分布函数沿选定方向的变化时,该等式可能很有用,如在边界表面。

采用前几节的结果,可以将其重写为

$$p(x+\Delta,v) = \iint p(x,v-\Omega)p(x,v')\omega(v-\Omega,v',\Omega)\mathrm{d}v'\mathrm{d}\Omega \qquad (3.6.22)$$

并遵循先前的考虑。否则,我们可以将式(3.6.21)扩展为 Δ 和 Ω 系列。由式(3.6.21)左侧可得:

$$p(x+\Delta,v) = p(x,v)+\Delta\frac{\partial p}{\partial x}+\cdots \qquad (3.6.23)$$

我们可以保留式(3.6.23)的右边,假设这个函数在 p_0 附近,并以松弛形式获得方程:

$$\frac{\partial p}{\partial x} = \frac{p_0-p}{\Delta} \qquad (3.6.24)$$

因此,我们可以找到最简单的表示形式:

$$p(x,v) = p_0(v)-(p_0(v)-p(0,v))\mathrm{e}^{-x/\Delta} \qquad (3.6.25)$$

其中,Δ 是关于 MFP 的。这个最简单的关系适用于分布函数在起点被定义为 $p(0,v)$ 时的问题,并且已知 $p(x\rightarrow\infty,v)=p_0$。我们可以用这种方式估算任何坐标 x 的通量,但是实际上这里有太多的简化。

3.7 蒸发表面附近气体的动力学

在蒸发表面附近,该区域可以分成几个区域(图3.3),这将在下文中阐述。

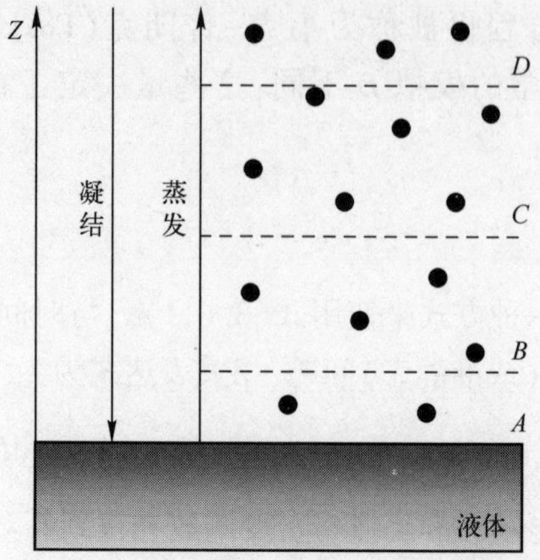

图 3.3 蒸发和凝结过程中考虑的区域

注:A 为气液界面;B 为蒸发原子与液体相互作用的区域边界;$A–B$ 中的分布函数存在问题,如果想要在这里求解动力学方程,它必须包含外力(如果蒸发原子的分布函数被单独考虑)或自洽场(对于总分布函数);C 为克努森层(Knudsen)$B–C$ 的边界,这里我们可以构造某种分布函数 $f(z)$,但是该函数是在几个 MFP 尺度上平均得到的;D 中间层的边界,可以认为是边界层;在 $C–D$ 中,我们可以使用宏观参数,并且在没有其他限制(本质上是非平衡的)的情况下,可以列宏观方程,如 N–S 方程或热传导方程。这里分布函数并不是严格意义上的 MDF,因为存在通量。

74

3.7.1 液体

第一区(图 3.3 中 A 下面部分)是液体——凝聚态相,其中粒子的密度高,并且与气相相比,介质的"基本体积"低。在液体中,特征空间尺度约为原子间相互作用参数 σ。例如,氩气 $\sigma \approx 0.34\text{nm}$(兰纳–琼斯),在密度约为 1300kg/m^3 时,温度为 100K,对应液体粒子间距离为 0.6nm 或相近的量级。

在如此致密的物质中,我们可以预期准平衡态在 1~10nm 的范围内:可以将一部分液体的温度定义为这个尺寸,预期该部分的温度接近液体相邻部分的温度。在大多数情况下,这些想法是有效的,然而即使在液体中,我们也可能产生强烈的非平衡条件,其中液体的温度将是不合适的量(第 9 章)。

3.7.2 气液相互作用区域

在层 $A–B$ 中,气体的蒸气分子不是自由的,它们与液体相互作用。我们指的是蒸气粒子与液体分子的直接相互作用:原子长期吸引彼此。由于原子间势能的空间尺度为 0.34nm,因此层 $A–B$ 的宽度约为 1nm(实际上可能为几纳米,参见第 5 章的数值模拟结果)。

对于非超密蒸气,层 $A–B$ 中的蒸气原子数很少,该层的宽度远小于分子的

MFP。当然,连续介质方法不能适用于这种尺度,此外由于该层中的粒子的数量不足,动力学方程的正确性也受到质疑。

无论如何,如果需要计算该层中的分布函数,则必须至少考虑与外力作用下的液体的相互作用。本书没有这样的目标,然而在第 5 章我们将在 B 平面找到分布函数。我们认为这足以满足任何实用目的,很难想象在层 A-B 内计算分布函数的理由。

3.7.3 克努森(Knudsen)层

层 B-C 的宽度约为几个分子平均自由程(MFP),这就是所谓的克努森层——在相变表面上薄但非常重要的区域。

介质中具有密度为 n 的粒子的 MFP,即两次连续碰撞之间的自由运动的路径长度可以估算为

$$l \sim \frac{1}{n\sigma^2} \tag{3.7.1}$$

在理想气体 $n = p/T$ 条件下,有

$$l \sim \frac{T}{p\sigma^2} \tag{3.7.2}$$

例如,对于温度 $T = 100\mathrm{K}$,$p = 10^5\mathrm{Pa}$ 和 $\sigma = 0.34\mathrm{nm}$,MFP 的 l 约为 $0.1\mu\mathrm{m}$ 量级。在这种条件下,粒子间平均距离约为 4nm。因此,在约为 10nm(我们的意思是几十纳米)的尺度上,我们可以引入分布函数 f,但这种尺度下的物质不是连续介质。例如,我们不能在这里使用傅里叶定律,或任何其他宏观方程。

在克努森层分析中必须使用动力学方程。可以应用最简单的版本(松弛方程),以及更复杂的玻尔兹曼方程。然而,对于第 7 章的内容,我们将使用 3.6 节中的动力学方程。

3.7.4 边界层

在边界层中,可以用流体动力学进行描述。这是一个比较厚的层,具有比较大的"基本体积",其尺寸大于分子的 MFP。因此,使用宏观描述是可以的(如 N-S 方程等)。

实际上,我们通常需要的是宏观边界。液体表面附近的气体流动是一个普通的物理问题,可以用连续介质方程来考虑。正如我们所知,该描述要求气体流动的边界条件,即平面 C 附近的气体宏观参数的边界条件,而我们必须将这些条件与平面 A 处的液体参数联系在一起。

正如我们在图 3.3 中看到的那样,平面 A 和平面 C 被两个特定区域隔开:层

A-B(这是粒子从液体"脱离"的区域)和克努森层 B-C,该区域不存在宏观定义。因此,我们不能认为平面 C 处的液体的温度 T_C 与平面 A 处的液体的温度 T_A 等同,即 $T_A \neq T_C$。蒸气和液体之间的温差,所谓的温度跳跃,是本书第 8 章研究的问题。这个问题比乍一看更有意思。

另外,我们不能直接关联质量通量 J_A 和 J_C 这两个参数,因为即使是质量通量 J_B 和 J_C 也还与其他变量如克努森层的参数相关。这个问题的某些方面将在第 7 章讨论。

实际上,边界层的边界条件是一个极其复杂的问题,想要彻底弄清楚可能只能交给时间来解决。

3.7.5 主蒸气区

在某些问题中,可能存在一个平衡蒸气区域,其中 T 为常数,并且蒸气的宏观速度等于零。这种稳定的主蒸气区是层 C-D 发展的极限情况。否则,可以将该区域定义为稳定流动区等。

通常,可以在远离界面的地方应用特定的外部宏观表达式,但是这些表达式本质上是关于流体动力学的,因此不在本书的讨论范围之内。

3.8 结　论

动力学方程可以各种形式写成,最重要的是,这些形式实际上是不同的方程。我们不能说动力学方程的一种形式更适合某个问题,而另一种形式的动力学方程更适合另一种情况。更有可能的是,适用于给定问题的某种形式的动力学方程绝对不适用于另一个问题。

出于实用目的,必须使用单粒子分布函数的动力学方程。它可以由各种方式推导,但最有前途和最不常用的表示形式都直接来自柯尔莫果洛夫(Kolmogorov)方程。通过以积分形式(而不是微分方程)来表示动力学方程,我们至少可以避免一些关于分布函数尺度的问题,这些问题可能会使由微分方程获得的解失真。这种方法不是万能的,但可以应用于更广泛的物理问题。

至于微分动力学方程,有两种限制方法:玻尔兹曼方法和弗拉索夫方法。当然,它们也可以组合并应用于某些物理系统。这两种方法的特点是这些模型考虑了力的尺度问题。

分布函数本身的空间尺度是一个特定的问题。对于粒子数高,即 $N_L \gg 1$,此函数可用于 L 空间尺度下的问题。然而,分布函数或多或少平滑的尺度可能会稍大。实际上,空间尺度是相间问题的祸根。由于不可能形成基于相同尺度的物理边界,因此无法正确描述气体的宏观流动。统计和动力学方法考虑的尺度要比物理描述的尺度小得多。

在本书中,我们将仅在小尺度层面上分析所有问题,即使在第9章中我们讨论沸腾和空化问题也是如此。尽管这些问题都存在共同的困难——小尺度考虑的结果需要与原始问题相关联,但是宏观过程的许多问题可以在微观层面上描述。而且,宏观问题可以通过微观系统完整建模,这是下一章探讨的问题。

参考文献

C. Cercignani, *Mathematical Methods in Kinetic Theory* (Springer, US, 1969).

C. A. Croxton, *Liquid State Physics* (Cambridge University Press, Cambridge, 1974).

A. Einstein, Ann. Phys. **17**, 549 (1905).

D. N. Gerasimov, O. A. Sinkevich, High Temp. **37**, 823 (1999).

A. A. Vlasov, *Statistical Distribution Functions* (Nauka, Moscow, 1966).

推荐文献

L. Boltzmann, *Wissenschaftliche Abhandlungen von Ludwig Boltzmann* (Verlag von Johann Ambrosius Barth, Leipzig, 1909).

A. A. Vlasov, *Many-Particles Theory* (GITTL, Moscow, 1950).

77

第4章
数值实验:分子动力学模拟

直接求解动力学方程是非常困难的。因此,如果想获得有关复杂系统动力学的信息,我们必须找到另一种方法。

其中一种方法是分析少量粒子($10^3 \sim 10^4$,有时更多,有时更少)的动力学特性,并将其作为代表组,从中我们可以获得真实系统的一些性质。

因此,现在我们回到最初:力学。

4.1 从统计学到力学:去而复返

4.1.1 从动力学到力学

正如我们在第2章中讨论的那样,研究真实的力学系统的演变目前是办不到的,而且很可能永远也办不到。

因此,物理学发明了另一种方法:通过分布函数等来表示具有统计特征的真实系统的参数。然而,统计方法描述了系统的静态情况,而我们需要有关系统动态的信息——关于系统的演变过程。

研究分布函数演变过程的科学领域被称为"动力学理论",该理论基于麦克斯韦和玻尔兹曼的早期工作,推导出一组积分-微分方程,即动力学方程。

然而,用解析方法求解动力学方程非常困难,实际上,求解析解是不可能的。在历经"力学—统计学—动力学"的循环后,我们发现自己仍处于起点,我们必须在下列两种不可能性中选择一种:力学的不可能性或动力学的不可能性。

当然,像往常一样,还有第三种方法:用数值方法求解动力学方程。有时,这种方式会得到有意思的(仅从概念的角度来看)结果。

让我们考虑一下,例如,弗拉索夫方程:

$$\frac{\partial f}{\partial t} + v\,\frac{\partial f}{\partial x} + a(x)\,\frac{\partial f}{\partial v} = 0 \tag{4.1.1}$$

如同我们在第 3 章中提到的那样,加速度由粒子本身的分布决定:

$$a(t,\boldsymbol{x}) = -\frac{1}{m}\int \nabla\varphi(|\boldsymbol{x}-\boldsymbol{x}'|)f(t,\boldsymbol{x}',\boldsymbol{v})\,\mathrm{d}\boldsymbol{x}'\mathrm{d}\boldsymbol{v} \qquad (4.1.2)$$

从数学角度来看,式(4.1.1)表示函数 f 的双曲线方程。该方程具有如下特征:

$$\frac{\mathrm{d}\boldsymbol{x}}{\mathrm{d}t}=\boldsymbol{v}, \qquad \frac{\mathrm{d}\boldsymbol{v}}{\mathrm{d}t}=\boldsymbol{a}=\frac{q\boldsymbol{E}}{m} \qquad (4.1.3)$$

式中,作用于电荷 q 的电场强度 $\boldsymbol{E}$ 可以从泊松方程中找到。

因此,实际上,式(4.1.1)的求解特性类似于考虑力学系统的动力学问题。起初,这种方法引发了对所谓的宏观粒子(规则粒子云)的动力学的研究(Sigov,2001)。弗拉索夫方法适用于等离子体动力学,这些粒子云由带电粒子(离子或电子)组成;并且,这种方法甚至考虑了云内的粒子分布(如高斯分布)。

采用宏观粒子的方法阐述可逆(不可逆)性已经在第 2 章中介绍过。因此,大家可能会说,弗拉索夫方程的求解结果已经在第 2 章中给出了。

然而,对于像液体这样的凝聚态物质的问题,由于液体动力学问题中力的空间尺度不同,弗拉索夫方程不足以提供准确的结果。因此,我们需要基于牛顿动力学方程找到另一种方法。

4.1.2 玻尔兹曼形式的统计

严格来说,这种分子动力学方法(MMD)不仅适用于玻尔兹曼方程,而且适用于已知给定类型粒子的相互作用势这类问题。

MMD 的思想是用大量但有限数目的粒子对力学系统进行模拟。当然,这远远小于真实系统中的粒子数,甚至比真实系统中的一部分粒子数量要少得多。然而,我们不需要对真实系统进行完整地模拟,而是希望考虑用"足够数量"的粒子并以适当的精度模拟真实系统的基本属性。

那么,多少粒子才算"足够"呢?有时候,1mol、10^{20} 或类似的值就能满足估算要求,这些估算是基于某些实际系统(例如,在微滴中)中的粒子数,这也解释了出现上述不同估算值的原因。但是,粒子数量的估算必须遵循统计学和动力学的论据。

为了模拟体积的属性(如密度),我们必须考虑一个大小适中的区域:该区域的表面能量偏差可以忽略不计,该边界条件有助于 MMD 分析,即使对于周期性边界条件也是如此。然后,所考虑的体积的空间尺寸必须远大于粒子间距离 l_{ip}(表面尺寸)。例如,在液体中 l_{ip} 约等于 σ(见 3.7 节),模型系统的尺寸必须满足大于等于 σ。将这一结论转换成"所需的粒子数量",我们得到一个已经提过的要求 $N \gg 1$(见第 2 章,注意粒子的数量必须足以使用麦克斯韦分布函数)。

为了模拟气相,我们必须考虑分子的平均自由程(MFP):只有在这样的尺度下,气体才能用连续体来表示。该要求关注的是分子动力学单元的体积而不是粒子的数量。

在该思路下,将粒子数设置为约 10^3 量级对于一个简单的问题已经足够了。当需要计算蒸发液体的性质时,对于如此量级的粒子,并非所有方面都可以考虑到,例如,液体层非常薄,因此是等温的,所以我们无法正确处理蒸发对液体表面温度的影响(因为这个表面下面有固体表面的温度)。但是,同样对于"简单"的问题,将粒子数设定为约 10^3 个的结果是令人满意的。很难想象在约 10^6 个粒子的情况下这类普通问题会有什么样的新结果。通过"整体平均"即一遍又一遍地重复对小分子动力学单元(约 10^3 个粒子)的计算,可以获得更加合适的结果。

当然,有些问题需要大量的粒子,例如,我们想要对液体中气泡进行模拟。这并不意味着在任何可能的情况下考虑 10^3 个粒子就足够了,特殊问题需要特殊的解决方案。

MMD 的运用方法会在 4.2 节中进行描述,本节我们将讨论分子动力学模拟的一些主要方面。

4.1.3 相互作用势

有人可能会说分子动力学模拟是对给定问题的直接数值研究,这种说法并不完全正确,但接近事实。

兰纳-琼斯类型的相互作用势可以为:

$$\varphi(r) = 4\varepsilon \left[\left(\frac{\sigma}{r} \right)^{12} - \left(\frac{\sigma}{r} \right)^{6} \right] \tag{4.1.4}$$

该式通常适用于稀有气体。公式的第二项中 r^{-6} 描述了两个偶极子的吸引力,这个公式可以从理论上获得;第一项中 r^{-12} 让人头疼,目前我们只能想象到其形式"尖锐"。式(4.1.4)整体上没有坚实的理论支撑。此外,式(4.1.4)中偶极子相互作用项中 r^{-6} 是从两个孤立的粒子中获得的,在第三个粒子影响时,该表达式必定有另一种形式。换句话说,式(4.1.4)中势函数并非想象中那样普遍(不能概括大多数情况),除了带电粒子的库仑相互作用势以外,我们几乎可以对任何相互作用势重复这些论点。

因此,分子动力学模拟代表了具有相互作用势的非精确函数的精确方法。这意味着很难获得物理系统的精确量,而给定系统的定性属性或动力学参数,其准确性可以得到保证。

至于相互作用势,我们有一个老问题:切割还是不切割?在某个特定半径(如 3σ)处分割式(4.1.4)中电势,意味着我们在计算方面获得了许多便利,因为计算总势能(作用在粒子上的力)是 MMD 中最耗时的过程。实际上,截断 $\varphi(r)$ 是 MMD 中最常用的方案。然而,这么直接切割会导致一些数学性质上常见的问题,因为势能函数在分割半径处有一个特殊点。可能有人会证明切割对总能量的影响小到可以忽略不计(被切割的部分可能与舍入误差的量级相同,等等),但是不管怎样,这个无差别的分割点都破坏了分子动力学模拟的准确性。

4.1.4 解方程的错误方法

让我们考虑一个由 N 个粒子组成的一维系统(为了少写一些符号)。该系统的动力学由哈密顿方程描述:

$$\frac{\mathrm{d}x_i}{\mathrm{d}t} = \frac{p_i}{m_i}, \quad \frac{\mathrm{d}p_i}{\mathrm{d}t} = -\sum_{\substack{k=1 \\ k \neq i}}^{N} \frac{\partial \varphi_{ik}}{\partial x_i} \quad (i = 1, \cdots, N) \tag{4.1.5}$$

式中:函数 $\varphi_{ik}(x_{ik})$ 为第 i 个和第 k 个粒子之间相互作用的一对势函数,彼此相距 x_{ik}。

式(4.1.5)只能用数值方法求解,解微分方程的最简单方法如下:

$$\frac{\mathrm{d}f}{\mathrm{d}t} = F(f) \tag{4.1.6}$$

式(4.1.6)是显式格式,根据这种方法,我们可以通过有限差分表示导数,并在前一个时间步长用 f 表示右侧的函数 $F(f)$:

$$\frac{f^{n+1} - f^n}{\tau} = F(f^n) \tag{4.1.7}$$

对于第 n 个时间步长,如果知道初始条件 f^0,可以通过递推的方式计算函数 f:

$$f^{n+1} = f^n + \tau F(f^n) \tag{4.1.8}$$

将显式格式方程(4.1.8)应用到哈密顿方程(4.1.5),得到:

$$x_i^{n+1} = x_i^n + \tau \frac{p_i^n}{m} \tag{4.1.9}$$

$$p_i^{n+1} = p_i^n + \tau F(x_i^n) \tag{4.1.10}$$

然而,正如 Tabor(1989)所说的那样,这种方法是错误的。从数学的角度来看,式(4.1.9)~式(4.1.10)表示映射:$(x_i^n, p_i^n) \to (x_i^{n+1}, p_i^{n+1})$。力学要求我们保留相体积,因此,这一映射也必须满足这一要求。为此,该变换的雅可比矩阵 $\boldsymbol{J}$ 必须等于 1。通过式(4.1.9)和式(4.1.10),有

$$\boldsymbol{J} = \begin{vmatrix} 1 & \tau/m \\ -\tau F'(x_i^n) & 1 \end{vmatrix} = 1 - \frac{\tau^2}{m} F'(x_i^n) \tag{4.1.11}$$

在这里，$F' = \mathrm{d}F/\mathrm{d}x_i$。

可以看出，如果 $F' \neq 0$，那么对于任何时间步长 $\tau > 0$，$J \neq 1$。因此，显式数值格式是原哈密顿方程的非守恒映射；所以，没有合适的时间步长可以纠正这个问题——任何通过显式方法求解哈密顿方程的数值解都是错误的。

因此，我们必须使用另一种数值方法来获得式(4.1.5)的解。该方法将在4.2节中阐明。

4.1.5 数值模拟的结果

通过计算，我们得到了系统中所有 N 个粒子的坐标 x_i 和速度 v_i。我们很少直接使用这些量(例如，我们在第 7 章中探讨了单个粒子在凝聚过程中的轨迹)，通常我们会寻找系统的平均统计参数，如分布函数、温度、压力、热流密度等。

单个粒子的分布函数可以构造为直方图 $f_j(v_j)$：

$$f_j = \frac{N_j}{N} \quad (j = 1, \cdots, M) \tag{4.1.12}$$

式中：N_j 为速度分量介于 $v_j - \Delta v/2$ 和 $v_j + \Delta v/2$ 所对应的粒子数，速度间隔 Δv 与间隔数 M 之间的关系为 $\Delta v = (v_{max} - v_{min})/M$，其中 v_{max} 和 v_{min} 是所有粒子计算速度的极限值。

间隔数 M 的值可以任意选取。根据数学统计，M 有几种估算方法，其中最方便的估算方法是 M 和 N 之间要满足如下关系：

$$M = \sqrt{N} \tag{4.1.13}$$

例如，对于数量在 1000 左右的粒子，间隔数大约为 30。正如我们所看到的，系统中粒子的数量决定了数值模拟中获得的分布函数的"分辨率"。

4.1.6 如何计算温度

在(以某种方式)获得式(4.1.5)的解之后，我们就有了所有 N 个粒子的坐标和速度，此时可以使用关系式 $\bar{\varepsilon} = \eta T/2$ 来计算系统的温度，其中 η 是自由度的数量，$\bar{\varepsilon}$ 是粒子混沌运动的动能。对于三维系统 $\eta = 3$，于是我们有

$$T = \frac{1}{3N} \sum_{i=1}^{N} \sum_{k=1}^{3} (v_{i,k} - \bar{v}_k)^2 \tag{4.1.14}$$

其中，下标 k 表示速度的分量，而平均速度为

$$\bar{v}_k = \frac{1}{N} \sum_{i=1}^{N} \bar{v}_{i,k} \tag{4.1.15}$$

式(4.1.14)表明我们应该注意粒子的平均速度：当粒子以相同的速度向同

一个方向上运动时,该组粒子的温度为零。从另一个角度来看,实际上,式(4.1.15)中速度远小于混沌速度,在式(4.1.15)中通常省略了 v_k 这一项。

如何计算压力

克拉珀龙方程 $p=nT$ 中的压力可由理想气体的方法导出,$f(v)$ 的麦克斯韦分布函数的积分为

$$p = \int 2mv^2 f(v)\,\mathrm{d}v \qquad (4.1.16)$$

然而,这只是总压力的一部分,总压力中还应包含对应于粒子间相互作用的项。总压力通常按下式计算:

$$p = nT + \frac{1}{3V}\sum_i \sum_j \boldsymbol{r}_{ij}\boldsymbol{F}_{ij} \qquad (4.1.17)$$

式中:$\boldsymbol{r}_{ij}$ 为粒子间距离;$\boldsymbol{F}_{ij}$ 为相互作用力。

但是,对于非平衡的情况,使用式(4.1.16)中的积分表示法比使用式(4.1.17)中的第一项更为合适。

注意,压力也可以用位力定理计算(2.2.9 节)。

如何计算热流密度

实际上,如何计算热流密度是一个很重要的问题,能量通量可以用简单的形式计算:

$$q = \int \frac{mv^2}{2} v f(v)\,\mathrm{d}v \qquad (4.1.18)$$

该式仅适用于理想气体。式(4.1.18)仅包含动能通量,但在一般情况下,粒子的相互作用也很显著,尤其是在诸如液体这样的凝聚介质中。

在固体物理学中,能量通量是由声子描述,而声子是没有质量但具有能量和动量的准粒子(Kittel,2005)。这种理论(或者说,这种描述语言)也可以用于液体这种无序介质,但它不是最好的方法,特别是对于数值实验来说。

另一种方法可用于分子动力学模拟(Ohara,1999)。考虑有两个粒子,可以得到单位时间内从一个粒子转移到另一个粒子的能量(粒子间能量交换率)关系式:

$$\frac{\partial Q}{\partial t} = \frac{\boldsymbol{F}_{12}}{2}(\boldsymbol{v}_1 + \boldsymbol{v}_2) \qquad (4.1.19)$$

能量通量可以从式(4.1.19)获得,取所有粒子的总和除以相应的表面积。

让我们从另一个角度考虑这个问题,给定体积 V 中所有粒子的总动能为

$$E = \sum_{i=1}^{N} \frac{m\boldsymbol{v}_i^2}{2} \tag{4.1.20}$$

式(4.1.20)的时间导数为

$$\frac{\partial E}{\partial t} = \sum_{i=1}^{N} \boldsymbol{v}_i \, \underbrace{m \frac{\mathrm{d}\boldsymbol{v}_i}{\mathrm{d}t}}_{\boldsymbol{\check{F}}_i} = \sum_{i=1}^{N} \boldsymbol{v}_i (\boldsymbol{F}_i^{\mathrm{in}} + \boldsymbol{F}_i^{\mathrm{out}}) \tag{4.1.21}$$

式中:$\boldsymbol{F}_i^{\mathrm{in}}$ 为来自体积 V 内部粒子的力;$\boldsymbol{F}_i^{\mathrm{out}}$ 为来自外部粒子的力。

式(4.1.21)即为著名的关于系统中动能变化的力学定理。

因此,即使没有一个粒子穿过体积 V 的边界,由于粒子之间的相互作用,该体积内的粒子的动能也会随着时间变化。取极限 $V \to 0$,我们可以用两种方式将式(4.1.21)引入动能(或总能量)的平衡方程。一种方式是将式(4.1.21) 表示为该等式中的源项,另一种方式是采用上述方法将式(4.1.21) 解释为通过该体积边界的能量通量(考虑进出体积 V 的通量对时间的导数 $\partial E/\partial t$)。

4.1.9 从力学再到统计学

简而言之,到目前为止,我们已经得到以下几个结论。

(1) 真实系统不能被描述为力学系统,因为我们无法求 10^{23} 这么多的方程组。

(2) 我们必须使用统计数据来定义给定系统的某些宏观属性,即我们必须使用分布函数。

(3) 为了处理系统的动力学问题,必须考虑分布函数的时间依赖关系,即求解动力学方程。

(4) 动力学方程有许多形式,其中大多数很难求解。

(5) 因此,我们必须回到仅有少量粒子的力学系统:我们从这个缩小的系统中获得统计特性,并希望将得到的结果应用到真实的(大的)系统。

上面已经讨论过,缩小系统的体积特性足以作为真实系统的参数,但只考虑这些就够了吗?

事实并非如此,另一个需要考虑的问题是"波动"。

N 粒子系统的任何属性的波动通常被估计为与 $1/\sqrt{N}$ 成比例的量,例如,我们通过离散获得这样的估计:

$$D = \frac{1}{N} \sum_{i=1}^{N} (X_i - \bar{X})^2 \tag{4.1.22}$$

式(4.1.22)估计误差满足 $\Delta X \sim 1/\sqrt{N}$。因此,小(模型)系统中的波动高于大(原始)系统中的波动。基于这种考虑,可以得出,即使 $\sqrt{N} \gg 1$,波动在数值模拟中的作用也被高估了。

然而,相反的说法也没有意义。小尺度模拟主要忽略了长期波动,但自然界中的许多过程都是基于长期波动,例如,我们的世界和生活在其中的人都是长期波动的。如果我们怀疑长期偏差在这个过程中发挥关键作用,就无法正确描述大尺度过程。

从技术角度来看:在 MMD 中,我们可以在特定条件(如最简单的,给定边界温度)下获得小系统(约 10^3 个粒子)的结果。根据上文,我们知道我们的结果(平均值)对于相同条件下的大型系统是具有代表性的。但是,我们怎样才能确定大系统中的任何一个小的子系统的边界条件都是相同的,即怎样保证该体积任何一侧的 T 为常数?在海洋中很难找到边界温度恒定的小体积,不同边界的温度更有可能是不同的。如果是这样,我们会看到能量通量通过海水小体积时,分布函数等会产生偏差。

因此,在一个真实大系统的任何子体积中,分布函数不同于小"代表性"体积中的分布函数。实际上,小体积的代表性因为忽略不计的表面效应而降低了。怎样才能确保在对 1234 个粒子的数值模拟中获得的麦克斯韦分布可用于真实系统?

这个问题的答案可能基于第 2 章中的考虑因素(速度的混乱导致麦克斯韦分布),但在这里我们需要从另一个角度来解决问题。当然,麦克斯韦分布在任何地方都是麦克斯韦分布,但我们必须了解分布函数如何随系统尺寸的大小而变化:应该注意 MDF 只是"最频繁"的分布(依据玻尔兹曼所言)而已,但是,最频繁分布的偏差又如何呢?

因此,要回答前面所说的问题,我们可以说:

(1)具有 1234 个粒子的小系统的平衡分布函数(麦克斯韦)与大系统的平衡(平均的)分布函数相对应。

(2)小系统的瞬时分布函数绝对不足以作为大系统(整个系统)的子系统。

(3)请注意,通常我们要处理的不是整个系统,而是系统的一部分。

分子动力学分布函数的傅里叶级数为

$$f(t,v) = \sum_k \hat{f}_k(v) \exp\left(\frac{\mathrm{i}2\pi kt}{T}\right) \tag{4.1.23}$$

由于分解周期 T 显著不同,该级数与实际系统的级数不同:系数 $\hat{f}_k(v)$ 随着 T 变化,即随系统的大小而变化。理论上,MMD 正确性的验证必须包含对一定数量的粒子 N 和 $N \to \infty$ 时的一致性估计,即它必须描述趋势:

$$\hat{f}_k^N(v) \to \hat{f}_k^\infty(v) \tag{4.1.24}$$

简单来说,当 Alice(实验者)测定气体体积中的分布函数时,她获得的结果与 Bob 的计算(分子动力学模拟)结果不同,因为实验条件不是在尺寸为 10nm×10nm×10nm 的分子动力学单元格中找到的"平衡"。局部但宏观的通量可能会使得通过 MMD 探究的清晰图像出现失真。例如,Bob 得出传热系数等于零,因为在他的数值模拟中没有气体的平均速度。然而,Alice 注意到气体的平均速度在任何时刻都是非零的(这个速度在平均值零附近有很大周期的周期性波动),并且传热系数也是非零的。Bob 可能会怎么做? 通过改变分子动力学单元相对侧的边界条件进行长时间建模的人工模拟没有多大意义,这种模拟得到的结果完全由人为外部条件决定。

最后,我们可以说,在数值模拟中,我们可以通过考虑缩小的系统来获得一个大系统的平衡特性。但是在没有额外方法的情况下,也就是说没有在数值模拟中人为地应用涉及这些波动的技巧,我们无法获得关于分子动力学模拟波动的全部信息。然而,这些技巧似乎并不是非常有用,并且很难将 MMD 结果与实验结果进行比较:当我们试图将 MMD 的结果转换到真实系统时,这种情况会带来问题;第 9 章我们将讨论有关沸腾(宏观过程)的一些问题。

4.1.10 分子动力学模拟的作用

也许,我们在上一节中对 MMD 批评过头了,MMD 只是一种工具,就像组合钳一样,我们只能将其用于预期目的。

首先,MMD 让我们确立了平衡系统的属性,顺便说一句,我们能够从分子动力学模拟中获得 MDF 这一事实也是有价值的。

其次,MMD 帮助我们分析无法通过实验探索的基本过程,例如,单个入射粒子与液体表面的相互作用。这样的应用使 MMD 成为任何理论的有用测试手段。

MMD 还帮助我们理解力学系统演变的一些原理,我们将在第 6 章中使用分子动力学来实现这一目的——寻找势能的分布函数。

当然,MMD 可以应用于各种问题。如果我们不对 MMD 抱有太高期望,就很容易在其有效的框架内找到适合它的应用。

4.2 分子动力学技术

B. Alder 和 T. Wainwright 的论文(Alder 和 Wainwright,1957)被认为是第一部叙述分子动力学的文献。他们分析了包含 32 个和 108 个具有周期性边界条件的硬球的系统中的相变。即使在很小型的系统中,他们也观察到了平衡的速度分布。随后在他们进一步的工作中描述了分子动力学方法(Alder 和 Wainwright,1959)。

1964 年,A. Rahman 使用 864 个粒子与兰纳-琼斯势(Jones,1924)相互作用的系统研究了液氩(Rahman,1964)的性质。

4.2.1 运动方程

N 个相互作用粒子的运动方程定义如下(Landau 和 Lifshitz,1960):

$$\begin{cases} \dot{X}_i = v_i \\ \dot{v}_i = a_i \end{cases} \quad (4.2.1)$$

式中:i 为粒子的序号($i=1,2,\cdots,N$);X_i 是第 i 个粒子的径向矢量;v_i 和 a_i 分别为第 i 个粒子的速度和加速度。

为了从数值上解决该问题,考虑序列 $t=\tau\Delta t$,其中 τ 是时间步长 Δt 的序号。第 i 个粒子的速度表示为 $v_i^{\tau+\frac{1}{2}}$,然后将微分方程离散化:

$$\dot{X}_i = \frac{\mathrm{d}X_i}{\mathrm{d}t} = \frac{X_i^{\tau+1} - X_i^{\tau}}{\Delta t} = v_i^{\tau+\frac{1}{2}} \quad (4.2.2)$$

时间步长 $\tau+\frac{1}{2}$ 的速度对应于时间步长 $\tau+1$ 和 τ 之间的粒子位置变化,那么 X 在时间步长 $\tau+\frac{1}{2}$ 的二阶导数是

$$\dot{v}_i = \frac{\mathrm{d}v_i}{\mathrm{d}t} = \frac{v_i^{\tau+\frac{1}{2}} - v_i^{\tau-\frac{1}{2}}}{\Delta t} = a_i^{\tau} \quad (4.2.3)$$

使用系统求解运动方程的方法称为"蛙跳积分法",其中位置和速度是在相互"蛙跳"的交错时间点上计算的(Skeel,1993)。

$$\begin{cases} \dfrac{X_i^{\tau+1} - X_i^{\tau}}{\Delta t} = v_i^{\tau+\frac{1}{2}} \\ \dfrac{v_i^{\tau+\frac{1}{2}} - v_i^{\tau-\frac{1}{2}}}{\Delta t} = a_i^{\tau} \end{cases} \quad (4.2.4)$$

知道整数步的速度和位置也很有用:

$$v_i^{\tau} = \frac{v_i^{\tau+\frac{1}{2}} + v_i^{\tau-\frac{1}{2}}}{2} \quad (4.2.5)$$

或

87

$$\begin{cases} \dfrac{X_i^{\tau+1}-X_i^{\tau}}{\Delta t}=v_i^{\tau}+\dfrac{1}{2}a_i^{\tau}\Delta t \\[3mm] \dfrac{v_i^{\tau+1}-v_i^{\tau}}{\Delta t}=\dfrac{a_i^{\tau+1}+a_i^{\tau}}{2} \end{cases} \tag{4.2.6}$$

最后,在分子动力学中,在每个时间步长求解以下方程:

$$\begin{cases} X_i^{\tau+1}=X_i^{\tau}+v_i^{\tau}\Delta t+\dfrac{1}{2}a_i^{\tau}\Delta t^2 \\[3mm] v_i^{\tau+1}=v_i^{\tau}+\dfrac{a_i^{\tau+1}+a_i^{\tau}}{2}\Delta t \end{cases} \tag{4.2.7}$$

这种积分法被称为"速度韦尔莱(Verlet)算法"(Swope 等,1982)。尽管这些方法相似,但第二种方法更方便,因为其位置和速度是在同一时间步长计算的。

韦尔莱方法(Verlet,1967)涉及在泰勒级数中展开 X,通过二次幂展开,得

$$X_i(t+\Delta t)=X_i(t)+\dot{X}_i(t)\Delta t+\ddot{X}_i(t)a_i^{\tau}\Delta t^2/2+O(\Delta t^3) \tag{4.2.8}$$

考虑式(4.2.1)和离散时间步长 Δt 的表达式:

$$X_i^{\tau+1}=X_i^{\tau}+v_i^{\tau}\Delta t+a_i^{\tau}\Delta t^2/2 \tag{4.2.9}$$

$X_i(t-\Delta t)$ 的级数展开为

$$X_i^{\tau-1}=X_i^{\tau}-v_i^{\tau}\Delta t+a_i^{\tau}\Delta t^2/2 \tag{4.2.10}$$

结果表明,速度反推给出了前一时间步长的位置,根据前面的公式,速度表示为

$$v_i^{\tau}=\dfrac{X_i^{\tau+1}-X_i^{\tau-1}}{2\Delta t} \tag{4.2.11}$$

然而,这显然是求导的一种方式。另外,式(4.2.9)~式(4.2.11)给出:

$$X_i^{\tau+1}=2X_i^{\tau}-X_i^{\tau-1}+a_i^{\tau}\Delta t^2 \tag{4.2.12}$$

应该注意的是,最后一个表达式允许我们在不使用速度变量的情况下求解运动方程。不过,我们使用它来得到速度表达式中的分子:

$$v_i^{\tau}=\dfrac{2X_i^{\tau}-2X_i^{\tau-1}+a_i^{\tau}\Delta t^2}{2\Delta t} \tag{4.2.13}$$

对于下一个时间步长:

$$v_i^{\tau+1}=\dfrac{2X_i^{\tau+1}-2X_i^{\tau}+a_i^{\tau+1}\Delta t^2}{2\Delta t} \tag{4.2.14}$$

考虑到式(4.2.9),为了计算 $X_i^{\tau+1}$,我们得到了速度的表达式:

$$v_i^{\tau+1}=v_i^{\tau}+\dfrac{a_i^{\tau}+a_i^{\tau+1}}{2}\Delta t \tag{4.2.15}$$

显然,式(4.2.9)和式(4.2.15)即为式(4.2.7)。

上述算法需要计算加速度,根据牛顿第二定律:

$$\boldsymbol{a}_i^\tau = -\frac{1}{m_i}\nabla\sum_{j\neq i}\varphi_{ij} \qquad (4.2.16)$$

在该方程中,第 j 个粒子对第 i 个粒子的力用相互作用势 φ_{ij} 来表示。

4.2.2 原子间作用势

正如已经讨论过的,要计算力,需要先定义势 φ。一种常见的方法是兰纳-琼斯势,它准确地描述了惰性气体中原子之间的相互作用:

$$\varphi_{ij} = 4\varepsilon\left[\left(\frac{\sigma}{r_{ij}}\right)^{12} - \left(\frac{\sigma}{r_{ij}}\right)^6\right] \qquad (4.2.17)$$

其中,ε 和 σ 为相互作用参数,取决于粒子类型;$r_{ij} = |\boldsymbol{X}_i - \boldsymbol{X}_j|$ 为第 i 个和第 j 个粒子之间的距离。

第二项是表示由于伦敦(London)色散力而产生的原子吸引力,第一项表示由于交换作用而产生的小距离原子斥力。图 4.1 展示了兰纳-琼斯势的变化曲线。最小能量对应于 $r = \sigma\sqrt[6]{2}$,因此在较大距离处粒子相互吸引,而在较短距离处粒子相互排斥。

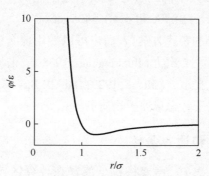

图 4.1 兰纳-琼斯势

式(4.2.17)形式的相互作用势只适用于纯净物,严格意义上说,只适用于稀有气体:Ar、Ne 等,但这种关系可用于确定不同原子之间的相互作用。在这种情况下,我们替换 $\sigma \to \sigma_{ij}$ 和 $\varepsilon \to \varepsilon_{ij}$,即考虑不同原子的不同参数;根据洛伦兹-贝特洛规则(Lorentz,1881;Berthelot,1898)计算 i-j 粒子(如 Ar-Xe)相互作用的参数:

$$\sigma_{ij} = \frac{\sigma_i + \sigma_j}{2} \qquad (4.2.18)$$

$$\varepsilon_{ij} = \sqrt{\varepsilon_i \varepsilon_j} \qquad (4.2.19)$$

此外,该表示法可用于各种原子的相互作用,而不仅仅用于惰性气体。例如,下面我们将考虑液体 Ar 与固体 Cu 表面的相互作用(第9章)。

利用兰纳-琼斯势的散度,加速度定义为

$$a_i^{\tau+1} = \sum_{j \neq i} \frac{\varepsilon_{ij}(X_i^{\tau+1} - X_j^{\tau+1})}{m_i (r_{ij}^{\tau+1})^2} \left[48 \times \left(\frac{\sigma_{ij}}{r_{ij}^{\tau+1}} \right)^{12} - 24 \times \left(\frac{\sigma_{ij}}{r_{ij}^{\tau+1}} \right)^6 \right] \qquad (4.2.20)$$

为了完成分子动力学方法,需要指定势、边界和初始条件的相互作用参数。

在这次模拟中,我们使用了三种类型的原子:氩(White,1999)、氙(Whalleya 和 Shneider,1955)和铜(Seyf 和 Zhang,2013),相互作用参数见表4.1。

表4.1 模拟中的原子参数

原　子	$m/(10^{-26}\mathrm{kg})$	$\sigma/\text{Å}$	ε/K
Ar	6.633543	3.345	125.7
Cu	10.5521	2.33	3168.8
Xe	21.8018	4.568	225.3

请注意,这些参数在不同的参考文献中是不同的。例如,对于 Ar,有来自 White(1999)的参数:$\varepsilon = 119.8K$ 和 $\sigma = 0.3405nm$。

作为兰纳-琼斯势的替代方案,人们也可以使用白金汉(Buckingham)势,其特点是使用指数而不是12次方(Buckingham,1938)。谐波、环面和角度相互作用的势用来模拟多原子分子(Morse,1929;Dau 和 Baskes,1984;Tersoff,1988)。但是,在这里我们仅限于考虑单原子物质的模拟。

4.2.3 初始条件和边界条件

为了计算系统(4.2.7),需要将粒子放置在计算区域中,并设置它们的速度,即它们的初始条件。

应该指定所考虑的系统类型。如果它是固体,那么原子应该放置在与所选择的晶格相对应的位置(例如,面心晶格)。有时会使用更复杂的方案:Seyf 和 Zhang(2013)、Diaz 和 Guo(2015)以及 Shavik 等(2016)研究了纳米结构表面的性质(表面有各种宏观结构,用于强化传热)。在液体和蒸气中,原子不是固定在一个规则的结构中,它们的位置相当混乱。但是,它们不应随意放置,至少它们不应该靠得太近。事实上,要形成液体,原子可以放置在晶格位置上,如果正确选择初始速度(温度),数百个时间步之后结构将会丢失(图4.2)。

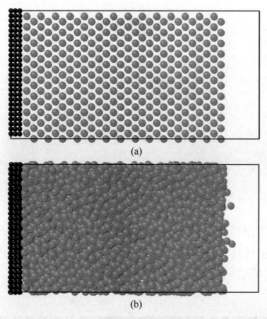

(a)

(b)

图 4.2　（a）初始位置（面心立方（FCC）晶格中的 Cu 原子和体心立方（BCC）
晶格中的 Ar 原子），（b）100 个时间步后（晶体 Cu 和液体 Ar）

至于速度，它们的值应该与所选温度相对应。对于质量为 m 的 N 个单原子分子，在时间步长 τ 处，可以忽略平均速度来计算温度的瞬时值（4.1 节）：

$$T^{\tau} = \sum_{i} \frac{m\,(v_i^{\tau})^2}{3N} \qquad (4.2.21)$$

换句话说，均方速度应为 $3T/m$，达到它的最简单方法是为每个粒子设置速度分量 $\pm\sqrt{T/m}$。虽然这样设置没有提供麦克斯韦分布，但肯定能达到均匀分布。还有一种更复杂的方法，就是要求生成一组速度分量，这组速度分量对应于指定温度下的麦克斯韦-玻尔兹曼分布。

许多问题需要改变或维持计算区域的温度，并且有很多方法可以执行此操作，这里我们只提及最简单的一种方法——"速度重定标"法。假设时间步为 τ，温度等于 T^{τ}。然后，要设定温度 T^*，应该把所有的速度乘以因子 $\sqrt{T^*/T^{\tau}}$。那么，根据式（4.2.21）计算的温度将等于 T^*。

图 4.3 给出了该算法应用的一个例子。温度每隔 20 个时间步长进行校正，初始温度等于 100K，然后设定 $T^* = 120K$ 和 $T^* = 90K$。

设置边界条件和温度不足以解决问题，还应选择计算区域。公共计算区域由平行六面体（具有面长度 $L_{x,y,z}$）表示，边界条件设置在其面上。

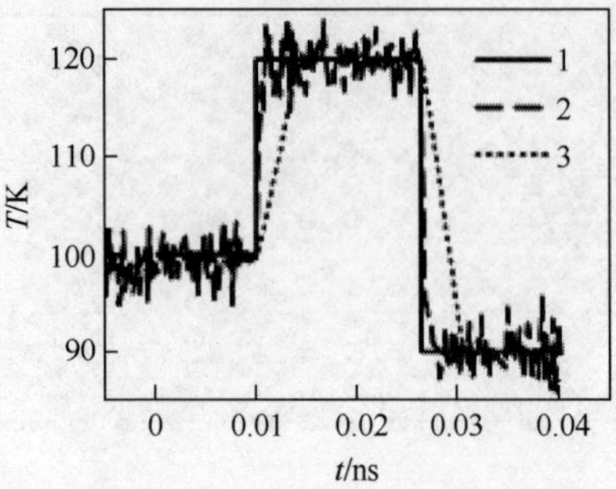

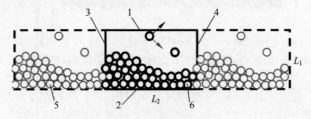

图 4.3 通过速度重定标法设定温度

注:1—预定温度 T^* ;2—实际温度 T^τ ;3—平均温度。

反射边界条件相当简单:当粒子到达一侧时,它会反弹并改变其速度矢量。图 4.4 中给出了包括具有反射边界条件(边长为 L_2)和周期性边界条件(边长为 L_1)的边的计算区域的示例。

图 4.4 边界条件

注:1,2—具有反射边界条件;3,4—具有周期性边界条件;5—"虚"粒子;6—来自计算区域的粒子。

周期性边界条件用来(以某种方式)避免粒子数量不足的情况,分子动力学方法允许人们模拟由数千个,甚至数百万个粒子组成的系统,但事实上它们的数量要多得多,因为 $1mm^3$ 含有约 10^{16} 个分子(更不用说液体了)。为了模拟大体积/无限体积(气体或液体),使用周期性边界条件(Xiong 等,1996),其由与主粒子同时运动的附加粒子表示。这些粒子的位置和速度是已知的,不需要计算,然而,主粒子也与这些额外的("虚")粒子相互作用。在图 4.4 中,在计算区域两侧设置了周期性边界条件。

注意,图 4.4 表示计算区域的二维投影。通常,周期性边界条件也设置在另外两侧,因此存在八个虚计算区域。

在这种情况下,X 坐标的周期性被表示为:穿过计算区域一侧的粒子到达另一侧(该粒子的坐标移动 $P_1 = (0, -{}^2L, 0)$ 或 $P_2 = (0, {}^2L, 0)$,见图 4.4),还需要考虑模拟周期性的粒子和边界之间的相互作用。每个粒子都重复移动了 P_1 和 P_2(虚粒子),其相互作用为

$$a_i^{\tau+1} = \sum_{j \neq i} \frac{\varepsilon_{ij}(X_i^{\tau+1} - X_j^{\tau+1})}{m_i (r_{ij}^{\tau+1})^2} \left[48 \times \left(\frac{\sigma_{ij}}{r_{ij}^{\tau+1}} \right)^{12} - 24 \times \left(\frac{\sigma_{ij}}{r_{ij}^{\tau+1}} \right)^6 \right] +$$

$$\sum_n \sum_j \frac{\varepsilon_{ij}(X_i^{\tau+1} - X_j^{\tau+1} + P_n)}{m_i (X_i^{\tau+1} - X_j^{\tau+1} + P_n)^2} \times$$

$$\left[48 \times \left(\frac{\sigma_{ij}}{|X_i^{\tau+1} - X_j^{\tau+1} + P_n|} \right)^{12} - 24 \times \left(\frac{\sigma_{ij}}{|X_i^{\tau+1} - X_j^{\tau+1} + P_n|} \right)^6 \right]$$

$$(4.2.22)$$

值得一提的是,初始条件在放置粒子时,不能距离太近。对于周期性边界条件,应控制真实粒子和"虚"粒子之间的距离。

4.2.4 简单建模的分步指南

要进行分子动力学计算,首先要选择一种明确的物质(例如,需要参数 m、σ 和 ε 表示兰纳-琼斯势)。基于此,调整积分步长,可以估计为

$$\Delta t = \frac{\sigma}{32} \sqrt{\frac{m}{48\varepsilon}} \qquad (4.2.23)$$

对于氩,我们有 $\Delta t = 10 \mathrm{fs}$。无论如何,都应该对积分步设置时的能量守恒进行检查。

93

此后,必须设定初始条件:所有粒子的位置和速度。因此,$\tau+1$ 时间步的算法为

(1) $X_i^{\tau+1} = X_i^{\tau} + v_i^{\tau+1} \Delta t + \frac{1}{2} a_i^{\tau} \Delta \tau^2$;

(2) $a_i^{\tau+1} = \sum_{j \neq i} \frac{\varepsilon_{ij}(X_i^{\tau+1} - X_j^{\tau+1})}{m_i (r_{ij}^{\tau+1})^2} \left[48 \times \left(\frac{\sigma_{ij}}{r_{ij}^{\tau+1}} \right)^{12} - 24 \times \left(\frac{\sigma_{ij}}{r_{ij}^{\tau+1}} \right)^6 \right]$;

(3) $v_i^{\tau+1} = v_i^{\tau} + \frac{a_i^{\tau} + a_i^{\tau+1}}{2} \Delta t$;

(4) 计算新边界条件;

(5) 重复下一个时间步。

由于该系统的特征时间和距离较小(飞秒和埃)而速度较大,以空间形式求解该系统是不方便的。因此,所有方程都转换为具有相应比例的无量纲形式:

(1) 对于坐标——σ;

(2) 对于速度——$\sigma/\Delta t$ 或 $\sqrt{\frac{48\varepsilon}{m}}$;

(3) 对于时间——Δt 或 $\sigma\sqrt{\dfrac{m}{48\varepsilon}}$。

在每个时间步长,计算宏观性质,例如温度、密度、压力、热流密度等。

通过对饱和线上的液体密度进行分析来验证该算法。使用平均动能(温度)和粒子数(密度)来计算液体和蒸气处于平衡态的系统的密度。图 4.5 给出了氩的计算密度和参考密度的比较。

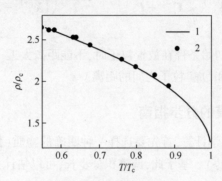

图 4.5　饱和液氩密度
注:1—美国国家标准与技术研究院数据;2—分子动力学计算的结果。

在每个时间步长,需要计算 $3N$ 次加速度的投影,换句话说,计算式(4.2.22)下的加和表达式约为 N^2 次。对于 1ns 步长 10fs,将有 100000 个时间步长。假设系统包含 1000 个粒子,在每个时间步长,粒子之间的相互作用进行大约 100 万次估算,并且对于 1ns,该计算重复 1000 亿次。对 10000 个粒子进行相同的计算需要增加 100 倍的运算次数,因此研究人员总是试图加快计算过程。

使用截止半径似乎是加快计算过程最有效的方法,因为它不需要计算复杂的二次相关项。截止半径(r_{cut})是相互作用势变为零的距离,并且不考虑与更远的粒子的相互作用。如果 r_{cut} 中有 n 个粒子,则可以使用线性相关 nN 而不是二次相关项。要应用这种方法,应该将 r_{cut} 距离处的相互作用势归为零,即

$$\varphi_{ij}=\begin{cases}4\times\varepsilon_{ij}\left[\left(\dfrac{\sigma_{ij}}{r_{ij}}\right)^{12}-\left(\dfrac{\sigma_{ij}}{r_{ij}}\right)^{6}\right]-4\times\varepsilon_{ij}\left[\left(\dfrac{\sigma_{ij}}{r_{cut}}\right)^{12}-\left(\dfrac{\sigma_{ij}}{r_{cut}}\right)^{6}\right], & r\leqslant r_{cut}\\[4mm]0, & r_{ij}>r_{cut}\end{cases} \quad (4.2.24)$$

截止半径值通常在 2.5σ 至 6σ 的范围内。然而,这种方法是相当特殊的:根据 r_{cut} 的不同,对于相同的 ε 和 σ,系统的性质会有所不同(压力、密度等)。此外,对于附近没有任何其他粒子的蒸气粒子,无论如何都会被液体吸引到大约 1nm 的距离,所以"截止半径法"应该谨慎使用。

4.3 计算统一设备架构

上述问题似乎非常耗时,尤其是在未应用截止半径的情况下。设备的计算能力通常由"flops"(每秒浮点运算)来衡量,其数量主要取决于中央处理器(CPU)的频率、大小和架构。在 21 世纪前十年,传统 CPU 的发展达到了顶峰:频率达到 3~4GHz(没有特殊冷却器),性能达到大约 10G 浮点数,但业界已通过使用多核 CPU 设法提高了性能。这说明,通过并行计算可以提高性能。虽然我们最开始提到了 CPU,但彰显最高性能的是图形处理器(GPU)。

对计算机图形的高需求促使 GPU 发展为强大的多线程、多处理器计算设备。GPU 是为图形渲染中的大规模并行计算而构建的,因此其中的芯片包含的晶体管比用于数据处理的要多得多。

在 4.2 节描述的问题中,在每个时间步长都执行相同的操作集来计算每个粒子的坐标、速度和加速度。除此之外,为了获得第 i 个粒子在第 $\tau+1$ 个时间步长上的这些参数,不需要知道其余粒子在第 $\tau+1$ 个时间步长上的坐标。

这意味着在每个时间步长,N 个粒子的坐标、速度和加速度可以彼此独立地计算,即同时并行。在时间消耗方面的优势是显而易见的:假设使用了 N 个设备,他们完成任务的速度会快 N 倍。让我们回想一下,在分子动力学中,N 达到数千和数百万。当然,普通的 GPU 不能同时执行如此多的操作,但即使只将处理速度提高 100 倍也是有益的。

允许使用 GPU 进行计算的技术之一称为 CUDA(计算统一设备架构),由 NVIDIA 公司于 2006 年为其生产的 GPU 开发。

本节介绍 CUDA,因为它是第一个也可能是最常见的架构,可以使用 GPU 加速分子动力学计算极大地简化对它们的处理。早在 2006 年和 2007 年,Elsen(2006)就已经发表了使用着色语言来利用 GPU 进行加速分子动力学计算的文章。随着 NVIDIA 在 2007 年发布 CUDA,由于 CUDA 编程接口基于稍微修改过的 C 语言,GPU 的使用变得更为广泛。

在撰写本章时,CUDA 已经可以使用多种编程语言,如 C、C++、Fortran、Java、Python、Wrappers、DirectCompute 和 Directives。CUDA 的功能已经被嵌入 MATLAB 和 Mathematica 等应用程序中。所有现代 MMD 程序都使用 GPU,特别是 NAMD(纳米级分子动力学(NAMD,2016))、GROMACS(格罗宁根力学化学模拟器(Abraham 等,2015))和 LAMMPS(大尺度原子/分子大规模并行模拟器(LAMMPS,2018))允许使用 CUDA 技术。

本节概述了将 GPU 用于 MMD 的可能方式,有关更详细的研究,请参阅原始

95

指南(CUDA,2018)。值得注意的是,NVIDIA 公司在 2008 年考虑了 N 体仿真问题(Mittring,2008)。

程序单元中最小的编程指令序列称为线程。这通常意味着线程是并行实现的,但实际上并非每种情况都如此。在线程中执行的代码称为内核,它包含一组要并行实现但具有不同数据元素的指令。

在 CUDA 中,线程以块的形式组合,使用线程束(wraps)处理块中的线程。实际上,在块中只有线程束同时执行(通常,线程束包含 32 个线程)。反过来,块被组合成网格,块和网格可以是一维、二维或三维。这种多级结构非常方便,在处理线程时,其地址是明确的,因此,每个线程对应一个特定的数据数组。

这种方法允许我们并行处理大量数据数组(实际上是处理了一定数量的线程束)。而且,不会根据某个 GPU 和处理元素的数量,手动将数据分成多个片段。CUDA 之所以广泛应用,不仅因为它的接口,还因为可扩展的编程模型。实际上,GPU 具有不同数量的多处理器,能够完成不同的数据数组。一个多线程程序被划分为彼此独立执行的线程块,因此具有更多多处理器的 GPU 自动运行程序的速度比具有更少多处理器的 GPU 更快。

所有上述术语(线程、块、线程束和网格)都是指软件。块在流式多处理器(指硬件)上处理,每个处理器可以处理几个块(图 4.6)。

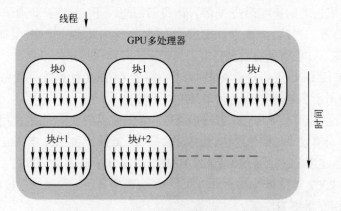

图 4.6　GPU 多处理器上线程块处理的布局

总而言之,现在我们知道了如何使用 GPU 加速计算的过程:应该创建一个包含要并行执行的操作的内核。在这种情况下,N 个粒子加速度的计算似乎是最耗时的操作。要处理 N 个数据集,需要定义 m 个块的 n 个线程,因此 $nm = N$(通常 $nm > N$)。

GPU 使用自己的内存工作:首先,需要分配所需的 GPU 内存。在例子中,有加速度、速度和坐标的数组。在 GPU 上生成初始条件几乎没有意义,因为它是一次性定义,不需要很大的计算成本。因此,当初始数组形成时,应该将其传输到 GPU 内存。

接下来,在 GPU 上执行所需的并行操作(在 CUDA 函数中)。为了处理/保存数据,CUDA 函数计算的结果会传送回 CPU,即 GPU 数据会被复制到 CPU DRAM(动态随机存取存储器)。

程序完成后,GPU 分配的内存会被清除。

一般计算算法是:

(1) 定义源数据。声明变量和指针(用于源模块和 GPU);初始化所需的变量(包括初始条件)。

(2) 在 GPU 内存中为 CUDA 函数处理的变量分配位置。

(3) 配置和调用 CUDA 函数。

(4) 从 GPU 内存中复制必要的数据。

(5) 清除 GPU 内存。

实际上,在对分子动力学进行建模时,有必要对结果进行分析。这可能比计算本身更费力,例如,作用势分布函数的构造或能量通量的计算(这也需要计算能量值)。因此,在计算过程中收集坐标和速度的数组是有效的。然后,在后处理中,可以计算任何感兴趣的量,并且如果需要,可以中断并恢复计算。

在没有使用严格定义的情况下,通常需要在执行期间调整程序(改变边界条件、温度等)。对于这种耗时的计算,任何不必要的重新计算都是一种遥不可及的奢侈品。因此,我们的代码需要以一定的时间间隔保存速度和坐标数据(这允许在发生错误的情况下回滚计算),并且主计算在 CPU 上并行执行且由驱动程序控制。程序结构的布局如图 4.7 所示。

至于说通过所提出的方法带来多大提速,我们应该考虑在使用和不使用 GPU 的情况下在同一台 PC 上进行相同计算所花费时间的比例。实际上,这种可以清楚地表明使用 GPU 是否有利。

大多数人的计算都是在一台单块 PC 上进行的,同时配备了相对较弱的移动级 GPU 和功能强大的多核处理器。在这样的 PC 上使用 GPU 可以将计算速度提高十几倍。然而,相比之下,如果使用最小的 MacBook Air(CPU 相当弱)则可以提供超过 20 倍的加速。事实上,正如已经提到的那样,使用 GPU 不仅可以加速计算,还可以释放 CPU(可以用于后处理)。

上面所述的结果既不是创造纪录,也不是暗示显卡的潜力。但是,它们显示出在普通 PC 上使用 GPU 的便利性。对于持续约一天的计算量,二者表现出在一天和一周内完成的计算之间的差异。

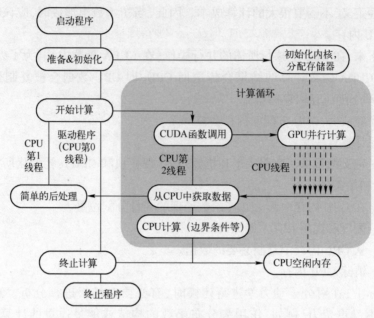

图 4.7　程序结构的布局

注:CUDA—计算统一设备架构;GPU—图形处理器;CPU—中央处理器。

值得注意的是,2009 年引入了开放计算机语言(OpenCL),它允许用户创建不仅仅在 NVIDIA 生产的 GPU 上使用的指令。同样,CUDA 支持这种语言。前面提到的 MacBook 上的并行计算就是使用 OpenCL 进行的。

4.4　结　　论

MMD 模拟通常被称为直接数值模拟方法,请记住,使用 MMD 几乎可以获得任何问题的最终答案,但这并不正确,具体原因如下。

(1) MMD 中使用的相互作用势是一种模型关系,它忽略了许多细微差别,例如第三个粒子对两粒子相互作用的影响等。

(2) MMD 增加了短程波动。

(3) MMD 无法考虑大规模或长期波动。

然而,MMD 是用于分析局部过程的非常有用的工具。当我们不需要精确的定量计算,但想要考虑给定过程的物理性质时,分子动力学是一种方便且实际上必不可少的工具。

MMD 需要回答的最常见问题是必须考虑多少个粒子? 最简单的答案: $\sqrt{N} \gg 1$。这个条件需要满足波动可忽略不计的要求,可以通过其他方式获得。

98

换句话说，接近 1000 个粒子的数量就足够了。当然，如果想要考虑液体中的气泡，粒子的数量就必须相应地增加，但这是一种特殊情况。

无论如何，我们必须求解相应数量的方程组(具体地，在三维情况下为 $6N$ 个方程)，并且不能使用最简单的(显式)方案，而必须考虑更复杂的方法。即使 1000 个粒子的数值模拟也是一项耗时的计算，因此用某种方式加速计算并不多余。

加速计算的最直接方法是并行计算。尽管 MMD 并不是非常适合并行计算的，但我们可以在多个计算设备上同时进行计算(注意，即使是级数的求和也可以用并行计算)。用于此类计算的最明显的设备是 CPU，但我们选择了另一种方式。

在计算中，我们使用了 CUDA 技术，即在显卡上进行计算。对于家用条件，这是将计算速度提高一两个数量级的最方便的方法。

这些计算结果将在第 5 章到第 9 章中给出。

参考文献

M. J. Abraham, D. Spoel, E. Lindahl, B. Hess, The GROMACS Development Team, in *User manual*(2015). www. gromacs. org.

B. J. Alder, T. E. Wainwright, J. Chem. Phys. **27**, 1208(1957).

B. J. Alder, T. E. Wainwright, J. Chem. Phys. **31**, 459(1959).

D. Berthelot, Comptes rendus hebdomadaires des séances de l'Académie des Sciences **126**, 1703(1898).

R. A. Buckingham, Proc. R. Soc. London A **168**, 264(1938).

M. S. Dau, M. I. Baskes, Phys. Rev. B **29**, 6443(1984).

R. Diaz, Z. Guo, in *Proceedings of CHT-15*, 033(2015).

E. Elsen, M. Houston, V. Vishal, E. Darve, P. Hanrahan, V. Pande, in *Proceedings of the 2006 ACM/IEEE Conference on Supercomputing*(2006).

J. E. Jones, Proc. R. Soc. A **106**, 463.

C. Kittel, *Introduction to Solid State Physics*. (Wiley, New York, 2005).

LAMMPS Documentation(2018). http://lammps. sandia. gov/doc/Manual. html.

L. D. Landau, E. M. Lifshitz, *Mechanics*(*Volume 1 of Course of Theoretical Physics*)(1960).

H. A. Lorentz, Ann. Phys. **248**, 127(1881).

M. Mittring, in *The GPU Gems series features a collection of the most essential algorithms required by next-generation 3D engines*(2008). https://developer. nvidia. com /gpugems/GPUGems/gpugems_pref01. html.

P. M. Morse, Phys. Rev. **34**, 57(1929).

NAMD, in *NAMD user's guide*(2016). http://www. ks. uiuc. edu/Research/namd/.

NVIDIA, in *CUDA C programming guide*(2018). www. nvidia. com.

T. Ohara, J. Chem. Phys. **111**, 9667(1999).

A. Rahman. Phys. Rev. **136A**, 405.

H. R. Seyf,Y. Zhang,J. Heat Trans. **135**,121503(2013).

S. M. Shavik,M. N. Hasan,A. K. M. M. Morshed,J. Electron. Packag. **138**,010904(2016).

Yu. S. Sigov,*Computational Experiment: The Bridge Between the Past and the Future of Plasma Physics* (Nauka,Moscow,2001).

R. D. Skeel,BIT Numer. Math. **33**,172(1993).

W. C. Swope,H. C. Andersen,P. H. Berens,K. R. Wilson,J. Chem. Phys. **76**,637(1982).

M. Tabor,*Chaos and Integrability in Nonlinear Dynamics*(Wiley,New York,1989).

J. Tersoff,Phys. Rev. B **37**,6991(1988).

L. Verlet,Phys. Rev. **159**,98(1967).

E. Whalley,W. G. Schneider,J. Chem. Phys. **23**,1644(1955).

J. A. White,J. Chem. Phys. **111**,9352(1999).

D. X. Xiong,Y. S. Xu,Z. Y. Guo,J. Therm. Sci. **5**,196(1996).

推荐文献

S. I. Anisimov,D. O. Dunikov,V. V. Zhakhovski,S. P. Malyshenko,J. Chem. Phys. **110**,8722(1999).

A. Arkundato,Z. Su'ud,M. Abdullah,W. Sutrisno. Turkish J. Phys. **37**,132.

H. J. C. Berendsen,J. P. M. Postma,W. F. Gunsteren,A. DiNola,J. R. Haak,J. Chem. Phys. **81**,3684 (1984).

P. H. Berens,K. R. Wilson,J. Chem. Phys. **76**,637(1982).

F. Calvo,F. Berthias,L. Feketeova,H. Adboul-Carime,B. Farizon,M. Farizon,Europ. Phys. J. D **71**, 110(2017).

B. Cao,J. Xie,S. S. Sazhin,J. Chem. Phys. **134**,164309(2011).

F. Chen,B. J. Hanson,M. A. Pasquinelli,AIMS Mater. Sci. **1**,121(2014).

S. Cheng,G. S. Grest,J. Chem. Phys. **138**,064701(2013).

R. Diaz,Z. Guo,Int. J. Comput. Method. **72**,891(2017).

Y. Dou,L. V. Zhigilei,N. Winograd,B. J. Garrison,J. Phys. Chem. A **105**,2748(2001).

D. O. Dunikov,S. P. Malyshenko,V. V. Zhakhovskii,J. Chem. Phys. **115**,6623(2001).

A. Frezzotti,AIP Conf. Proc. **1333**,161(2011).

T. Fu,Y. Mao,Y. Tang,Y. Zhang,W. Yuan,Nanoscale Microscale Thermophys. Eng. **19**(1),17 (2015).

T. Fu,Y. Mao,Y. Tang,Y. Zhang,W. Yuan,Heat Mass Transfer **52**,1469(2016).

J. B. Gibson,A. N. Goland,M. Milgram,G. H. Vineyard,Phys. Rev. **120**,1229(1960).

K. Gu,C. B. Watkins,J. Koplik,Phys. Fluids **22**,112002(2010).

J. Guobin,L. Yuanyuan,Y. Bin,L. Dachun,Rare Met. **29**,323(2010).

H. Y. Hou,G. L. Chen,G. Chen,Y. L. Shao,Comput. Mater. Sci. **46**,516(2009).

T. Ishiyama,T. Yano,S. Fujikawa,Phys. Fluids **16**,2899(2004).

E. K. Iskrenova,S. S. Patnaik,Int. J. Heat Mass Transfer **115**,474(2017).

Khronos Group,in *OpenCL 1. 1 quick reference*(2015).

K. Kobayashi,K. Hori,M. Kon,K. Sasaki,M. Watanabe,Heat Mass Transfer **52**,1851(2016).

K. Kobayashi,K. Sasaki,M. Kon,H. Fujii,M. Watanabe,Microfluid. Nanofluid. **21**,23(2017).

M. Kon,K. Kobayashi,M. Watanabe,AIP Conf. Proc. **1786**,110001(2016).

A. P. Kryukov,V. Yu. Levashov,Heat Mass Transfer **52**,1393(2016).

A. P. Kryukov,V. Yu. Levashov,N. V. Pavlyukevich,J. Eng. Thermophys. **87**,237(2014).

A. Yu. Kuksin, G. E. Norman, V. V. Pisarev, V. V. Stegailov, A. V. Yanilkin, Hight Temp. **48**, 511 (2010).

A. Yu. Kuksin,G. E. Norman,V. V. Stegailov,High Temp. **45**,37(2007).

L. Li,J. Pengdei,Y. Zhang,Appl. Phys. A **122**,496(2016).

L. N. Long,M. M. Micci,B. C. Wong,Comput. Phys. Commun. **96**,167(1996).

A. Lotfi,J. Vrabec,J. Fischer,Int. J. Heat Mass Transf. **73**,303(2014).

P. Louden,R. Schoenborn,C. P. Lawrence,Fluid Phase Equilib. **349**,83(2013).

M. Matsumoto,Fluid Phase Equilib. **144**,307(1998).

R. Meland,A. Frezzotti,T. Ytrehus,B. Hafskjold,Phys. Fluids **16**,223(2004).

I. V. Morozov,G. E. Norman,A. A. Smyslov,High Temp. **46**,768(2008).

G. Nagayama,M. Takematsu,H. Mizuguchi,T. Tsuruta,J. Chem. Phys. **143**,014706(2015).

Z. Ru-Zeng,Y. Hong,Chin. Phys. B **20**,016801(2011).

D. Sergi,G. Scocchi,A. Ortona,Fluid Phase Equilib. **332**,173(2012).

B. Shi,S. Sinha,V. K. Dhir,J. Chem. Phys. **124**,204715(2006).

W. B. Streett,D. J. Tildesley,G. Saville,Mol. Phys. **35**,639(1978).

T. Tokumasu,T. Ohara,K. Kamijo,J. Chem. Phys. **118**,3677(2003).

T. Tsuruta,G. Nagayama,J. Phys. Chem. B **108**,1736(2004).

T. Tsuruta,H. Tanaka,T. Masuoka,Int. J. Heat Mass Transf. **42**,4107(1999).

M. E. Tuckerman,B. J. Berne,G. J. Martyna,J. Chem. Phys. **94**,6811(1991).

P. Varilly,D. Chandler,J. Phys. Chem. B **117**,1419(2013).

J. Vrabec,J. Stoll,H. Hasse,Mol. Simul. **31**,215(2005).

J. Wang,T. Hou,J. Chem. Theory Comput. **7**,2151(2011).

W. Wang,H. Zhang,C. Tian,X. Meng,Nanoscale Res. Lett. **10**,158(2015).

T. Werder, J. H. Walther, R. L. Jaffe, T. Halicioglu, F. Noca, P. Koumoutsakos, Nano Lett. **1**, 697 (2001).

J. Xie,S. S. Sazhin,B. Cao,J. Therm. Sci. Technol. **7**,288(2012).

K. Yasuoka,M. Matsumoto,Y. Kataoka. J. Mol. Liquids **65/66**,329(1995).

K. Yasuoka,M. Matsumoto,Y. Kataoka,J. Chem. Phys. **101**,7904(1994).

J. Yu,H. Wang,Int. J. Heat Mass Transf. **55**,1218(2012).

V. V. Zhakhovskiĭ,S. I. Anisimov,J. Exp. Theor. Phys. **84**,734(1997).

S. Zhang,F. Hao,H. Chen,W. Yuan,Y. Tang,X. Chen,Appl. Therm. Eng. **113**,208(2017).

101

第 5 章
蒸发原子的速度分布函数

科学家们对如何描述液体表面蒸发粒子的分布存在歧义。传统观点假设粒子速度服从麦克斯韦分布,然而,Knox 和 Phillips(1998)的文章对这一假设提出了质疑。标题为"液体表面发射分子的麦克斯韦与非麦克斯韦速度分布"暗示麦克斯韦分布可能并不总是适用于蒸发粒子。事实上,我们不得不承认这场争论一直持续到今天。

5.1 麦克斯韦分布函数

5.1.1 我们的期望

由于人类思维的特定结构,即使我们面对全新的事物,也总是试图从我们熟悉的角度去理解它。我们更喜欢对被研究对象在已知范畴内描述,并且我们还会想方设法证明已有研究方向与思维的正确性。

可能最戏剧性的例证发生在 1899—1900 年,当时人们关注黑体光谱研究。在 19 世纪 90 年代,人们"坚定地"证明了维恩定律绝对正确,因为正如我们现在所知,在实验中只有 hv/T 足够高的范围内的数据被处理过。普朗克确信维恩定律绝对正确,并将他本身的理论也朝着这个方向发展;实际上,普朗克想要解释电磁场理论基础的不可逆性。他的第一部著作于 1900 年初出版,其中包含"维恩定律的应用领域与热力学第二定律的应用领域相吻合"这一论断(该书第 23 节的结尾)。这种混乱不仅发生在理论上。后来,1899 年的实验研究(例如,Lummer 和 Pringsheim)清楚地表明,维恩定律在足够高的温度 T 下(也就是较低的 hv/T)与实验数据并不符合。在 1900 年 3 月,第一次给出了观测到偏离维恩定律的正式报告。

普朗克后来花费大量精力来纠正他的错误,甚至由此进入一个新的科学领域——量子力学。故事的寓意很明确：始终需要开放的眼光与思维。

麦克斯韦分布函数（MDF）几乎已成为术语"平衡态"的同义词。我们期望MDF无处不在，至少要与平衡态捆绑在一起；在非平衡态中，我们预计MDF会发生变化。一般来说，目前没有严谨的论证可以排除不能应用MDF的场景。回到液体的平衡态上来，我们也选择了使用麦克斯韦定律。

当然，任何人都可以质疑，任何地方都需要证明，特别是对于显而易见的事物（至少在物理学中）。尝试寻求过证据，然而并没有收获。那么，故事就开始了。

5.1.2　实验结果

通过实验确定速度（或动能）的分布函数并不容易。事实上，通过测量找到这样的函数是一项非常艰苦的工作。在通常的实验方法——飞行时间（TOF）法中，我们实际使用时间（用于到达探测器）而不是速度，必须排除蒸发分子与气体的任何相互作用，否则全部测量值会失去价值。

正如我们所知，Otto Stern于1920年撰写的论文中第一次提及了处理蒸发粒子分布函数相关工作。准确地说，有两篇论文：第一篇论文包括实验结果，第二篇论文有关于实验结果的讨论（有关与爱因斯坦的争论）。在这些实验中，处理了银线的蒸发并获得了与MDF的一致结论。在20世纪中叶的许多著作中，这些结果都可作为MDF的实验证实。例如，Knake等（1959）的一篇优秀评论，其中就多次出现关于MDF的问题。

在吸附/解吸过程中对分布函数进行了大量的研究。该问题与蒸发有一定关系，但是由于在这些情况下分子间力的类型不同，几乎不可能将解吸的结果直接用于蒸发。

第一份关于非MDF解吸分子的实验报告应该是由Dabirli等（1971）提出的，他们用TOF方法研究了D_2分子从镍多晶表面的解吸附。当表面温度为1073K时，观察到的光谱对应于温度约为1500K的麦克斯韦移位。

在Cardillo等（1975）的研究中，获得了从镍金属表面解吸H_2原子的非MDF速度分布函数，其速度分布偏向更高速范围。同样的结果，越来越多的高能粒子后来被Matsushima（2003）观测到。

但一切都还不是那么清楚。在Hurst等（1985）的研究中获得的分布函数不是MDF，而是转向低能量范围，Rettner等（1989）的结果也是如此。他们都从铂和钨中研究了氩的解吸附。

我们为那些想深入研究实验问题（包括方法和技术）的人推荐Comsa等（1985）的论文，这项工作还包含有关解吸粒子的非MDF的广泛讨论。

Hahn 等(2016)处理了水中稀有气体的蒸发。他们的报告包括在氙气蒸发的情况下的 MDF,以及从新鲜水和咸水中氦气的"超麦克斯韦"蒸发。

最后,我们给读者推荐关于相同物质蒸发分子的分布函数的重要结果(Faubel 等,1988; Kisters 等,1989)。在 Faubel 的工作中,获得了与转移的 MDF 的关系:

$$f \sim v^2 \exp\left(-\frac{m\ (v-V)^2}{2T}\right) \tag{5.1.1}$$

对于水的蒸发,$T=210K$ 是目前已经观察到的液体表面的最低温度。同样有意思的是,在距离表面不同距离(4mm 和 8mm)处测量的分布函数是完全不同的。

请注意,Faubel 承认没有实现无碰撞状态;显然,这是在不同距离分布函数不同的唯一原因。

后来,Faubel 和 Kisters(1989)报告了双重结果。他们观察到羧酸单体的 MDF 现象,而二聚体是非 MDF 的。

总之,M. Faubel 和 T. Kisters 得出结论:"利用逼真的分子动力学仿真进一步研究这些现象会很有趣。"我们接纳这个建议。

5.1.3 数值模拟结果

如今我们有一个庞大的数值模拟结果数据库。与自然实验相反,数值模拟使我们能够获得像分布函数这样复杂问题的更清晰的结果。

与实验数据可以分为两组(麦克斯韦或非麦克斯韦)相类似,数值模拟的结果也可以分为两组,但基于另一个分布函数。

分布函数为

$$f(v) = \frac{mv}{T} \exp\left(-\frac{mv^2}{2T}\right) \tag{5.1.2}$$

它通常用于描述数值模拟的结果。使用该函数的最新论文是 Kobayashi 等(2017)。Tsuruta 和 Nagayama(2004)、Cheng 等(2011)、Frezzotti(2011)以及 Varilly 等(2012)也获得了同类型的分布函数,而 Kon 等(2016)和 Kobayashi 等(2016)几乎通过解析获得了该分布函数。我们将在下一节详细介绍这个分布函数式(5.1.2)。

然而,在其他工作中已经获得了不同形式的分布函数。下面我们介绍 Ishiyama 等(2004)和 Lotfi 等(2014)的研究结果,见图 5.1 和图 5.2。

我们可以在这些工作中加入 Meland 等(2004)、Kryukov 和 Levashov(2011)和 Xie 等(2012)的成果,他们获得了各种蒸发的分布函数。

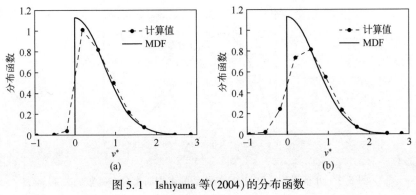

图 5.1 Ishiyama 等(2004)的分布函数

(a)85K;(b)130K。

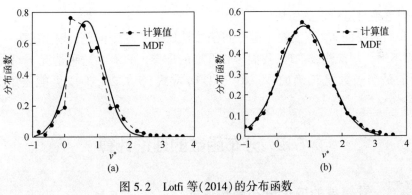

图 5.2 Lotfi 等(2014)的分布函数

(a)81K;(b)127K。

　　在分析所有这些结果的过程中,最重要的是理解液体表面的附近区域所构建的速度分布函数。不幸的是,并非所有文章都包含此信息。Zhakhovskii 和 Anisima(1997)计算了各种液体层中的分布函数;我们将在下一节中提供相同的操作和结果。在这里我们可以简单地得出结论,液体中的分布函数是麦克斯韦,但是如果包括气体区域,即蒸发分子本身,则该函数被强烈扭曲。因此,较为合理的处理方式是不考虑所有液体粒子,然而有时很难说文章的作者是否已经执行了该操作。

　　总之,我们想要将式(5.1.2)同解析解中的一个流行函数式(5.1.1)进行对比(图5.3)。

　　图5.3提供了很多值得思考的东西,特别是如果我们考虑到一些可能不可避免的计算错误。这里很有可能混淆这两者。因此,我们必须从本节开头提出的问题继续,并以更加坚实的形式重申它。我们问一个自诩聪明的的问题:"在实验(自然或数值)中观察到什么分布函数?"正如我们所看到的,可能给出不同

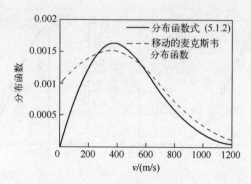

图 5.3 分布函数式 (5.1.2) 与移动的麦克斯韦分布函数的关系

的答案。

但这绝对是错误的做法。

我们需要回答"蒸发粒子的分布函数是什么?"这个问题,我们需要一个结论,而不是一些推测或推理,我们需要严格的推导。只有在这种情况下,我们才能确定哪个函数是正确的——式(5.1.1)或式(5.1.2),抑或可能是第三种答案。

5.2 分布函数的理论计算

5.2.1 最简单的速度分布函数形式

很难说是哪位作者首次提出了解决蒸发问题的最直接的方法,即考虑蒸发粒子的功函数 U。可能是雅科夫·弗伦克尔(Jakov Frenkel)在他的代表性著作 *Kinetic Theory of Liquids*(《液体动力学理论》)中为蒸发原子引入了 U。然而,这个想法看起来相当明显。

让我们考虑蒸发液体中的分布函数。如果我们假设一个均衡状态,那么可以应用 MDF:

$$f(v) = \sqrt{\frac{m}{2\pi T}} \exp\left(-\frac{mv^2}{2T}\right) \qquad (5.2.1)$$

毫无疑问,这种函数对于大部分液体来说是正确的。但是通过将式(5.2.1)应用到蒸发问题,我们假设表面的原子也遵守麦克斯韦定律;这只是一个勇敢的假设,严格来说需要证明。关于式(5.2.1)在液体表面的应用,我们可以发现两个问题。

(1)由于蒸发,具有高动能的原子离开液体,因此液体的温度降低;由于液体表层的能量漂移,快原子离开带来的缺陷得以修复。接下来我们可以说表面的温度低于大部分液体的温度,要解决的一个问题是"低多少?",因此式(5.2.1)中的参数 T 是部分未知的。

(2) 蒸发对分布函数的影响不受 T 的不确定性的限制。在一般情况下,由于蒸发,液体可能远离平衡态。在这种情况下,第 2 章中支持麦克斯韦方程组的所有论据都可以被排除。因此,就连速度分布函数的形式也可能是不确定的。

这两个问题都很严重,很难提供任何答案。但是我们可以从以下两个方面部分克服函数(5.2.1):

(1) 表面温度确实与整体温度不同(见第 6 章和第 8 章)。然而,液体表面的温度实际上可以是由实验数据给定的外部参数。

(2) 液体是凝聚态物质。在表层的液体原子之间存在许多碰撞,因此我们可以期望已达到平衡条件。至于逸出的高能粒子,我们可能希望,对于中等蒸发速率,分布函数的"高能尾"将由于原子之间的碰撞而快速恢复。主流液体将能量传递到其表面,因此至少可以在界面处达到平衡态。

但这种考虑不是证据,它只是最有可能的解释。接下来我们将 MDF 用于液体表面,下一节将要确认的第一件事是液体中粒子的分布函数(用计算机模拟的结果)。

因此,我们一致地认为液体原子的分布函数是麦克斯韦分布。Frenkel 认为下一点要考虑的是这样一个事实:液体中的一个原子要离开一个表面,它必须克服束缚它在液体中的结合能。如果原子沿 z 轴方向离开表面(x 轴和 y 轴与液体表面相切),那么正结合能 U(或负势能 $u=-U$)将产生正常投影速度 v_z。形式上,分离前原子的总能量(我们用素数表示相应的量)和分离后的总能量为

$$\frac{mv_x'^2}{2}+\frac{mv_y'^2}{2}+\frac{mv_z'^2}{2}-U=\frac{mv_x^2}{2}+\frac{mv_y^2}{2}+\frac{mv_z^2}{2} \tag{5.2.2}$$

由于在 x 和 y 方向上没有力,因此相应的速度投影保持不变: $v_x'=v_x$ 和 $v_y'=v_y$,我们只需处理速度的法向投影。因此,在本节中我们将用 v 代替 v_z,即省略了速度的下标。

我们感兴趣的是蒸发粒子的分布函数,即在 U 值上失去动能的原子;结合式(5.2.2)得到蒸发前后速度之间的关系:

$$v'=\sqrt{v^2+\frac{2U}{m}} \tag{5.2.3}$$

因此,在"蒸发粒子"条件下,我们指的是一个完全自由的原子,即它的势能等于零。因此,我们发现蒸发表面上的速度分布函数不是直接在界面上,因为原子与那里的其他粒子结合;我们在距离蒸发表面一定距离处(约 1nm)构建分布函数,其中原子从它们的旁边脱离(图 3.3)。当然,所有这些考虑都可能是显而

易见的。考虑到通常需要分布函数作为动力学方程的边界条件这一事实,我们可以说,如果想在液体动力学方程(5.2.1)中使用 MDF 作为边界条件,那么必须解决的问题不是玻尔兹曼动力学方程(由方程左侧的双曲微分算子和右侧的碰撞积分组成),而是具有自洽场或碰撞积分和外场的动力学方程等。因此,我们必须考虑势力场对粒子的影响。

此外,我们将使用从等式 $U = \dfrac{mv_0^2}{2}$ 定义的速度 v_0。然后对于分布函数 $f(v)$,我们必须重建液体中原子的 MDF,记住 $\mathrm{d}v \neq \mathrm{d}v'$:

$$f(v) = f(v') \frac{\mathrm{d}v'}{\mathrm{d}v} = f(v') \frac{v}{\sqrt{v^2 + v_0^2}} \qquad (5.2.4)$$

因此,我们必须用式(5.2.1)和式(5.2.2)中的 v 替换 v',然后根据式(5.2.4)获得蒸发原子速度的分布函数,有

$$f(v)\,\mathrm{d}v = A \frac{v}{\sqrt{v^2 + v_0^2}} \exp\left(-\frac{mv^2}{2T}\right) \exp\left(-\frac{mv_0^2}{2T}\right) \mathrm{d}v \qquad (5.2.5)$$

此外因子 A 用于使函数归一化,即 $\displaystyle\int_0^\infty f(v)\,\mathrm{d}v = 1$,则有

$$A = \sqrt{\frac{2m}{T}} \frac{1}{\Gamma\left(\dfrac{1}{2}, \dfrac{mv_0^2}{2T}\right)} \qquad (5.2.6)$$

我们强调分布函数式(5.2.5)的定义区间为 $v \in [0, \infty]$,这也是归一化函数是 $\displaystyle\int_0^\infty$ 形式而不是 $\displaystyle\int_{-\infty}^\infty$ 形式的原因。

式(5.2.5)可以简化。假设功函数非常大,即在 v 的所有区间中都有 $U \gg T$ 且 $v_0 \gg v$,也就是说 v 可以近似用 $\sqrt{T/m}$ 表示。在这种情况下,我们得到一个简单方便的表达式而不是式(5.2.5),即

$$f(v) = \frac{mv}{\varepsilon} \exp\left(-\frac{mv^2}{2\varepsilon}\right) \qquad (5.2.7)$$

利用能量平衡式(5.2.3)得到气相中原子的平均动能 $\bar{\varepsilon}$(蒸发后)。当然,我们可以直接从表达式(5.2.5)看到 $\bar{\varepsilon} = T$;但是在下一节中,应该指出的是,一般情况下,这个等式在平均之后也遵循式(5.2.3),有

$$\bar{\varepsilon} = \frac{\overline{mv^2}}{2} = \frac{\overline{mv'^2}}{2} - U \qquad (5.2.8)$$

注意,为了计算 $\dfrac{\overline{mv'^2}}{2}$,我们必须只考虑 $v' > v_0$,因为只有这些粒子可能被分

离,同时通过改变归一化因子来考虑我们关注的粒子。因此,$v>0$ 的液体中所有粒子的平均动能为

$$\frac{\int_0^\infty \frac{mv'^2}{2} e^{-\frac{mv'^2}{2}} dv'}{\int_0^\infty e^{-\frac{mv'^2}{2}} dv'} = \frac{T}{2} \qquad (5.2.9)$$

而对于分离的粒子,它们的平均动能为

$$\overline{\frac{mv'^2}{2}} = \frac{\int_{v_0}^\infty \frac{mv'^2}{2} e^{-\frac{mv'^2}{2T}} dv'}{\int_{v_0}^\infty e^{-\frac{mv'^2}{2T}} dv'} = T \frac{\Gamma\left(\frac{3}{2}, \frac{U}{T}\right)}{\Gamma\left(\frac{1}{2}, \frac{U}{T}\right)} \qquad (5.2.10)$$

对于 $U/T \gg 1$,有(附录 B)

$$\Gamma\left(\frac{3}{2}, \frac{U}{T}\right) \approx \sqrt{\frac{U}{T}}\left(1 + \frac{T}{2U}\right) e^{-U/T} \qquad (5.2.11)$$

$$\Gamma\left(\frac{1}{2}, \frac{U}{T}\right) \approx \sqrt{\frac{T}{U}}\left(1 - \frac{T}{2U}\right) e^{-U/T} \qquad (5.2.12)$$

因此,对于蒸发粒子的平均动能,有

$$\overline{\varepsilon} = \lim_{U/T \to \infty} T\left[\frac{\Gamma\left(\frac{3}{2}, \frac{U}{T}\right)}{\Gamma\left(\frac{1}{2}, \frac{U}{T}\right)} - \frac{U}{T}\right] = T \qquad (5.2.13)$$

因此,对应于分离粒子的速度 z 投影的平均动能是液体的温度 T,而对应于所有麦克斯韦分布的粒子的平均动能是 $T/2$。可以注意到,液体中逃逸的粒子(也就是 MDF 尾部,$v>v_0$ 部分)具有的平均动能为 $U+T$。

总而言之,我们可以重新得到蒸发后的原子速度分布函数:

$$f(v) = \frac{mv}{T} \exp\left(-\frac{mv^2}{2T}\right) \qquad (5.2.14)$$

这种蒸气粒子的分布函数是非平衡分布函数。参数 T 不是这些粒子的温度,而是发射这些蒸气粒子的液体的温度。

从某些角度来看,分布函数式(5.2.14)非常有趣:它包含一些令人困惑的问题。该函数与二维情况下的绝对速度的 MDF 函数一致(这是一个众所周知的分布函数)。在我们的例子中,平均能量通量为 $\overline{\varepsilon} = T$(式(5.2.14)):所谓的 $Q(v)$ 平均值计算如下:

$$\overline{Q} = \frac{1}{\{j = m\overline{v}\}} \int_0^\infty Q(v) mv f(v) dv \qquad (5.2.15)$$

对于 $Q(v) = \dfrac{mv^2}{2}$ 和 MDF $f(v)$，可以得到 $\bar{\varepsilon} = T$。

然而，这只是一个令人困惑的巧合。式(5.2.14)描述了一维情况下的速度分布。平均动能 $\bar{\varepsilon}$ 根据密度分布函数的值计算，而不是基于通量分布函数(式(5.2.15))计算。并且，$\bar{\varepsilon}$ 代表单个平移自由度的平均能量：从数值上看，它可能与振动自由度的平均能量相混淆。但任何相似之处都是随机的，不应进一步处理。

综上所述，如果 $U \gg T$，正常速度的分布函数可以通过简单关系式(5.2.14)来描述。实际上，这里"$\gg$"意味着 U 至少是 T 的好几倍。图5.4给出了分布函数式(5.2.5)随不同 U/T 比率的变化图：$U/T = 0$，此时分布函数为 MDF；$U/T \to \infty$，此时分布函数为式(5.2.14)。

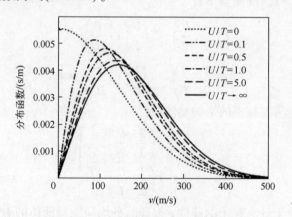

图 5.4　粒子的不同结合能的分布函数

5.2.2　蒸发的可能性

蒸发概率可以根据液体中原子的 MDF 来计算。为了离开表面，原子的动能必须高于其结合能 U 或速度高于 v_0。因此这些原子的总数为

$$N = N_0 \int_{v_0}^{\infty} \sqrt{\frac{m}{2\pi T}} \exp\left(-\frac{mv^2}{2T}\right) \mathrm{d}v \tag{5.2.16}$$

式中：N_0 为任何速度的原子总数($-\infty < v < \infty$)。

将概率定义为 $w = N/N_0$，得

$$w = \frac{1}{2\sqrt{\pi}} \Gamma\left(\frac{1}{2}, \frac{U}{T}\right) \tag{5.2.17}$$

显然，如果功函数消失 $\dfrac{U}{T} = 0$，那么 $w = \dfrac{1}{2}$，即一半的粒子(具有朝向气相的

速度)将离开表面,在这种情况下我们可以将 MDF 用于蒸发原子。但是,U 总是大于 0 的,因此蒸发粒子的分布函数具有 $f(0) = 0$ 的性质,即在蒸发通量中没有零速度的粒子(5.2.5 节)。

5.2.3 切向速度的分布

从表面分离后,粒子保持其速度的切向分量,即速度 v_x 和 v_y 的轴 x 和 y 的分布函数保持与液体(MDF)相同:

$$f(v_{x,y}) = \sqrt{\frac{m}{2\pi T}} \exp\left(-\frac{mv_{x,y}^2}{2T}\right) \quad (-\infty < v < \infty) \tag{5.2.18}$$

我们已经知道,对应于分布函数式(5.2.18)的平均动能为 $T/2$,因此速度在 x 和 y 的投影的平均动能之和为 T。粒子蒸发后的总平均动能为

$$\overline{\varepsilon} = 2T \tag{5.2.19}$$

这可能是我们获得的最重要的结果,它意味着:

(1) 蒸发粒子的通量是"过热的"。平衡态液体的粒子具有 $1.5T$ 的动能,蒸发粒子的动能要比平衡态时高 $0.5T$。

(2) 可以预期靠近蒸发表面放置的物体往往会温度升高;这种效果的空间尺度大约等于平均自由程(MFP)。我们将在第 8 章中讨论这个问题的后果。

同样,蒸发粒子的总分布函数没有温度这样的参数。例如,一个包含任何方向的"温度"的变量是不正确的,如 $T_{x,y} = T$,$T_z = 2T$。注意,温度不是矢量!

5.2.4 关于凝结的几点思考

本书主要围绕蒸发问题展开,而不是凝结。凝结过程不是"蒸发的逆向"的过程:当蒸气中的某个粒子冲破其相邻粒子的包围,向界面移动并最终附着在液体表面时,会产生许多细微差别。例如,我们可以考虑在真空中蒸发(这是一个简便模型),它允许我们排除与周围气体粒子的相互作用。但是,我们不能考虑在真空中凝结,凝结过程必然与粒子之间的相互作用有关。

然而,我们有时不得不处理凝结的某些方面。在这里,我们必须讨论附着本身的问题。我们已经获得了分布函数式(5.2.15),它考虑了如何克服势垒 U。对于附着的粒子,我们必须考虑相同的因素:当原子"落"在蒸发表面上时,它的能量上升到 U 值。因此,由于凝结,液体表面将获得额外的能量,这一点对于本书后面讨论的许多问题非常重要,我们必须牢记。

例如,这种效应可以用来确定在凝结过程中或不存在凝结的过程中蒸发表面的不同温度。

5.2.5 不规则曲面上的分布函数

像往常一样,现实比简单的理论模型稍微复杂一些。蒸发表面并不是绝对平坦的(图 5.5)。如果这个黑色原子有足够的动能离开界面,它会做什么? 它不能沿 z 轴方向直线向上移动,因为邻近的粒子阻止了它在这个方向上的运动:上面的粒子会挡住它。在这种情况下,从表面逃逸的优选方向是移动到一侧,如图 5.5 所示。这里速度的法向分量(垂直于表面的局部区域)与 z 轴不重合(垂直于"平均"表面)。因此,粒子将在相对于 z 轴 θ 角的方向上克服结合能逃离表面。

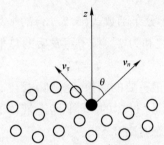

图 5.5 不规则的蒸发表面
注:白色圆圈表示液体中的稳定粒子;黑色圆圈表示准备逃逸的粒子。

112

式(5.2.14)描述了一些新的局部方向的速度。不同的局部区域与 z 轴具有不同的角度 θ,并且必须通过对 θ 的所有可能值求平均来获得速度的总分布函数。为了求取这种平均,我们必须引入概率密度函数 $p(\theta)$,该函数描述了角度 θ 的局部倾斜的概率:

$$f(v_z) = \int_0^{\theta_{\max}} f(v_z,\theta)p(\theta)\,\mathrm{d}\theta \qquad (5.2.20)$$

式(5.2.20)描述了当原子以角度 θ 离开表面时速度 v_z 的概率。

Gerasimov 等(2014)写到,关于函数 $p(\theta)$ 没有非常好的假设,并且直到今天仍然没有这样的假设。对于从 $0°$ 到最大角度 $\theta_{\max}$ 的任何角度,我们仍然使用相等的概率来简化得到函数 $f(v_z,\theta)$。最后,问题的解决方案是 $f(v_z)=f(v_z,\theta)$,且 θ 取 $0°$ 到 $\theta_{\max}$(注意,$\theta_{\max}$ 也是未知的)。

如图 5.5 所示,该黑色原子的 z 速度投影为

$$v_z = v_n\cos\theta + v_\tau\sin\theta \qquad (5.2.21)$$

如果我们通过式(5.2.14)将分布函数作为速度的法向分量,将其表示为 $f_n(v_n)$,并且将切线投影的分布函数设为 MDF,表示为 $f_\tau(v_\tau)$,则可以找到式(5.2.21)z 方向速度的相应分布函数。

综合上述公式可以得到

$$f(v_z, \theta) = \int_{v_\tau^{\min}}^{v_\tau^{\max}} f_n\left(\frac{v_z - v_\tau \cos\theta}{\sin\theta}\right) f_\tau(v_\tau) \, \mathrm{d}v_\tau \quad (5.2.22)$$

至于该积分的上限,有 $v_\tau^{\max} = v_z/\sin\theta$。我们将其对应的下限设为 0,即 $v_\tau^{\min} = 0$。稍后我们将讨论这个方便但不是很恰当的方法。

忽略所有求解过程,得到式(5.2.22)的解:

$$f(v_z, \theta) = \frac{a}{2c_1} \exp\left[-(A - c_1 c_2^2) v_z^2\right] \left\{\exp\left[-c_1 v_z^2 (1/a - c_2)^2\right] - \exp(-c_1 v_z^2 c_2^2)\right\} +$$

$$(1 - ac_2) \frac{v_z}{\sqrt{c_1}} \exp\left[-(A - c_1 c_2^2) v_z^2\right] \left\{\mathrm{erf}\left[v_z\sqrt{c_1}(1/a - c_2)\right] + \mathrm{erf}(v_z c_2 \sqrt{c_1})\right\}$$

$$(5.2.23)$$

其中

$$a = \sin\theta, \quad A = \frac{m}{2T\cos^2\theta}, \quad B = \frac{m}{2T}, \quad c_1 = Aa^2 + B, \quad c_2 = \frac{aA}{c_1} \quad (5.2.24)$$

当然,式(5.2.23)绝对是很长的,故不适合做任何分析考虑。但是,可以考虑两种极限情况:第一个是小角度 $\theta \to 0°$ 的情况,即 $a \to 0$ 和 $A \to m/2T$,显而易见的结果是式(5.2.14)。在相反的情况下,对于较大的 θ,我们将式(5.2.23)表示为如下形式:

$$f(v_z) = Cv_z^2 \exp\left(-\frac{mv_z^2}{2\gamma_z}\right) \quad (5.2.25)$$

其中,常数 C 必须根据归一化条件确定。

对于不同的角度 θ 值,将式(5.2.25)、式(5.2.14)与式(5.2.23)相比较,结果如图 5.6 所示。

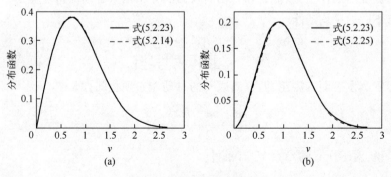

图 5.6　不同角度 θ 的分布函数式(5.2.23)

(a)$\theta = 0°$;(b)$\theta = 45°$。

通过找到一个常数,我们最终可以将强烈不规则表面的 z 投影速度的分布函数表示为

$$f(v_z) = \sqrt{\frac{2}{\pi}}\left(\frac{m}{Y_z}\right)^{3/2} v_z^2 \exp\left(-\frac{mv_z^2}{2Y_z}\right) \qquad (5.2.26)$$

值得注意的是,我们以某种随意方式为式(5.2.22)选择下限 $v_\tau^{\min} = 0$。从图 5.5 可以看出,在具有较小的值使 $v_\tau^{\min} < 0$ 时,黑色原子也可以离开液体。相应的分布函数(用式(5.2.22)数值计算)如图 5.7 所示。现在我们可以看到 $f(0) > 0$,这个事实对于前一节中介绍的分布函数的分析可能是有用的。

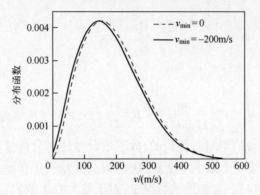

图 5.7 $v_\tau < 0$ 的分布函数(同时参见图 5.5)

分布函数式(5.2.26)中的变量 Y_z 为

$$Y_z = \frac{2}{3}\overline{\frac{mv_z^2}{2}} \qquad (5.2.27)$$

也就是平均动能的 2/3。

根据我们的模型,速度 v_x 和 v_y 切向投影的分布函数必须保持麦克斯韦形式,但具有不同的平均动能:

$$f(v_{x,y}) = \sqrt{\frac{m}{2\pi Y_{x,y}}}\exp\left(-\frac{mv_{x,y}^2}{2Y_{x,y}}\right) \qquad (5.2.28)$$

尽管蒸发表面有振荡,但分离原子的总动能必须相同,即 $2T$:

$$\overline{\frac{mv_x^2}{2}} + \overline{\frac{mv_y^2}{2}} + \overline{\frac{mv_z^2}{2}} = 2T \qquad (5.2.29)$$

也就是说,对于所有的参数 Y_k 有条件:

$$Y_x + \frac{3}{2}Y_z = 2T \qquad (5.2.30)$$

因为 $Y_x = Y_y = \overline{mv_x^2}$。

与普通蒸发表面的结果不同,这里参数 Y_x 和 Y_z 取决于式(5.2.23)中的未知角度 θ,并且正如我们所理解的,只能通过数值模拟来计算。所有这些考虑的正确性可以使用式(5.2.30)进行检验。

然而,在能得出数值模拟结果之前,我们还需要讨论一些重要的问题。

5.2.6 概括

我们可以以结合两个分布函数的形式推广所有分布函数以获得速度 z 的投影,并允许对常见情况进行近似:

$$f(v_z) = Cv_z^n \exp\left(-\frac{mv_z^2}{2Y_z}\right) \tag{5.2.31}$$

其中,归一化常数为

$$C = \frac{m^{(n+1)/2}}{2^{(n-1)/2} Y_z^{(n+1)/2} \Gamma\left[(n+1)/2\right]} \tag{5.2.32}$$

平均动能为

$$\overline{\frac{mv_z^2}{2}} = \frac{n+1}{2} Y_z \tag{5.2.33}$$

这里没有包含很多物理知识,但却包含部分数学知识。注意,这里的参数 n 不一定是整数。

5.2.7 关于蒸发表面的通量

来自蒸发表面的通量可以使用前一节中的分布函数来计算,但这不是绝对的。

例如,从平坦表面蒸发的原子的平均速度为

$$\bar{v}_z = \int_0^\infty v_z f(v_z)\, \mathrm{d}v_z = \sqrt{\frac{\pi T}{2m}} \tag{5.2.34}$$

因此,来自表面的通量为

$$j = n\sqrt{\frac{\pi T}{2m}} \tag{5.2.35}$$

我们还可以计算分布函数式(5.2.26)的通量(5.2.9节)。但是仍然存在一个问题:我们不知道蒸发原子的数密度 n。对于本节介绍的方法,该参数绝对是需要外部给出的,而我们对它一无所知。或许我们可以用式(5.2.17)得到 n,但又需要功函数 U。

115

5.2.8 结合能:初步说明

在本节考虑的早期阶段引入的功函数 U 在归一化常数中以神秘的方式消失了。然而,这不是忘记这个函数的理由,因为这可能是关于蒸发过程的最重要的参数。

很明显 U 可能取决于空间坐标:在蒸发表面的不同区域,由于表面原子数密度的波动等,功函数可能不同。这个事实如何影响我们考虑的内容?

正如我们从本节中的公式中看到的那样,它没有任何影响。我们的分布函数(用于平坦表面和不规则表面)保持形式:

$$f(v,U) = f(v)f(U) \tag{5.2.36}$$

这种乘法形式允许我们独立地考虑分布函数的两个部分。换句话说,即使功函数取决于坐标 $U(x,y,z)$,我们也不必担心最终结果:在这种情况下,我们的归一化因子是整个表面的平均值(对于坐标和时间,一般情况下都是如此)。

因此,关于函数 U 的问题是关于其物理性质的问题。如果它不是常数,那么这个值的波动可能会影响蒸发通量,因此我们必须找到这个参数。当一些波动量未知时,总是倾向于使用高斯作为其分布函数。这种方法在 Frenkel(1946)的研究中进行了讨论,但在下一章中,我们将尝试在 U 上建立分布函数的真实表达式。

5.2.9 表面的通量

下面我们简要给出了蒸发表面不同距离处蒸发通量的表达式(图3.3)。

(1) 在液体表面(图3.3中的平面 A):

$$j = n_0 \sqrt{\frac{T}{2\pi m}} \mathrm{e}^{-U/T} \tag{5.2.37}$$

$$q = n_0 T \sqrt{\frac{T}{2\pi m}} \mathrm{e}^{-U/T} \left(2 + \frac{U}{T}\right) \tag{5.2.38}$$

(2) 在蒸气中(图3.3中的平面 B):

$$j = n_e \sqrt{\frac{\pi T}{2m}} \tag{5.2.39}$$

$$q = n_e T \sqrt{\frac{25\pi T}{8m}} \tag{5.2.40}$$

液体中的粒子数 n_0 与蒸发的粒子数 n_e 之间的相关性将在下一章讨论。

5.2.10 原子或分子

严格来说,我们的方法只适用于原子的蒸发。分子具有内在的自由度,可以在与相邻分子的交互过程中被激发。在蒸发过程中,在从表面(与其他分子)分离时,一些能量可以从过渡自由度转移到内部自由度。由于这种细微差别,整个脱离现象是一个非弹性过程,并且式(5.2.2)必须使用内在能量:振动、旋转或者其他更多能量。有很多实验研究观察到蒸发或解吸过程中内部自由度的激发(如Michelsen 等,1993;Maselli 等,2006)。

另外,考虑其他类型的能量会使我们的方法复杂化。实际上,我们所需要的只是结合能,它可以从实验数据中确定。在第7章和第8章中,将我们的结果与水的实验数据进行比较,计算结果和实验结果一致。

无论如何,我们总是可以将我们的方法视为近似值。

5.3 分子动力学模拟

5.3.1 分类

我们并不认为这种分类是完整的,显然这只是我们的划分方法。然而,我们能够区分出几种数值模拟方法。

对于某些人来说,这是一种可用于计算介质(或过程)性质且无法通过实验测量的方法。它可以是极端条件下的 p-v-t 图、等离子体动力学系数的计算、超声速流体对物体的包裹等。这里数字是主要的且是唯一的计算结果。没有考虑新的物理问题,也没有获得新的物理结果(我们的意思是概念上)。这种方法在技术物理学中很普遍。

其他科学家使用数值模拟作为理论分析的一部分。这里,数值模拟的剪切方法与玻尔兹曼动力学方程的近似解相结合。通常,由于其复杂性,此方法用于不确定的问题描述。如果不能准确地将一个问题表达清楚,那么我们更不能假装可以直接求解该问题。蒸发问题的一些数值模拟可归因于这一类,例如,我们也可以参考专门用于玻尔兹曼方程的近似解的工作。

我们假设数值模拟因其纯粹的性能具有价值。对于我们来说,分子动力学模拟(MDS)有助于理解物理学的基本问题,这些问题无法通过分析预测或在实验中获得。当然,MDS 不是最严格意义上的直接数值实验(由于相互作用势能的问题,参见第4章),然而,数值模拟的结果可以非常好地验证前一部分的理论考虑。通过数值模拟,我们可以观察到实验设置无法获得的过程,但是考虑清楚这些目的任务是非常重要的。例如,也许相互作用势的截断半径的某个值在计算的饱和曲线和实验数据之间符合得更好。然而,假设通量中的异常点可能会影响系统的可积性,则我们需要使用未截断的兰纳-琼斯势。

下面我们给出液氩蒸发的数值模拟结果。

5.3.2 蒸发的数值模拟

考虑真空中氩的蒸发,即最初只将单相(液体)置于计算区域中。使用兰纳-琼斯势,有

$$\varphi(r) = 4\varepsilon \left[\left(\frac{\sigma}{r} \right)^{12} - \left(\frac{\sigma}{r} \right)^{6} \right] \tag{5.3.1}$$

其中,$\varepsilon = 119.8K$,$\sigma = 3.405Å$。

计算区域如图 5.8 所示。这是一个边缘长 6.5nm(该区域有 2000 个粒子)或 11nm(该区域有 10000 个粒子)的立方体。周期性边界条件用于该立方体的侧面;在立方体的底部,一层固定的粒子将液体保存在里面。上面是开放的,当粒子到达这一侧时,它们会从计算中"消失"。

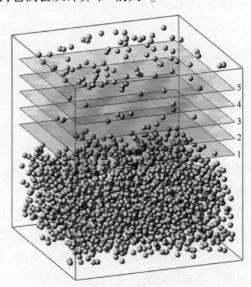

图 5.8 计算区域

注:蒸发的粒子在立方体的上表面(从计算中排除)。

将液态氩(深度约 2nm)加热至温度约为 120K(具体条件见下文)。考虑蒸发过程周期约为 10^{-1}ns,然后重复计算,依此类推。在每种模拟模式中,只有约 100 个粒子蒸发,同时液体温度下降几开尔文。由于重复计算,我们获得了许多足以进行处理的逸出粒子,来构建蒸发粒子的分布函数。

首先,我们必须确保液体中速度的分布函数与 MDF 分布相匹配。在图 5.9 中,我们列出了液体速度在三个方向上分量的速度分布函数;每个分量都可以看到都与 MDF 相符得很好。在这里,我们将分布函数表示为在约 2nm 的空间尺

度上的平均;这是一个相当厚的层。下一节给出了厚度约为 0.5nm 的薄表面层
分布函数的计算值,其结果保持不变,说明 MDF 能以足够的精度描述数值模拟
的结果。

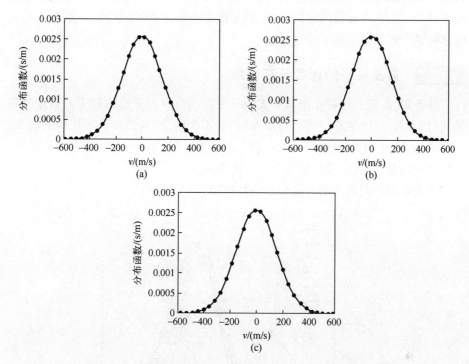

图 5.9 液体中的速度分布函数(圆点)和液体温度下的麦克斯韦分布函数(曲线)

(a)x;(b)y;(c)z。

蒸发粒子(分离过程中的原子)与其他粒子(大量液体)相互作用的势能如
图 5.10 所示。

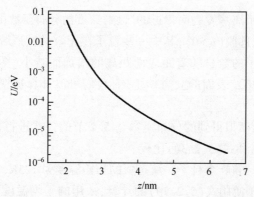

图 5.10 蒸发原子的结合能与液面距离的函数关系

我们可以看到,距离为 1nm 时,结合能以约 2 个数量级的速率减小,这是表面层厚度的尺度。我们还必须明白,对于图 5.10 中的任何坐标处分离原子必须具有非零的速度 v_z 才能逃脱。换句话说,严格来讲图中所有原子都能视为自由粒子;但实际上,在计算区域的上侧,相互作用能量为 10^{-2}K 量级,在这里可以忽略这种结合能并假设粒子是自由的。

5.3.3 蒸发粒子的速度分布函数

接下来,我们将计算在离蒸发表面一定距离处穿过平面的粒子的速度分布函数(图 5.8)。请注意,术语"蒸发表面"是不准确的:这是一个不规则的表面,因此考虑了一些平坦区粒子可以在两个方向上穿过,即从液体飞出和飞向液体;在后一种情况下,我们看到粒子无法飞出并返回。

距离表面不同距离的速度分布函数如图 5.11 所示。

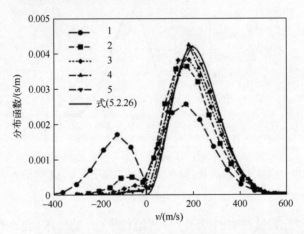

图 5.11　距离表面不同距离的速度分布函数(图 5.8 中的相应平面)

可以看到,在距离蒸发表面很近的区域,速度的分布函数由两部分组成。一些粒子的速度足以逃脱($v_z>0$),其中一些粒子在无效尝试逃脱($v_z<0$)后返回液体。当然,返回粒子的数量随着距表面距离的增加而减小(图 5.8 中相应平面的数量)。在远离蒸发表面的立方体上侧,我们可以计算被视为自由原子的粒子分布函数。

我们将把数值模拟得到的分布函数与 5.2 节的公式进行比较,具体来讲也就是与式(5.2.26)和式(5.2.30)比较。

第一种方案有 2000 个粒子。液态氩的初始温度为 125K,在蒸发过程中,温度降至 115K。对于使用式(5.2.30)的计算,采用的平均温度为 120K。数值模拟的结果如图 5.12 所示。

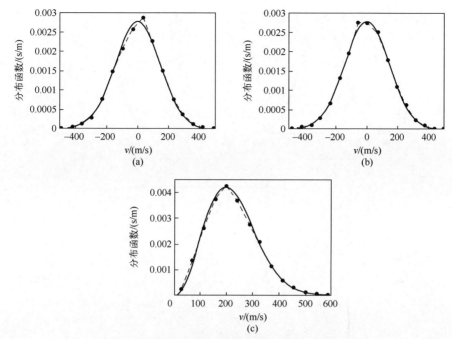

图 5.12　计算得到的分布函数(圆点)和公式曲线对比

$(a)x;(b)y;(c)z$。

注:x 和 y 方向的分布函数为式(5.2.28);z 方向的分布函数为式(5.2.26),该系统包含 2000 个粒子。

第二个方案有 10000 个粒子。在蒸发过程中,温度从 120K 降至 110K,使用 115K 进行计算,结果如图 5.13 所示。

分布函数的所有参数都是用数值模拟得到的分布函数计算的,在该条件下可以从两个方面进行理论验证。

(1) 计算的分布函数与数值模拟结果的一致性。

(2) 与关联式(5.2.30)的一致性。

理论分布函数式(5.2.26)的参数如表 5.1 所列,数值模拟中计算的粒子的平均能量 $\overline{\varepsilon}_\Sigma^{NS}$ 在表的最右侧。

表 5.1　图 5.12 和图 5.13 中给出的分布函数的参数

序号	Y_x/K	Y_y/K	Y_z/K	$2T/\mathrm{K}$	$\overline{\varepsilon}_\Sigma^{NS}/\mathrm{K}$
#1	100	100	93	240	239
#2	90	90	93	230	231

由此,我们看到 5.2 节中提出的理论吻合良好。它有两个不确定性:第一,我们无法确定对于给定情况需要预先选择什么样的速度分布函数;第二,功函数 U 尚未定义。该问题将在下一章中讨论。

第 5 章　蒸发原子的速度分布函数

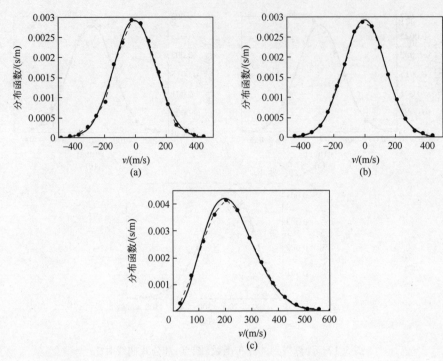

图 5.13　计算分布函数(圆点)和拟合曲线

(a)x;(b)y;(c)z。

注:x 和 y 投影采用式(5.2.28),z 投影采用式(5.2.26),该系统包含 10000 个粒子。

5.4　结　论

是否服从麦克斯韦分布？这是必须回答的第一个问题。许多解析解的假设都对这个问题给出了肯定的答案,并使用 MDF 作为液体表面的边界条件。然而,尽管这种方法"显而易见",但仍需要一些证据。有人说物理学是一门实验科学,因此,蒸发表面的原子的速度分布函数可以直接从实验中获得。实际上,早在 1920 年就进行过第一次测量。

但是,这项任务并不简单。一些实验(相当多的实验)得到了相互矛盾的结果。在一些实验中,MDF 被证实,而在其他实验中它被驳斥了。实际上,很难得出明确的结论,特别是如果我们考虑到 TOF 方法中记录的粒子必须来自液体表面并且不能在其通向检测器的路径上与其他分子、固体表面等相互作用。最后,人们可能会得出这样的结论,实验中出现的问题多于已经回答的问题。当在一篇有实验数据的论文中,一位作者说需要进行数值模拟,这是一件罕见的事情。通常,我们遇到相反的情况:经过漫长而艰难的计算,模拟结果表明自然实验并非是多余的……

因此,我们必须将注意力转向理论上的研究。

尽管直觉表明蒸发原子符合 MDF,但真正的分布函数与这种平衡关系式明显不同。在最简单的情况下,在温度 T 下从液体表面分离出的粒子正常速度的分布函数为

$$f(v) = \frac{mv}{T}\exp\left(-\frac{mv^2}{2T}\right)$$

在接下来的章节中,我们将在几乎所有的分析方法都使用该分布函数,因为该公式代表了与蒸发分布函数相关的所有重要问题。这是一种提供非零总通量的非对称函数。

这个分布函数的主要特性以及本章的主要结论是,蒸发原子的平均动能为 $\bar\varepsilon = 2T$。蒸发的通量是非平衡的高能通量,这个事实决定了许多蒸发问题,它们将在本书后续章节中进一步讨论。

但值得注意的是,分布函数只是真实分布函数的近似值;这种关系当且仅当满足以下条件时是正确的:

(1) 结合能带来的势垒 U 非常高,如果不是,则必须使用式(5.2.16)。实际上,当 U/T 大于 5 时,就满足 U 的条件(图5.4)。

(2) 蒸发表面是"平坦的",即粒子在垂直于表面的方向上克服势垒。如果不是(如果在到表面法线的某个角度 $\theta > 0$ 克服了这个势垒)那么分布函数由式(5.2.25)确定。此外,在这种情况下,特性 $f(0) = 0$ 可能会受到干扰。无论如何,这里也是 $\bar\varepsilon = 2T$。

数值模拟证实,蒸发粒子的分布函数不是麦克斯韦式,而是一种非对称函数,总通量非零(与 MDF 相反)。在大多数文章中,数值模拟的结果与我们的计算相符。

因此,液体表面蒸发原子的分布函数不是麦克斯韦分布函数。考虑到有多少个解析解都是以 MDF 作为蒸发液体的边界条件组成的,我们认为放弃和抵制 MDF 将会是非常遥远的事。

无论如何,让我们暂且认可将 MDF 作为蒸发液体的边界条件。

一次尝试

蒸发原子不符合 MDF? 有可能。解析计算是一项艰苦的工作,但很明显,对于离界面很短的距离,由于与气体原子的碰撞,因此来自表面的通量会被热化。在这种情况下,我们可以在距离表面的其他距离处使用 MDF。

一个答案

热化发生在较长的空间尺度上,比分子的 MFP 长得多。然后,很难想象在

123

一种应用中,界面的边界条件实际上将在气相中建立。

一次尝试

凝结通量怎么样?它也可能改变蒸发粒子的分布函数。在界面上与蒸发粒子的碰撞将其分布函数转变为麦克斯韦分布函数。

一个答案

同样,碰撞发生在大尺度上。凝结通量不能将非麦克斯韦分布函数转换为蒸发表面的 MDF。

总之,让我们自己做一个预测。用于蒸发的 MDF 仍将在未来几十年内使用。让我们期待以下哪一种情况会首先发生:人类踏上火星或是蒸发粒子的 MDF 永远被消灭。

参考文献

M. J. Cardillo, M. Balooch, R. E. Stickney, Surf. Sci. **50**, 263(1975).

S. Cheng et al. , J. Chem. Phys. **134**, 224704(2011).

G. Comsa, R. David, Surf. Sci. Rep. **5**, 145(1985).

A. E. Dabirli, T. J. Lee, R. E. Stickney, Surf. Sci. **26**, 522(1971).

M. Faubel, T. Kisters, Nature **339**, 527(1989).

M. Faubel, S. Schlemmer, J. P. Toennies, Z. für Phys. D Atoms Mol. Clust. **10**, 269(1988).

J. Frenkel, *Kinetic Theory of Liquids*(Oxford University Press, Oxford, 1946).

A. Frezzotti, AIP Conf. Proc. **1333**, 161(2011).

D. N. Gerasimov, E. I. Yurin, High Temp. **52**, 366(2014).

C. Hahn et al. , J. Chem. Phys. **144**, 044707(2016).

J. E. Hurst et al. , J. Phys. Chem. **83**, 1376(1985).

T. Ishiyama, T. Yano, S. Fujikawa, Phys. Fluids **16**, 2899(2004).

O. Knake, I. N. Stranskii, Phys. Usp. **68**, 261(1959).

C. J. H. Knox, L. F. Phillips, J. Phys. Chem. **102**, 10515(1998).

K. Kobayashi et al. , Heat Mass Transf. **52**, 1851(2016).

K. Kobayashi et al. , Microfluid. Nanofluidics **21**, 53(2017).

M. Kon, K. Kobayashi, M. Watanabe, AIP Conf. Proc. **1786**, 110001(2016).

A. P. Kryukov, V Yu. Levashov, Int. J. Heat Mass Transf. **54**, 3042(2011).

A. Lotfi, J. Vrabec, J. Fischer, Int. J. Heat Mass Transf. **73**, 303(2014).

O. J. Maselli et al. , Aust. J. Chem. **59**, 104(2006).

T. Matsushima, Surf. Sci. Rep. **52**, 1(2003).

R. Meland et al. , Phys. Fluids **16**, 223(2004).

H. A. Michelsen et al. , J. Chem. Phys. **98**, 8294(1993).

M. Planck, Ann. Phys. **1**, 69(1900).

C. T. Rettner, E. K. Schweizer, C. B. Mullins, J. Chem. Phys. **90**, 3800(1989).

T. Tsuruta, G. Nagayama, J. Phys. Chem. B **108**, 1736(2004).

P. Varilly, D. Chandler, J. Phys. Chem. **117**, 1419(2012).

J. -F. Xie, S. S. Sazhin, B. -Y. Cao, J. Therm. Sci. Technol. **7**, 288(2012).

V. V. Zhakhovskii, S. I. Anisimov, J. Exp. Theor. Phys. **84**, 734(1997).

推荐文献

S. I. Anisimov, V. V. Zhakhovskii, JETP Lett. **57**, 91(1993).

A. Charvat, B. Adel, Phys. Chem. Chem. Phys. **9**, 3335(2007).

W. Y. Feng, C. Lifshitz, J. Phys. Chem. **98**, 6075(1994).

T. Hansson, L. Holmlid, Surf. Sci. Lett. **282**, L370(1993).

T. Kondow, F. Mafune, Annu. Rev. Phys. Chem. **51**, 731(2000).

O. J. Maselli et al. , Chem. Phys. Lett. **513**, 1(2011).

N. Musolino, B. L. Trout, J. Chem. Phys. **138**, 134707(2013).

G. M. Nathanson, Annu. Rev. Phys. Chem. **55**, 231(2004).

E. H. Patel, M. A. Williams, S. P. K. Koehler, J. Phys. Chem. B **121**, 233(2016).

D. Sibold, H. M. Urbassek, Phys. Fluids A **3**, 870(1991).

O. Stern, Z. für Phys. **2**, 49(1920a).

O. Stern, Z. für Phys. **3**, 417(1920b).

T. Tsuruta, G. Nagayama, Energy **30**, 795(2005).

第 6 章
蒸发表面的总通量

速度分布函数(见第 5 章)为我们提供了解决蒸发问题的基本思路,但是对于定量求解来说仍是杯水车薪。目前,仍不能获得蒸发通量的准确值,蒸发表面原子的功函数以及不清楚参数的不确定性是如何影响蒸发过程的。

本章我们将逐一解决这些问题。

6.1 凝聚介质的势能分布函数

6.1.1 利用功函数计算分布函数

在第 5 章中,我们得到了原子脱离壁面的速度分布函数。蒸发表面上的通量表达式含有未知参数 n(蒸发粒子数密度),原则上它可以通过蒸发表面的平衡关系来求得。然而,蒸发原子的数目也可以通过分析计算得到,而无须对界面上的通量进行任何额外的假设,甚至不需要任何形式的平衡方程。如果液体表面的总粒子数密度为 n_0,则具有足够动能的粒子数密度为

$$n = n_0 \int_U^\infty f(\varepsilon) \mathrm{d}\varepsilon \qquad (6.1.1)$$

其中,积分下限 U 为功函数,表征原子离开表面需要克服的能量。

若要求解 n,只需求解上式中的功函数 U,即原子在表面的结合能。显然, U 不是常数。与力学系统中的能量一样,结合能存在波动,即界面上的粒子彼此具有不同的势能。因此,问题不是建立单个 U,而是我们必须找到 U 的函数表达式 $g(U)$,即液体表面原子结合能的分布函数。具体来说,我们必须找到其概率分布:

$$\mathrm{d}w = g(U)\mathrm{d}U \qquad (6.1.2)$$

原子具有从 U 到 $U+\mathrm{d}U$ 的结合能。请注意,我们对相位空间中格式为 $g'(U)\mathrm{d}\Gamma$ 的分布函数不感兴趣;相反,我们必须从式(6.1.2)中找到 $g(U)$ 的函数表达式。因

此,玻尔兹曼分布在这里无法帮助我们。我们必须独立找到$g(U)$的函数表达式。

6.1.2 势能分布函数

此外,令粒子的势能$u=-U$,那么$u<0,U>0$(务必注意:理论上,通常$u>0$的粒子会离开表面,而不依赖于它们的动能)。

当然,势能分布函数$g'(U)$可以表示为麦克斯韦—玻尔兹曼函数,但是这种方法会使求解陷入僵局,因为一般情况下我们无法建立$\dfrac{\mathrm{d}\Gamma}{\mathrm{d}u}$的表达式。为了找到函数$g(U)$,我们将使用基于力学原理的另一种方法:得益于力学领域的可能性尚未被完全挖掘,这里我们将使用基于力学原理的另一种方法。

在力学中,所有结构的基础遵循最小作用原则,即函数L的积分(称为拉格朗日函数)趋于最小:

$$\int_{t_1}^{t_2} L\mathrm{d}t \to \min \tag{6.1.3}$$

详细证明参见 Landau 和 Lifshitz(1976),只需将动能E和势能U作差即可得到拉格朗日函数:

$$L=E-U \tag{6.1.4}$$

出于统计目的,对式(6.1.3)进行变换。首先,我们必须使用统计方法,考虑每个力学参数的分布函数,即

(1) $f(\varepsilon)$为动能ε的分布函数,$\varepsilon \in [0,\infty]$。

(2) $g(u)$为势能u的分布函数,$u \in (-\infty,+\infty)$。

(3) $h(l)$为拉格朗日$l=\varepsilon-u$的分布函数,它可以用参数f和g表示为

$$h(l) = \int_0^\infty g(\varepsilon - l)f(\varepsilon)\mathrm{d}\varepsilon \tag{6.1.5}$$

(4) $j(s)$为总能量$s=\varepsilon+u$的分布函数为

$$j(s) = \int_0^\infty g(s - \varepsilon)f(\varepsilon)\mathrm{d}\varepsilon \tag{6.1.6}$$

因此,我们假设粒子在给定的动能下可以具有任何势能值,或者在统计学中,分布函数$f(\varepsilon)$和$g(u)$是相互独立的函数。因此,可以假设任何粒子的ε和u都是连续的。在这种情况下,式(6.1.3)中拉格朗日函数的时间平均值可以用其统计值代替:

$$\int_{t_1}^{t_2} lh(l)\mathrm{d}l \to \min \tag{6.1.7}$$

这反映了平均拉格朗日函数在其统计轨迹上的最小条件。首先,我们可以考虑无限轨迹,只有在这种情况下才能期望所有可能的状态以及所有可能的ε和u

都有意义。因此式(6.1.7)中有 $l_1 = -\infty$ 和 $l_2 = \infty$。这是我们做出的一个简化。

困难在于仅凭式(6.1.6)不足以定义某个函数 $h(l)$,我们必须给出限制函数形式的条件。针对这一问题,我们假设已经确定了拉格朗日函数 l_0 的最大概率(对应于函数 $h(l)$ 的最大值)。然后从式(6.1.7)中可以看到 l_0 必须与拉格朗日函数的概率 l_m(分布函数 $h(l)$ 和 l 的平均值)一致:

$$l_0 = l_m = \int_{-\infty}^{\infty} l h(l) \, dl \qquad (6.1.8)$$

于是假设:

$$\int_{-\infty}^{\infty} (l - l_0) h(l) \, dl = 0 \qquad (6.1.9)$$

分布函数 $h(l)$ 为对称函数,即 $l - l_0 = l - l_m$。

应当强调,我们的考虑反映了拉格朗日函数的一些直观性质,而不是提供 $h(l)$ 函数对称性的严格证明。出于理论推导的严谨性,有必要给出该性质的一些额外证据;我们进一步给出数值模拟的结果。

我们发现下述形式的分布函数:

$$g(u) = \int_{0}^{\infty} g_{\varepsilon}(\varepsilon, u) f(\varepsilon) \, d\varepsilon \qquad (6.1.10)$$

函数 $g_{\varepsilon}(\varepsilon, u)$ 是具有动能 ε 的粒子的势能 u 的分布函数,动能的分布函数是麦克斯韦分布函数(MDF):

$$f(\varepsilon) = \frac{2}{\sqrt{\pi T^3}} \sqrt{\varepsilon} \exp\left(-\frac{\varepsilon}{T}\right) \qquad (6.1.11)$$

例如,在某个总能量 $s = \varepsilon + u = \text{const}$ 的情况下,函数 $g_{\varepsilon}(\varepsilon, u)$ 为狄拉克函数,势能的分布函数代表动能 $f(s-u)$ 的分布函数(在这种情况下限制了 $u, u \leqslant s$)。然而,粒子的总能量显然是不确定的:粒子可能具有任何 s 值。如上所述,粒子的动能与其势能之间的联系来自最小作用原则,即来自对称形式的 $h(l)$。

为了确保拉格朗日分布函数的对称性,函数 $g_{\varepsilon}(\varepsilon, u)$ 应具有形式 $g_{\varepsilon}(\varepsilon - u)$,如果

$$g_{\varepsilon}(\varepsilon - u - l_m) = g_{\varepsilon}(l_m - \varepsilon + u) \qquad (6.1.12)$$

那么

$$
\begin{aligned}
h(l - l_m) &= \int_{0}^{\infty} \int_{0}^{\infty} g_{\varepsilon}(\varepsilon - \xi + l - l_m) f(\xi) f(\varepsilon) \, d\xi \, d\varepsilon \\
&= \int_{0}^{\infty} \int_{0}^{\infty} g_{\varepsilon}(\xi - \varepsilon + l - l_m) f(\xi) f(\varepsilon) \, d\xi \, d\varepsilon \\
&= \int_{0}^{\infty} \int_{0}^{\infty} g_{\varepsilon}(\varepsilon - \xi - l + l_m) f(\xi) f(\varepsilon) \, d\xi \, d\varepsilon \\
&= h(l_m - l)
\end{aligned}
\qquad (6.1.13)
$$

至此可以证明:$h(l)$是对称的,如式(6.1.13)所述。

在动能 ε 一定的情况下,函数 $g_\varepsilon(\varepsilon-u)=g_\varepsilon(l)$ 可以表征粒子的势能分布(以动能作为参考值)。这种势能是这个粒子与许多其他粒子之间相互作用能量的总和。因此,人们希望 $g_\varepsilon(\varepsilon-u)$ 是稳定的分布函数(附录 A)。最后,我们有

$$g_\varepsilon(\varepsilon,u) = \frac{1}{\sqrt{2\pi\theta^2}}\exp\left[-\frac{(\varepsilon-u-l_{\mathrm{m}})^2}{2\theta^2}\right] \qquad (6.1.14)$$

分布函数中参数 θ 具有明确的意义,它确定了势能的波动,这些波动是由动能变化引起的"附加"波动。或许,其含义可以通过以下类比来理解。让我们想象一下外部随机势场中的钟摆。当它摆放在某一点(具有确定的平均势能)时,其势能的变化只与其动能相关。这些波动由分布函数式(6.1.11)的参数 T 描述。然而,钟摆的位置变化和平均势能决定了总势能的额外变化,这些波动由参数 θ 描述。

在平衡态下,所有波动都以高斯形式出现。我们可以参考诸如"玻尔兹曼原理"(Einstein,1904)或"高斯原理"(Lavenda,1991)等的基本原则。由于温度是波动的量度,因此我们可以假设平衡态下 $\theta=T$。

但是,仅对于平衡态,我们有一些参数来设置 $\theta=T$(两个参数都可以称为"温度")。一般情况下可能有 $\theta\neq T$。我们将 T 表示为"温度",并使用 θ 来表示新术语"波动"(因为该参数描述了波动)。这个术语使用的机会并不多,但是我们必须以某种方式引用它,而不仅仅是介绍它的名字。对于波动量,它在数值实验中的值和求解将在 6.1.5 节中进行讨论。

势能的分布可以通过两种方式获得。如我们所见,势能的分布函数为

$$g(u) = \int_0^\infty f(\varepsilon)g_\varepsilon(\varepsilon-u)\mathrm{d}\varepsilon \qquad (6.1.15)$$

实际上,根据式(6.1.15),势能可以确定为两个独立随机量之间的差值:$u=\varepsilon-z$,而 ε 的分布函数是 $f(\varepsilon)$,z 的分布函数是 $g_\varepsilon(z)$。因为两个随机独立量总和(或差值)的分布是它们的分布的总和,我们得到 $D_u=D_\varepsilon+D_z$ 或

$$D_u = 1.5T^2+\theta^2 \qquad (6.1.16)$$

另一种获得式(6.1.16)的方法更复杂。根据定义,有

$$D_u = \int_{-\infty}^\infty (u-u_{\mathrm{m}})^2 g(u)\mathrm{d}u = \int_{-\infty}^\infty \int_0^\infty (u-u_{\mathrm{m}})^2 f(\varepsilon)g_\varepsilon(\varepsilon-u)\mathrm{d}\varepsilon\,\mathrm{d}u$$

$$(6.1.17)$$

通过一些移项,可得

$$D_u = \int_0^\infty f(\varepsilon) \left[\int_{-\infty}^\infty (u - u_m)^2 g_\varepsilon(\varepsilon - u) \, \mathrm{d}u \right] \mathrm{d}\varepsilon$$

$$= \int_0^\infty f(\varepsilon) \left[\int_{-\infty}^\infty (\varepsilon - \varepsilon_m - z + z_m)^2 g_\varepsilon(z) \, \mathrm{d}z \right] \mathrm{d}\varepsilon$$

(6. 1. 18)

因为 $\int_0^\infty \int_{-\infty}^\infty (\varepsilon - \varepsilon_m)(z - z_m) f(\varepsilon) g_\varepsilon(z) = 0$, 函数 $f(\varepsilon)$ 和 $g_\varepsilon(z)$ 被归一化,
$\int_0^\infty f(\varepsilon) \, \mathrm{d}\varepsilon = 1, \int_{-\infty}^\infty g_\varepsilon(z) \, \mathrm{d}z = 1$, 可得

$$D_u = \int_0^\infty (\varepsilon - \varepsilon_m)^2 f(\varepsilon) \, \mathrm{d}\varepsilon + \int_{-\infty}^\infty (z - z_m)^2 g_\varepsilon(z) \, \mathrm{d}z = D_\varepsilon + D_z$$

(6. 1. 19)

也就是说,同样可以推导出式(6. 1. 16)。

基于上述考虑,可以容易地获得粒子总能量 $s = \varepsilon + u$ 的分布,并且:

$$D_s = D_\varepsilon + D_u = 3T^2 + \theta^2 \tag{6. 1. 20}$$

对于拉格朗日函数 $D_l = D_u$ 的分布也具有相同的关系式。

现在,为了建立一个势能的分布函数,我们必须对式(6. 1. 10)进行积分,其中 $f(\varepsilon)$ 和 $g_\varepsilon(\varepsilon, u)$ 可分别用式(6. 1. 11)和式(6. 1. 14)表示,即

$$g(u) = \int_0^\infty 2 \sqrt{\frac{\varepsilon}{2\pi^2 \theta^2 T^3}} \exp\left(-\frac{\varepsilon}{T}\right) \exp\left[-\frac{(\varepsilon - u - l_m)^2}{2\theta^2}\right] \mathrm{d}\varepsilon \tag{6. 1. 21}$$

从式(6. 1. 21)开始,分布函数实际上取决于 $\dfrac{u}{\theta}$,这种缩放属性在分析数值模拟数据时非常重要:传统上将能量归一化为相互作用势参数(兰纳-琼斯等),在之前可能会令人感到困惑。

使用下列无量纲参数:

$$\tilde{\varepsilon} = \frac{\varepsilon}{\theta}, \quad \tilde{u} = \frac{u}{\theta}, \quad \tilde{l}_m = \frac{\varepsilon_m - u_m}{\theta}, \quad \tilde{t} = \frac{\theta}{T}, \quad \tilde{g}(\tilde{u}) = g(\tilde{u}) \theta \tag{6. 1. 22}$$

可以将积分式(6. 1. 21)表示为

$$\tilde{g}(\tilde{u}) = \frac{\sqrt{2}\tilde{t}^3}{\pi} \int_0^\infty \sqrt{\tilde{\varepsilon}} \exp(-\tilde{\varepsilon}\tilde{t}) \exp\left[-\frac{(\tilde{\varepsilon} - \tilde{u} - \tilde{l}_m)^2}{2}\right] \mathrm{d}\tilde{\varepsilon} \tag{6. 1. 23}$$

这里,子积分函数可以重写为

$$\exp\left[\frac{\ln\tilde{\varepsilon}}{2} - \tilde{\varepsilon}\tilde{t} - \frac{(\tilde{\varepsilon} - \tilde{u} - \tilde{l}_m)^2}{2}\right] \tag{6. 1. 24}$$

这适用于鞍点法。子指数函数在该点处具有最大值:

$$\tilde{\varepsilon}_0 = \frac{1}{2}\left[\tilde{u} + \tilde{l}_m - \tilde{t} + \sqrt{2 + (\tilde{u} + \tilde{l}_m - \tilde{t})^2}\right] \tag{6. 1. 25}$$

式(6.1.23)可以近似表示为以下形式：

$$\exp\left[a-b\left(\widetilde{\varepsilon}-\widetilde{\varepsilon}_0\right)^2\right] \tag{6.1.26}$$

其中，$a=\ln\sqrt{\widetilde{\varepsilon}_0}-\widetilde{\varepsilon}_0\tilde{t}-0.5\left(\widetilde{\varepsilon}-\tilde{u}-l_{\mathrm{m}}\right)^2$，$b=\dfrac{1}{2}\left(1+\dfrac{1}{2\widetilde{\varepsilon}_0^2}\right)$。因此，可得

$$\widetilde{g}(\tilde{u})=\sqrt{\frac{t^3\widetilde{\varepsilon}_0}{2\pi b}}\left[1+\mathrm{erf}\left(\sqrt{b}\,\widetilde{\varepsilon}_0\right)\right]\exp\left[-\widetilde{\varepsilon}_0\tilde{t}-\frac{\left(\widetilde{\varepsilon}_0-\tilde{u}-\tilde{l}_{\mathrm{m}}\right)^2}{2}\right] \tag{6.1.27}$$

式(6.1.27)给出了一般情况下势能分布函数的简化形式。实际上，由于近似处理，积分 $\int_{-\infty}^{\infty}\widetilde{g}(\tilde{u})\mathrm{d}\tilde{u}\neq1$，它略小于1，因此需要引入修正因子。在 $\tilde{t}\in[1,2]$ 范围内使用乘数 $1.05\tilde{t}^{0.25}$ 来修正，分布函数与计算值之间的差异小于3%。

考虑修正系数 $1.05\tilde{t}^{0.25}$ 后的分布函数式(6.1.27)如图6.1所示，与式(6.1.21)数值积分获得的曲线的相符合，但是由于分析函数形式过于复杂，对分析具体问题没有实用价值。

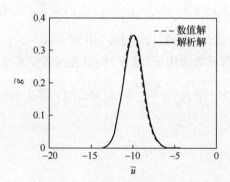

图6.1　势能的分布函数:解析解与数值解的比较

在更复杂的形式中，我们可以通过将 $f(\varepsilon)$ 展开来获得式(6.1.21)的解：

$$f(\widetilde{\varepsilon})=\sum_{n=0}^{\infty}Q_n\left(\widetilde{\varepsilon}-\widetilde{\varepsilon}'\right)^n \tag{6.1.28}$$

其中，$\widetilde{\varepsilon}'=\tilde{u}+\tilde{l}_{\mathrm{m}}$。这种展开仅在 $\widetilde{\varepsilon}'>0$ 有效，例如势能 $\tilde{u}$（绝对值）足够小，见分布函数的右尾部（图6.1）。这种尾部在蒸发问题的应用中"更为重要"，因为这一过程中通常具有相对低结合能的粒子会离开表面。

因此，可以找到式(6.1.28)的系数：

$$Q_n(\widetilde{\varepsilon}')=\frac{2\tilde{t}^{-3/2}}{\sqrt{\pi}}\frac{(-1)^n}{n!}\exp(-\widetilde{\varepsilon}'\tilde{t})\left[\tilde{t}^n\sqrt{\widetilde{\varepsilon}'}-\sum_{i=1}^{n}K_{i,n}\frac{\tilde{t}^{n-i}}{\widetilde{\varepsilon}^{(2i-1)/2}}\right] \tag{6.1.29}$$

$$K_{i,n}=\frac{(2i-3)!!\,C_n^i}{2^i} \tag{6.1.30}$$

$C_n^i = \dfrac{n!}{i!(n-i)!}$ 为二项式系数，$N!!$ 为所谓的双阶乘：所有偶数乘积小于 N，即

$$(2i-3)!! = (2i-3)\cdot(2i-5)\cdot(2i-7)\cdot\cdots\cdot 5\cdot 3\cdot 1, \quad (-1)!! = 1$$

(6.1.31)

因此，对式(6.1.23)有如下形式的积分：

$$\frac{\sqrt{2t^3}}{\pi}\sum_{n=0}^{\infty}\int_0^{\infty} Q_n(\widetilde{\varepsilon}')\,(\widetilde{\varepsilon}-\widetilde{\varepsilon}')^n \exp\left[-\frac{(\widetilde{\varepsilon}-\widetilde{\varepsilon}')^2}{2}\right]\mathrm{d}\widetilde{\varepsilon} \quad (6.1.32)$$

仔细积分，可得势能的分布函数：

$$\widetilde{g}(\widetilde{u}) = \frac{\sqrt{2\widetilde{t}^3}}{\pi}\sum_{n=0}^{\infty} Q_n(\widetilde{\varepsilon}')2^{(n-1)/2}\left[\Gamma\left(\frac{n+1}{2}\right)+(-1)^n\gamma\left(\frac{n+1}{2},\frac{\widetilde{\varepsilon}^2}{2}\right)\right]$$

(6.1.33)

这里，不完全伽马函数(附录B)为

$$\Gamma(a,b)=\int_b^{\infty} t^{a-1}\mathrm{e}^{-t}\mathrm{d}t, \quad \gamma(a,b)=\int_0^b t^{a-1}\mathrm{e}^{-t}\mathrm{d}t \quad (6.1.34)$$

同样，我们应该注意，式(6.1.33)仅用于 $\varepsilon'>0$ 和 $\widetilde{u}>\widetilde{u}_m-\widetilde{\varepsilon}_m$。

之后，将势能分布函数应用于"蒸发"问题之前需要定义式(6.1.21)中的一些参数。在式(6.1.21)中，$\widetilde{l}_m=\dfrac{\varepsilon_m-u_m}{\theta}$，$\varepsilon_m=1.5T$(第2章)。我们还需要以下信息：

(1) 平均势能 u_m。

(2) 波动 θ。

至于波动，这非常复杂。在以下章节中，我们为它建立了一些基本的原则，但是并没有提供完整的信息。我们希望迟早能够获得关于这个参数的最终答案。

确定平均势能是一个更简单的问题。当然，这个值可以从数值模拟中获得。但是可以从现有的实验数据中获得关于 $\widetilde{u}_m$ 的信息吗？实际上，答案并不复杂(毋庸置疑)，但我们会花费很长时间来寻找答案。

6.1.3 蒸发过程的解析描述

首先，应用我们的理论：气化属于定容相变。确切地说，考虑到事实上并非所有的初始论点都十分可靠，关于势能分布函数形式我们的想法是适当的。

回到上一节的最后一个问题，人们可能会注意到答案很简单：很容易得出结论，单个粒子的平均势能是 $\widetilde{u}_m/2$(因为给定粒子与其他粒子的平均势能是 $\widetilde{u}_m$，并且系统的总势能将任意一对粒子统计了两次)。因此，很明显(乍一看)单个

132

粒子的蒸发潜热,即结合能,是$-\tilde{u}_m/2$。那么,$\tilde{u}_m=-2\Delta\tilde{H}$,其中 $\Delta\tilde{H}$ 由实验测量。

有些人可能会反对这种想法。

在最简单的平衡态下,$\theta=T$,即 $\tilde{t}=1$。基于粒子获得自由的概率 $\int_U^\infty f(\varepsilon)\mathrm{d}\varepsilon$ 来获得汽化粒子结合能的分布函数(对于自由的粒子即为具有正总能量的粒子)。相应的分布函数为

$$p(U) = g(-U)\int_U^\infty f(\varepsilon)\mathrm{d}\varepsilon = g(-U)\frac{2}{\sqrt{\pi}}\Gamma\left(\frac{3}{2},\frac{U}{T}\right) \qquad (6.1.35)$$

该函数表示具有 $s>0$ 的粒子的结合能分布。因此,可以合理地假设这些粒子的平均结合能(每个粒子的蒸发能量)为分布函数 $p(U)$ 的平均值:

$$\overline{U} = \int_{-\infty}^\infty Up(U)\mathrm{d}U \qquad (6.1.36)$$

我们试图在某些假设下分析得到该平均值,即式(6.1.36)。首先,我们不会直接找到平均值:我们将找到最可能的值,即 U 的值对应于分布 $p(U)$ 的最大值,而不是 U 的概率值(由式(6.1.36)确定)。在这种情况下,这个函数分布存在非常陡的峰值,因此该置换是合理的。我们会发现 U_0 服从 $\left.\dfrac{\partial p(U)}{\partial U}\right|_{U_0}=0$。

然后,我们将不完全伽马函数(附录B)表示为

$$\Gamma\left(\frac{3}{2},\tilde{U}\right) \approx \sqrt{\tilde{U}}\exp(-\tilde{U}) \qquad (6.1.37)$$

对于 $|\tilde{u}_m| \gg 1$ 我们从式(6.1.25)中可以发现 $\tilde{\varepsilon}_0 \approx \tilde{u}+\tilde{l}_m = \tilde{l}_m-\tilde{U}$,则式(6.1.27)中最后一个乘数为

$$\exp\left[-\tilde{\varepsilon}_0-\frac{(\tilde{\varepsilon}_0-\tilde{u}-\tilde{l}_m)^2}{2}\right] \approx \exp(\tilde{U}-\tilde{l}_m) \qquad (6.1.38)$$

因此,结合式(6.1.25)、式(6.1.35)、式(6.1.37)和式(6.1.38),有

$$p(\tilde{U}) \sim \sqrt{\frac{\tilde{U}(\tilde{l}_m-\tilde{U})}{\frac{1}{2}+\frac{1}{4\tilde{\varepsilon}_0^2}}}\left[1+\mathrm{erf}\left(\sqrt{\frac{1}{4}+\frac{\tilde{\varepsilon}_0^2}{2}}\right)\right] \qquad (6.1.39)$$

当 $\tilde{\varepsilon}_0$ 值足够大时,可以看到 $\dfrac{1}{4\tilde{\varepsilon}_0^2} \approx 0$ 和 $\mathrm{erf}\left(\sqrt{\dfrac{1}{4}+\dfrac{\tilde{\varepsilon}_0^2}{2}}\right) \approx 1$。换句话说,

式(6.1.39)实际上有一个形式 $p(U) \sim \sqrt{\tilde{U}(\tilde{l}_m-\tilde{U})}$,当函数值达到最大时有

$$\tilde{U}_0 \approx \frac{\tilde{l}_m}{2} \approx -\frac{\tilde{u}_m}{2} \qquad (6.1.40)$$

因为 $\widetilde{\varepsilon}_m = 1.5 \ll \widetilde{l}_m \approx -\widetilde{u}_m$。

因此，我们得到了本节开头预测的结果：结合能 $\widetilde{U}_0$ 可以解释为特定的汽化潜热。最后，$-2u_m$ 的值可以在任何参考资料的"蒸发比焓"词条下找到。

在6.1.6节将给出数值模拟的结果。根据美国国家标准与技术研究院(NIST)数据库，对于100K 的氩气，$\Delta H/T = \widetilde{U}_0 = 7.24K$，因此，接下来我们将开始使用 $\widetilde{u}_m = -14.5K$。

但是，首先我们要讨论一个有趣的问题。

6.1.4 特鲁顿(Trouton)规则(选读)

本节将给出一个基本的分析，不包括分布函数的具体形式，这可能会更加有用。我们不需要知道分布函数的任何细节便可以获得一些用于进行基本分析的结果。对于这个问题，只有以下情况与结合能平均值有关：

（1）任何物质内粒子的结合能都具有通用形式。

（2）任何物质的缩放参数 U/T 都可以用来表征结合能的分布。

如果结合能通过温度参数化，那么其分布函数的形式为 $p(U/T)$，其标准化因子 A 可以从以下条件中找到：

$$\int Ap(U/T)\,\mathrm{d}U = 1 \tag{6.1.41}$$

也就是说，$A = C/T$(其中，C 是常数)。因此，对于 U 的平均值，有

$$\overline{U} = \int AUp(U/T)\,\mathrm{d}U = T^2\int \frac{C}{T}\frac{U}{T}p\left(\frac{U}{T}\right)\mathrm{d}\left(\frac{U}{T}\right) = CT\underbrace{\int xp(x)\,\mathrm{d}x}_{\bar{x}} \tag{6.1.42}$$

$$\frac{\overline{U}}{T} = C\bar{x} \tag{6.1.43}$$

通常情况下，比率 $\overline{U}/T$ 仅由常数 C 和平均积分值 $\bar{x}$ 定义。对于通用分布函数 $p(U/T)$，C 和 $\bar{x}$ 对于任何物质都是相同的。因此，式(6.1.43)意味着任何液体的平均结合能与温度的比率是一常数。

从实验结果可以给出类似的表达式，对于汽化潜热 ΔH，有

$$\frac{\Delta H}{T} = B \tag{6.1.44}$$

该式称为特鲁顿规则。注意，还存在用于熔化类似物的理查德(Swalin,1972)准则。有时类似于式(6.1.44)的关系式被表述为是显而易见的，如"显然，蒸发的潜热必须与温度成正比"。但是，在我们看来，这只是一半的事实。特鲁顿规则的含义不是 ΔH 与 T 成正比，而是对于任何物质，比例常数是相同的(当然，几乎

相同)。

对于任何物质,常数 B 真的是相同的吗? 例如,在 Swalin(1972)的工作中,可以发现 $B=87.9J/(mol \cdot K)$。但是,这种所谓的"常数"并不是一个常数,而是取决于何种物质:表 6.1 中给出了惰性物质的参数 B(根据 NIST 数据计算)。我们也可以在数值模拟中计算该参数,但这里没有意义:包含实验值 $u_m = -2\Delta H$ 解析表达式的计算结果与实验数据符合良好。

首先,正如我们所看到的,B 与上面提到的"普遍"值不同;氦气在很多方面都是一种特殊的流体,它与其他值差别较大,但对于其他元素,变化并不显著。

其次,对于相同物质,比率 $\overline{U}/T$ 随温度略微变化。这个事实很容易理解:实际上,结合能 $\overline{U}$ 的平均值(隐藏在常数 C 中)取决于温度,因为结合能取决于粒子之间的距离,而该距离与温度有关。

当然,特鲁顿规则只是一条规则而非铁律。然而,上面提出的理论预测这些公式的能力使我们确信分布函数的方法可以用于更复杂的问题——蒸发。

但是,尚存一个参数仍未定义且无法解释。

6.1.5 波动

正如我们在上面所看到的,在平衡态下,势能附加波动的分布函数(6.1.2 节)可以表示为

$$g_\varepsilon(u) = \frac{1}{\sqrt{2\pi}\theta}\exp\left[-\frac{(u-u_m)^2}{2\theta^2}\right] \qquad (6.1.45)$$

表 6.1 特鲁顿规则中的参数 B

物质	He	Ne	Ar	Kr	Xe	Rn
$B/(J/(mol \cdot K))$	19.8	65.8	74.5	75.4	76.5	79.5

参数 θ 表示"波动",由于 θ 确定了势能的额外波动。本节我们试图确定平衡液体和蒸发液体中的波动值。

平衡态下,波动值确定了势能波动的幅度。通常,温度 T 在统计力学中起着类似作用。我们提到的"玻尔兹曼原理"或"高斯原理",在

$$\theta = T \qquad (6.1.46)$$

下遵循正态分布的波动。实际上,如果回到钟摆的类比,则可以得出振动自由度的平均能量是 T。

式(6.1.45)的获得是针对均匀系统的。然而,在蒸发系统中,可以想象液体的参数在离蒸发表面不同距离处是有差异的:显著的热通量使液体失去平衡。因此,分布函数式(6.1.45)的参数 u_m 和 θ 不是常数,我们需要建立它们之间的

联系。

θ 的变化有两个原因:

(1) 物理原因。非平衡态下,波动可能与温度不同,而且非平衡液体中的任意两点可能不相同。

(2) 计算原因。我们通常通过在空间体积平均或时间平均(或两者)来确定某一介质的统计参数。因此,可以将平均势能 u_m 的变化与描述 u 波动的一般参数 θ 统一讨论。

对于最后一个选项,u_m 和 θ 之间的关系非常明显。波动 θ 描述了能量平均值附近的波动。u_m 的变化(如在两个相邻点之间)引起这些波动增加,导致 u 的变化范围更宽。因此,如果 u_m 变化,那么相对于均匀情况 $u_m = \mathrm{const}$,θ 增加(与这两点之间的 Δu_m 符号无关)。

让我们将这些物理观念转化为数学公式。首先,基于以上讨论,$\Delta\theta = f((\Delta u_m)^2)$。波动的偏差不依赖 Δu_m 的符号(不依赖两个相邻层中 u_m 的增加或减少)。

假设在两个相邻层中,式(6.1.45)中的参数是 u_m^a 和 u_m^b,它们之间的差异很小 $|\Delta u_m| = |u_m^b - u_m^a| \ll |u_m^a|,|u_m^b|$。因此,我们考虑具有恒定平均势能的两个无穷小的窄层。请注意,这些条件仅用于使用分布函数近似的正确性,主要结论为:即使对于大的偏差 Δu_m,波动变化的表达式也保持相同。

明显 $\Delta u_m > 0$。假设这两个分离层中每层的波动为 θ,每层的分布函数为式(6.1.45)(包括参数 θ 和 u_m^a 或 u_m^b)。那么粒子势能的分布函数为

$$g_\varepsilon(u) = \frac{1}{2\sqrt{2\pi}\,\theta}\left\{\exp\left[-\frac{(u-u_m+\xi)^2}{2\theta^2}\right] + \exp\left[-\frac{(u-u_m-\xi)^2}{2\theta^2}\right]\right\} \quad (6.1.47)$$

其中,$u_m = \dfrac{u_m^a + u_m^b}{2}$,$\xi = \dfrac{u_m^b - u_m^a}{2}$。

接下来使用波动 Θ 的分布函数来近似式(6.1.47)($\Theta > \theta$),则

$$g'_\varepsilon(u) = \frac{1}{\sqrt{2\pi}\,\Theta}\exp\left[-\frac{(u-u_m)^2}{2\Theta^2}\right] \quad (6.1.48)$$

形式上,我们必须通过式(6.1.47)来定义式(6.1.48)中的 Θ,即

$$\Theta^2 = \int_{-\infty}^{\infty}(u-u_m)^2 g_\varepsilon(u)\,\mathrm{d}u \quad (6.1.49)$$

将式(6.1.47)代入式(6.1.49),可得

$$\int_{-\infty}^{\infty}(u-u_m)^2\exp\left[-\frac{(u-u_m\pm\xi)^2}{2\theta^2}\right]\mathrm{d}u = \int_{-\infty}^{\infty}(x\mp\xi)^2\exp\left(-\frac{x^2}{2\theta^2}\right)\mathrm{d}x$$

$$(6.1.50)$$

三个积分分别为

$$\int_{-\infty}^{\infty} x^2 \exp\left(-\frac{x^2}{2\theta^2}\right) dx = \sqrt{2\pi}\,\theta^3 \tag{6.1.51}$$

$$\int_{-\infty}^{\infty} 2x\xi \exp\left(-\frac{x^2}{2\theta^2}\right) dx = 0 \tag{6.1.52}$$

$$\int_{-\infty}^{\infty} \xi^2 \exp\left(-\frac{x^2}{2\theta^2}\right) dx = \sqrt{2\pi}\,\theta\xi^2 \tag{6.1.53}$$

最终可得:

$$\Theta^2 = \theta^2 + \xi^2 \tag{6.1.54}$$

如果两个相邻层的平均能量相差 2ξ,组合层的平均分布由式(6.1.54)确定(它取决于 ξ^2)。需要注意的是,仅从式(6.1.45)正确性的角度来看,ξ 的取值并没有限制(如 Δu_{m})。

我们可以(或必须)在具有不同能量的多层上推广已有的结果 u_{m}。假设共 $2N$ 层,能量呈线性分布,即从 $u_{\mathrm{m}}^{\min}$ 到 $u_{\mathrm{m}}^{\max}$。也就是说,这些层中的平均势能是 $u_{\mathrm{m}} = \dfrac{u_{\mathrm{m}}^{\min} + u_{\mathrm{m}}^{\max}}{2}$,通过分布函数式(6.1.48)及式(6.1.49)求解任意层内粒子势能分布函数的近似值(粒子出现在这些层中任意层的概率相同):

$$g_\varepsilon(u) = \frac{1}{2N} \sum_{i=1}^{N} \frac{1}{\sqrt{2\pi}\,\theta} \exp\left[-\frac{(u - u_{\mathrm{m}} \pm i\xi)^2}{2\theta^2}\right] \tag{6.1.55}$$

其中,$\xi = \dfrac{u_{\mathrm{m}}^{\max} - u_{\mathrm{m}}^{\min}}{2N}$,指数中两个符号必须在式(6.1.55)指数项中的每项加以说明。与前文相同,基于该方法可以得到:

$$\Theta^2 = \theta^2 + \frac{1}{N} \sum_{i=1}^{N} (i\xi)^2 \tag{6.1.56}$$

最后取 $N \to \infty$。因为

$$\lim_{N \to \infty} \sum_{i=1}^{N} i^2 = \lim_{N \to \infty} \frac{N(N+1)(2N+1)}{6} = \frac{N^3}{3} \tag{6.1.57}$$

可以得到:

$$\Theta^2 = \theta^2 + \frac{(\Delta u_{\mathrm{m}})^2}{12} \tag{6.1.58}$$

并且 $\Delta u_{\mathrm{m}} = u_{\mathrm{m}}^{\max} - u_{\mathrm{m}}^{\min}$。

因此,可以通过具有扩展的分布 Θ^2 的单个高斯函数来近似具有不同 u_{m} 的势能分布函数。

图 6.2 给出了分布函数式(6.1.55)($u_{\mathrm{m}}^{\min} = 8$,$u_{\mathrm{m}}^{\max} = 12$)和高斯分布函数

式(6.1.48)($u_m = 10, \Theta = 1.53$)。可以看出,两者符合的相当好,即使该层中平均能量之间存在如此大的差值 Δu_m,也可以使用高斯分布函数来表示。请注意,此方法也适用于在同一空间层平均能量随时间变化的情况:前面所有的计算都保持不变,只有分布函数式(6.1.55)发生变化。与此同时,很难说在蒸发表面附近哪种平均更为重要,即空间平均或时间平均。在这种不规则区域中,可以同时使用两种平均。

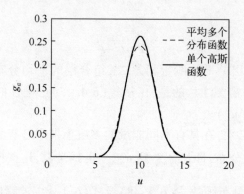

图 6.2 分布函数的平均值(单高斯函数作为非均匀层势能分布函数的近似)。
虚线表示通过对许多具有不同平均势能($8 \leqslant u_m \leqslant 12$)的分布函数进行
平均而获得的分布函数式(6.1.55);实线表示平均势能 $u_m = 10$、
θ^2 为式(6.1.58)时的高斯分布函数式(6.1.48)。

接下来我们要讨论无限薄层(或某一瞬时)的 θ。对于一个非平衡态,很难给出计算的具体方法,它可能与温度 T 有明显差异,但还没有理论来定义 θ 与热通量或密度梯度间的关系。

数值模拟似乎对解决这个问题毫无用处,因为计算分布函数的层明显更宽,并且在这些层中:

(1)Δu_m 总是存在的。

(2)u_m 沿流体层的分布可能是非线性的,即式(6.1.58)只是一种方法,因为我们无法确定能量为 u_m 的粒子在每一层中出现的准确概率。

因此,参数 θ 的"计算扰动"很强,并且 θ 只能通过计算值 Θ 和式(6.1.58)近似估算。换句话说,很难从计算值 Θ(数值实验中)中获得具有满意精度的 θ。

无论如何,数值模拟对于测试模型的细节是非常必要的。但同样存在一些问题:拉格朗日分布函数是对称的吗?势能的分布函数是否服从式(6.1.21)?在平衡系统中,波动真的可以作为 $\theta = T$ 吗?势能的分布函数在蒸发液体表面附近是如何变化的?

6.1.6 数值模拟

分子动力学方法(MMD)几乎与实际实验完全等效。如果只是想要获得系统的基本特征,那么相互作用势能的细微差别并不重要。

在本节中,我们将介绍液态氩作为工质的数值模拟结果(有关数值方案的详细信息,请参见第4章)。

首先,我们研究了温度 $T=100K$ 时的平衡液体(没有蒸发)。将数值模拟结果与分布函数式(6.1.21)($\theta=T$ 和 $\tilde{u}_m=-14.5$)进行比较,结果如图6.3所示。

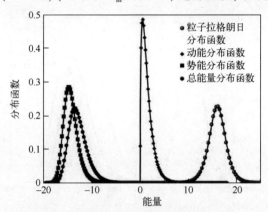

图6.3 本章中用于平衡液体的分布函数
注:能量是系统的温度 T 与分布函数的比值。

图6.3给出了四个分布函数,包括粒子拉格朗日分布函数 $\tilde{l}=\tilde{\varepsilon}-\tilde{u}$ (式(6.1.5))、动能的分布函数(式(6.1.11))、势能的分布函数(式(6.1.21))以及总能量的分布函数 $\tilde{s}=\tilde{\varepsilon}+\tilde{u}$(式(6.1.6))。这些分布函数都进行归一化处理。尽管本节的目标是势能的分布函数,但图6.3中的主要分布函数是拉格朗日的分布函数,其对称性的假设是其他分布函数的基础。

图6.3中的四个分布函数中的两个是在 ε 和 u 为独立变量的假设下获得的。实际上,这个事实并不那么明显,这个问题是 Loschmidit 和 Boltzmann 之间讨论的主题:Loschmidit(1876)在书中表示动能与势能无关,在他的工作中仅有一个段落(关于粒子反向运动的一段)涉及这方面的研究。由于计算出的总能量和拉格朗日的分布函数均与数值模拟结果符合良好,因此,我们可以说这两种类型的能量是独立的。

数值计算和解析得到的分布函数一致的推论是:
(1)拉格朗日的分布函数是对称的。
(2)对于平衡、可压缩介质,$\theta=T$。

（3）动能和势能是独立的，由式（6.1.5）和式（6.1.6）确定。

（4）势能的分布函数（6.1.21）是正确的。

（5）麦克斯韦分布函数也是正确的。

接下来，我们提供蒸发液体的数值模拟结果。我们给出了从固体表面到蒸发表面 0.5nm 层内的势能分布函数，如图 6.4 所示。为了将解析解与这些模拟结果进行对比，从数值模拟计算结果中提取参数 $\tilde{u}_m$ 和 Θ。对比结果见表 6.2，其中 $z=2$nm 对应于固体表面，$z=5$nm 对应于液体表面。参数 U 是表 6.2 中的 $\tilde{u}_m$ 乘以 Θ。

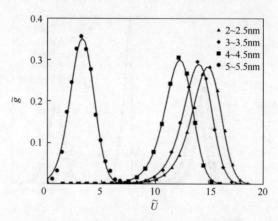

图 6.4　不同坐标处结合能的分布函数

表 6.2　液体中不同层的分布函数式（6.1.18）的参数

$z/$nm	2~2.5	3~3.5	4~4.5	5~5.5
$\Theta/$K	100	105	115	200
$\tilde{u}_m$	−14.5	−13.7	−12.0	−3.2

值得注意的是，$\tilde{u}_m = u/\Theta$，而不是 $\tilde{u}_m = u/T$。

如图 6.4 所示，可以用式（6.1.21）充分描述所有"实验"数值函数，其中 Θ 来自相应的数值实验。另外，如前一节所述，计算波动 θ 的"真实"值很重要。接下来我们将进行讨论。

从表 6.2 中的数据可以发现，在最后一层，平均势能从 $U_m^{max} = 13.7T$ 变化至 $U_m^{min} = 6.4T$。因此，可以从式（6.1.55）看出假设在 $\theta = T$ 的层中有：

$$\Theta = \sqrt{T^2 + \frac{7.3^2 T^2}{12}} \approx 2.3T \qquad (6.1.59)$$

这接近表 6.2 中的值（表中 $\theta = 2T$，偏差约为 10%），特别是考虑到事实上我们并

不知道 Δu_m 在该层中的确切值（上面讨论了其他不确定性）。我们并不能假定自己还能获得更高的精度，由此可以得出结论，对于非平衡系统，假设 $\theta \approx T$ 与数值模拟并不矛盾。

表面层动能的分布函数如图 6.5 所示，计算出的分布函数与该温度 T 下的麦克斯韦分布函数一致。因此，表面温度与"主流"液体中的温度没有明显差异，其中一个原因是在加热的固体表面上有一层薄薄的液体。

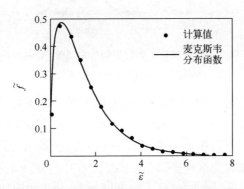

图 6.5　蒸发表面附近动能的分布函数
注：实线是在主流液体温度下的麦克斯韦分布函数。

我们发现，最后一层中 $\Theta \approx 2T$。这很有趣，粒子的势能竟然取决于该层中与其相邻粒子的数目。将临近壁面液体层分为两组：

（1）具有不小于 10 个相邻粒子的粒子（组 1）；

（2）具有小于 10 个相邻粒子的粒子（组 2）。

接下来，分别为每组粒子构建分布函数（每组由约 10^4 个粒子组成）；数值模拟结果如图 6.6 所示。进一步计算得到下列参数：

（1）对于组 1，$\widetilde{U}_m = 13.7$ 且 $\Theta = T$；

（2）对于组 2，$\widetilde{U}_m = 4.6$ 且 $\Theta = 2T$。

可以看出，不同组粒子的参数差别较大，尤其是 $\widetilde{U}_m$。这个问题有一个明确的解释：一个粒子的结合能与其相邻粒子的数量相关联，因此，只有当粒子在附近具有显著不同数量的相邻粒子时（也就是说在相对较低的密度时），组 2 才可以观察到结合能的差异。对于这些粒子，Θ 与现有值一致。

在稠密的子系统中，对于给定粒子（组 1）附近有大量粒子，势能的强烈波动是不可能的，通常有 $\Theta = \theta = T$。

为了避免误解，我们必须指出图 6.6 中的结果不是从与图 6.4 相同条件的数值模拟获得的，前一种情况考虑了较厚的表面层。在其他推论中，数值模拟结果的多样性表明了术语"液体表面"定义的问题（下一节）。

141

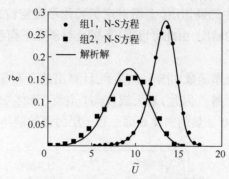

图 6.6　具有不同相邻粒子数粒子的分布函数：$N \geqslant 10$ 个（圆点）、
$N<10$ 个（方块）和数值模拟结果

最后，可以得出结论，所有的理论结果都证实了以下好的方面，即拉格朗日的分布函数、势能 $g(U)$ 的分布函数、波动 $\theta = T$；以及不太好的方面，即在表面上用于改变 u_m 的平均分布函数可以近似为 $g(U)$，前提是使用了 Θ 这样偏大的值，目前还没有办法避免这种平均，也无法从 Θ 中得到 θ 的精确值。也许并不是那么糟糕，希望未来某个时候可以解决与 $g(U)$ 相关的问题。

我们基本准备好解决蒸发的问题，还剩最后一个步骤。

6.1.7　数值模拟（续）

实际上，这一部分应该标题为"数值模拟（开始）"，因为 Anisimov 和 Zhakhovskii（1993）的工作是我们工作的前身。在他们的文章中，势能的分布函数是在标准（对于数值模拟）坐标中获得的。然而，重新计算后，我们可以用传统变量 $\tilde{u} = u/T$ 来表示数值模拟的数据，结果如图 6.7 所示。

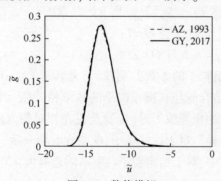

图 6.7　数值模拟

注：虚线表示 Anisimov 和 Zhakhovskii 的势能分布函数；实线表示本书的分布函数式（6.1.21）。

请注意，从技术角度来看，Anisimov 和 Zhakhovskii（1993）中的数值模拟方法与本书有很大不同。但是，正如我们所看到的，结果吻合得很好。不幸的是，我们不了解其他已经获得势能分布函数的工作,所以这里没有更多的对比。

这里还有一个问题:无量纲变量的选择必须仔细。兰纳-琼斯的传统的参数构造方式至少还有以下两个缺点:

(1)对于直接物理分析,结果尚不清楚;

(2)兰纳-琼斯衍生的尺度可能不包含问题的真实物理不变量。

6.2 蒸发粒子数

6.2.1 逃逸的可能性

如第 5 章所述,粒子离开液面的概率可表示为

$$w = \frac{1}{2\sqrt{\pi}} \Gamma\left(\frac{1}{2}, \frac{U}{T}\right) \tag{6.2.1}$$

式中:U 为功函数;T 为表面温度。

当 $U=0$,$w=1/2$ 时,粒子以 50% 的概率离开液体(如果它的速度方向远离液体)。当然,这个值对于给定的粒子是没是有意义的:下一个时刻,具有负 z 投影速度的粒子可能获得"正"的方向并逃脱(但也可能不是)。式(6.2.1)确定此时离开表面粒子占粒子总数的份额。

要使用式(6.2.1),必须知道两个参数:U 和 T。至于后者后续章节表明向式(6.2.1)中引入何种形式的 T 还不明确,在这里我们只关心结合能 U。通过第 5 章的学习,我们认为已经能够获得(参考)U 的确定值。在上一节中我们发现功函数是分布函数,并构造了函数 $g(U)$。由此,大家可能觉得已经能够计算 $\overline{U} = \int U g(U) \mathrm{d}U$,进而根据函数 $w(\overline{U})$ 得到粒子逃逸的可能性。

但问题仍然不是那么简单,计算粒子逃逸的概率并不容易。速度 v(动能 ε)和结合能 U 的总分布函数分布可以在 v 和 U 独立性假设下表示为

$$\mathrm{d}n = n_0 g(U) f(v) \mathrm{d}U \mathrm{d}v \tag{6.2.2}$$

式中:n 为液体中粒子数密度。

因此,在 z 轴上具有足够大速度$\left(v_z \geqslant v_0 = \sqrt{\dfrac{2U}{m}}\right)$的粒子数密度为

$$n = n_0 \int_{-\infty}^{\infty} g(U) \left[\int_{v_0}^{\infty} \int_{-\infty}^{\infty} \int_{-\infty}^{\infty} f(v_x) f(v_y) f(v_z) \mathrm{d}v_x \mathrm{d}v_y \mathrm{d}v_z\right] \mathrm{d}U \tag{6.2.3}$$

这里,我们对 U 从 $-\infty$ 到 ∞ 进行积分。当粒子的速度 $v_z > 0$ 时将会离开表面,故这些粒子的逃逸概率为 1/2。最后,我们有:

$$n = n_0 \int_{-\infty}^{\infty} g(U)w(U)\mathrm{d}U \qquad (6.2.4)$$

因此,根据式(6.2.4),我们需要

$$\overline{w(U)} = n/n_0 = \int_{-\infty}^{\infty} w(U)g(U)\mathrm{d}U \qquad (6.2.5)$$

而不是 $w(\overline{U})$。我们可以通过一些技巧来避免这种困难:根据 $w(\langle U \rangle) = \overline{w(U)}$ 来定义平均结合能 $\langle U \rangle$;通过这种重新定义,可以使用式(6.2.1)进行估算。

$w(\overline{U})$ 和 $\overline{w(U)}$ 哪个值更大一些?这是一个非常容易回答的问题,不通过计算就能确定。函数 $w(\overline{U})$ 定义了具有相同能量 $\overline{U}$ 的粒子从表面逃逸的概率。平均值 $\overline{w(U)}$ 则同时考虑了具有高结合能 $U > \overline{U}$ 粒子(具有低和非常低的 $w(U)$)和低结合能 $U < \overline{U}$ 粒子(具有较高的 $w(U)$)的逃逸概率。很明显,由于函数 $w(U)$ 的强非线性,对 $\overline{w(U)}$ 的贡献主要是由低结合能 U 确定的。因此,可以得出 $\overline{w(U)} > w(\overline{U})$,甚至是 $\overline{w(U)} \gg w(\overline{U})$。

这里给出一个例子来进行说明。例如,在 $\overline{U} = 14.5$ 的情况下,有 $w(\overline{U}) = 3.6 \times 10^{-8}$ 和 $\overline{w(U)} = 4.6 \times 10^{-6}$,即相差大约 100 倍。根据 $\langle U \rangle$ 的定义,可以得到 $\langle U \rangle \approx 9.5$,该结合能对应于 $w(\langle U \rangle) = \overline{w(U)}$,见图 6.8。

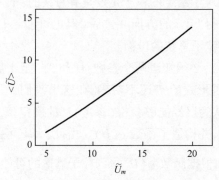

图 6.8 $\langle \tilde{U} \rangle$ ($w(\langle \tilde{U} \rangle) = \overline{w(\tilde{U})}$) 随势能平均值 $\tilde{U}_m$ 的变化趋势

因此,由于势能的分布函数,来自界面的通量由具有低结合能的粒子确定。平均值 $\overline{U}$ 仅确定结合能的分布函数,而不是概率 w 本身。

现在有足够的信息来计算逃逸的概率吗?我们可以通过势能的分布函数式(6.1.21)、式(6.2.5)来确定这个概率,那么我们的讨论可以结束了?其实并不是。并非所有的细微差别都已经被讨论了。实际上,因为一个有趣的原因,液体表面上结合能的分布函数与 $g(U)$ 不同,这将在本章进行进一步讨论。

首先,让我们更仔细地研究"表面"和"逃逸"。

6.2.2 液体的表面层

表面是什么？这是真正的问题。在数值模拟中,可以为粒子构建相关函数并尝试从中提取界面的坐标。然而,这种方法对于我们来说是不够的,因为我们对粒子离开液体的概率感兴趣,而不是具体的"表面"。因此,"表面"指液体区域,粒子可以从该区域逃逸。这意味着,表面上的其他粒子,不会通过与逃逸的粒子发生碰撞来阻止这种逃逸行为。

由于蒸发,液体表面粒子的寿命是有限的,但是因为逃逸的概率很小,所以这个时间可以认为足够长。液体内部的原子到达其表面,在那里它们可能迟早会蒸发掉。因此,我们必须考虑到粒子"穿过"表面层,它们以显著的结合能进入表面,但是随着时间的推移,当粒子移向表面上更"空旷"的区域时,这种能量会减少。注意,任何字面意义上的运动都不是必要的,相邻粒子的数量可能会有所不同,但结果相同——势能减少或增加。前文(6.1.6 节)讨论过,在表面层,一些粒子的相邻粒子数量较少,这些粒子是率先从表面逃脱的。

因此,有一个问题:就低能粒子而言,液体表面的分布函数可能很小,粒子可能以较高的结合能离开液体。由于这些具有较高的结合能的粒子较早地离开液体,因此它们的能量无法进一步降低。

该设想对于具有较低结合能 U 的粒子(根据式(6.2.1),其具有较大逃逸概率)变得至关重要,它能够阻止建立负 U(正势能),甚至具有非常小正值 U 的稳定分布函数。然而,如上所述,分布函数对蒸发是至关重要的。因此,我们不能在没有补充假设的情况下直接确定表面的 $g(U)$,这需要进行进一步的研究。

但是,在进行进一步研究之前,我们必须考虑另外一个对象。对于"低能量尾部"问题,可能会增加"逃逸"的不确定性问题。我们是否理解"液体粒子的功函数"究竟是什么?

6.2.3 逃逸时刻

这个瞬态的问题涉及液体中原子具有不稳定结合能的事实。原子移动时其周围的原子也会相应地发生运动,因此,原子的结合能是不断变化的。如果这个原子离开液体,从哪个时刻开始考虑它的脱离过程?也就是说,对应于式(6.2.1)中具体的结合能的值是多少呢?

功函数可以定义为:将粒子从聚合态移到无穷远所做的功。在研究聚合态中势能的分布之前,这个定义看似合乎逻辑。给定粒子在不同空间位置和不同时刻具有不同的势能。例如,为了确定数值实验中的功函数,必须定义逃逸时刻。

图 6.9 给出了粒子的 z 坐标(z 轴通常指向液体表面)随时间的变化情况。数值模拟($T=100K$ 时的氩气)的详细信息可以在前一节中找到,$z(t)$ 代表已经蒸发粒子的函数。

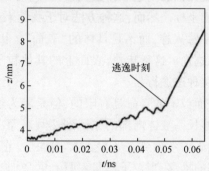

图 6.9　粒子向表面移动并蒸发:当 $z(t)$ 变为线性函数的时刻,
可被近似认为是逃逸时刻

从图 6.9 可以看到,粒子逐渐向表面移动。可能有人会注意到振荡和跳跃之间没有明显的区分:$z(t)$ 是非常均匀的。本节开头提出的问题可能会以其他方式提出:图 6.9 中上哪一点对应着逃逸时刻? 通常,可以选择该图上任意一点作为"逃逸点",但还存在一种更合适的选择。

146　　　　可以合理地假设:粒子蒸发后会变得自由(不受附加力的影响),那么它的速度可以认为是恒定的。我们可以在图 6.9 中找到这一点,但实际上需要寻找该点之前的某一点,即当粒子还是液体的一部分时(在粒子的总能量变为常数的那一刻)。

图 6.10 给出了粒子势能的演化规律($\tilde{u} = u/T$)。对比图 6.9 可以发现,$t \approx 0.04ns$ 时刻之前,即粒子到达势能和坐标都有很大波动的区域之前,$\tilde{u}(t)$ 和 $z(t)$ 之间没有明显的关联。显然,这是一个可能发生波动的"稀有"区域。

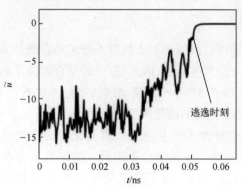

图 6.10　粒子势能的演变(与图 6.9 对应)

当然,并非每个到达表面的粒子都会逃逸。图6.11给出了最具戏剧性的情况:粒子在0.05ns附近时非常接近液体表面,但该时刻下的"非常接近"还是不够接近。正如我们在图6.11中看到的那样,这种逃逸失败的粒子会重新回到液体中去,它可能会在之后的某一时刻获得第二次逃逸的机会。

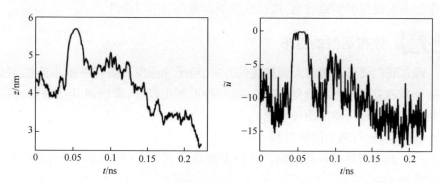

图6.11　表面粒子的最大势能是 $\tilde{u} \approx -0.1$;然而这是一次失败的逃逸,
粒子又返回到液体的内部

结合图6.12说明本节中"表面"(可能的脱离位置)的含义。这里,一个粒子在坐标 $z \approx 4.7$nm处离开表面,同一时刻另一个粒子也在位于 $z \approx 5.2$nm处离开表面。因此,表面层的宽度约为0.5nm,考虑到之前分布函数的结果,这是一个比较宽的表面层。蒸发区域中势能的分布函数代表具有不同平均能量分布函数的组合;由于取的是不同分布函数的平均值(前一节),基于该分布函数获得的蒸发区宽度是加宽的。从整体上看,这种加宽不是人为的,在此我们无法建立一个 $\Theta = \theta$ 的分布函数。

下一个问题是关于逃逸时刻的确定,如图6.12所示。在脱离时刻之后,可以看到 $z(t)$ 近似线性变化:这是原子与另一个原子相互作用的结果,因此它的

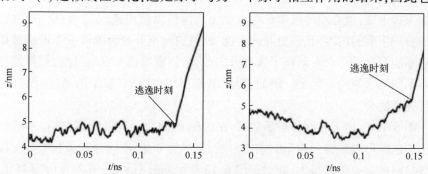

图6.12　逃逸过程粒子坐标
注:左图中逃逸并不意味着没有与其他原子的任何相互作用。

势能在不断变化。只有在约 0.01ns 之后,这个原子才会完全自由。

由此可以得出结论,逃逸时刻不能完全公式化。我们只能近似地确定这一时刻,但很难将这种解释转化为几何关系式。另外,在我们所采用的方法中,不需要从数值模拟得到功函数的确定值。我们需要结合能的分布函数,同时必须考虑到蒸发过程的细微差别,这已在本节和前几节中讨论过。

6.2.4 分布函数的变形

现在我们将尝试考虑上面描述的方案,粒子在蒸发表面有两种可能性:降低其结合能和克服现有结合能(当然,第三种可能也存在,即增加其结合能,但这里我们只考虑最可能的两种情况)。

在表面处,有两个问题必须考虑:

(1)只有当粒子在此之前具有较大的能量 $U_1 > U_2$ 时,它才可能可获得较小的结合能 U_2;

(2)粒子可能会以更大的结合能 U_1 离开液体。

当然,这是一种简化的结构。然而,在这种假设下,我们可以重新构建结合能的表面分布函数。假设具有结合能 $U+\Delta U$ 的粒子数为 $g(U+\Delta U)\mathrm{d}U$,那么可以获得较少能量的粒子数为 $[1-w(U+\Delta U)]g(U+\Delta U)\mathrm{d}U$,这里只考虑非逃逸粒子。最后,当 $\Delta U \to 0$ 时可以得到:

$$g^{\mathrm{sf}}(U) = g(U)[1-w(U)] \qquad (6.2.6)$$

因此,采用分布函数式(6.1.16)并添加 $1-w$ 项来考虑粒子留在表面的可能性。我们相信这种模拟方法在未来能够得到显著改进。

一个有趣的问题是,式(6.2.6)中使用的逃逸概率是多少呢?答案取决于表面附近粒子的动能。如果速度的变化同时伴随着结合能的变化,那么这个概率可以用式(6.2.1)表示;否则,如果粒子速度改变(特别是其速度方向)同时结合能保持不变,就必须将概率(式(6.2.1))加倍以获得式(6.2.6)所需要的 w。基于前一小节的内容,我们更倾向于前一种选择:离开表面的概率不得超过1/2。我们不能假设下一个时刻粒子速度方向改变,使得逃逸又成为可能,那将是一个具有不同结合能的新状态。例如,看看图 6.11 中"不幸"粒子的命运:没有完全抓住逃逸机会。

图 6.13 给出了表面分布函数式(6.2.6)的曲线。可以看出,只有在结合能较小的区间可以观察到明显的偏差。然而,尽管如此,不同分布函数中蒸发粒子总数之间的偏差仍然很大,如对于图 6.13 所示的分布函数,其差异约为 15%。

总之,本节所描述的方案并不理想,仍然需要进一步改进;后面将给出用于求解蒸发表面附近结合能分布函数的更为复杂的模型。

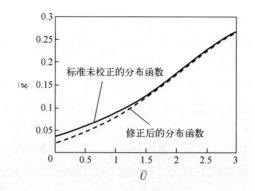

图 6.13　分布函数的低能量尾部

注:用于标准未校正分布函数式(6.1.20)和修正后的分布函数式(6.2.6)。

6.2.5　表面的粒子数

上面已经详细地讨论了逃逸的概率 w。然而,仍然存在一个问题:表面粒子数密度是多少? 如果用类似式(6.2.4)的关系式来计算蒸发粒子数目,即 $n = n_0 w$,那么我们还需要蒸发表面上粒子数密度 $n_0 = n^{sf}$。如在前一节所讨论的,表面粒子的相邻粒子数目会低于液体内部粒子的相邻粒子数目。因此,表面处粒子数密度 n^{sf} 与液体内部 n^b 不同,液体内部值 n^b 可以通过密度 ρ 和分子质量 m 计算:

$$n^{sf} \neq n^b = \rho/m \tag{6.2.7}$$

由于表面层很小且不规则,数值模拟并没有太大帮助。很难区分表面层并确定该层内粒子的数目,而定义该表面层的体积要更加困难。假设通过数值模拟估算 n^{sf} 的误差至少约为 10%,可能在最坏的情况下会达到 100% 的不确定度。这些问题使从数值模拟结果中获得 n^{sf} 变得不可能。不能将数值模拟作为此类不确定信息来源的最后一个原因是,以这种方式,n^{sf} 将变成一个附加的自由参数。

但是,我们可以选择另一种方式。

为了估算表面处粒子数密度,假设粒子的结合能与该区域液体的粒子数密度成比例,则 $U = U_1 n$,其中 U_1 是常数。因此,在大部分液体中有 $U^b = U_1 n^b$,而在表面处 $U^{sf} = U_1 n^{sf}$。则

$$n^{sf} \approx n^b \frac{U^b}{U^{sf}} \tag{6.2.8}$$

由于该考虑基于假设,所以我们将符号"="替换为"$\approx$"。在式(6.2.8)中,表面层的能量可以比液体表面未定义结构的体积 V 更精确地确定(计算数密度

$n = N/V$）。

式（6.2.8）方法的第二个优点是少了一个自由参数，只有 U^{sf} 需要在数值模拟中确定。

然而，我们还可以通过另一种方式来使用式（6.2.8）。如果将液体表面表示为凝结介质的简单分割，那么可以得出，表面处的相邻粒子数量是 $N/2$，其中 N 是大部分液体中的相邻粒子数目。因此，表面粒子的结合能是液体内部结合能的一半，即 $U^{sf} = U^b/2$。该表达式可以作为表面结合能的简单估计；事实上，从数值模拟（6.1 节）中可以看到 $U^{sf} \approx 6.4T$ 而 $U^b \approx 7.24T$。对于简单的估算来说还不错。

6.3 蒸发表面的质量和能量通量

6.3.1 蒸发、凝结和两者之和

暂时忘记前一章和本章前面的内容，假设我们对蒸发粒子速度的分布函数一无所知，那现在所拥有的只是与麦克斯韦分布函数相对应的通量的表达式。

对于具有麦克斯韦分布函数的气体，总通量等于零，但是它由两部分组成。相反方向上大小相等的通量，其中每个都可以根据赫兹公式 $j = n\bar{v}/4$ 进行计算。因此，通过这种方式，可以计算来自表面上的蒸气通量，也就是表面上的凝结通量。

仔细研究这个公式后面的值。当压力 $p = 10^3 \text{Pa}$、温度 $T = 300\text{K}$ 时，水蒸气的质量通量（分子质量 $m = 3 \times 10^{-26} \text{kg}$）如下：

$$J = p \sqrt{\frac{m}{2\pi T}} \approx 1 \text{kg}/(\text{m}^2 \cdot \text{s}) \tag{6.3.1}$$

在平衡态或平衡态附近，反向通量是一相同数量级的值，如蒸发通量。这实际上是非常巨大的通量。实验中，p 和 T 的通量总质量小于 $1\text{kg}/(\text{m}^2 \cdot \text{s})$。根据式（6.3.1）计算得到的通量值与实验值之间的差异，可以得出下述两个结论之一：

（1）如果假设总通量与蒸发或凝结通量具有相同的量级，可以得到界面上的真实通量 $J^{cond} = \gamma J, \gamma \ll 1$ 是凝结（或蒸发）系数，即被界面吸收的粒子通量与落在表面上的粒子通量显著不同。

（2）如果假设总通量 J^{tot} 为两个相近量 J^{ev} 与 J^{cond} 之差，则总通量值对液体或气体参数的变化非常敏感。

这些替代方案非常令人不快。至于前者，我们将在第 7 章中考虑蒸发/凝结

系数的问题。凝结系数是界面的属性,同时也是分子动力学理论(MKT)的一个外部参数,没有这个参数无法准确计算凝结通量,也不可能从动力学方程的解中找到精确的 γ。γ 可以通过实验获得,目前也有大量关于凝结系数的实验数据。对于水介质其值在 $\gamma=0.01\sim1$ 范围内;只有当你想要将 γ 设置为所需的值时,这种不确定性才是合适的,因为精确的计算中这样一个变化范围是个问题。还有一替代方案是从数值模拟中获得凝结系数(第7章),但这是不允许的。因此,我们还不能确定凝结系数 $\gamma\ll1$。

但是,使用第5章和本章中的公式可以在不涉及其他参数(如 γ)的情况下得到(至少估计)蒸发通量。之后,可以进一步确定以下哪个是正确的:$J^{tot}\approx J^{ev}$ 或 $J^{tot}\ll J^{ev}$。

注意,如果 $J^{tot}\ll J^{ev}$,那么由于 J^{tot} 对 J^{ev} 或 J^{cond} 的强烈敏感性,测量系数 γ 将非常困难。若通量的绝对偏差为 ΔJ,那么总通量的相对偏差为

$$\frac{\Delta J^{tot}}{J^{tot}}\approx\frac{J^{ev}+J^{cond}}{|J^{ev}-J^{cond}|}\max\left(\frac{\Delta J^{ev}}{J^{ev}},\frac{\Delta J^{cond}}{J^{cond}}\right)\tag{6.3.2}$$

上述关系式通过($J^{ev}-J^{cond}$)来确定计算 J^{tot} 的相对偏差。当然,这个数学运算本身是没有任何问题的,它表明了总通量对蒸发或凝结通量值的敏感性。但是在 $|J^{ev}-J^{cond}|\ll(J^{ev}+J^{cond})$ 的情况下,总通量的相对振幅还是非常巨大的。

质量通量(式(6.3.1))其实是很大的,这可以通过下面的讨论来阐述。液滴的质量守恒方程可以写为

$$\frac{dm}{dt}=-JS\tag{6.3.3}$$

式中:m 为液滴的质量;S 为表面积。

通过 $dm/dt=d(\rho V)/dt=\rho S dm/dt$,可得

$$\rho\frac{dR}{dt}=-J\tag{6.3.4}$$

也就是说,液滴半径与时间和完全蒸发时间之间的关系为

$$R(t)=R(0)-Jt/\rho\tag{6.3.5}$$

$$t_{max}=\frac{R(0)\rho}{J}\tag{6.3.6}$$

让我们考虑一个尺寸约为 1mm 的液滴(表面积约为 $10^{-6}\,m^2$,质量约为 $10^{-3}\,g$),当质量通量约为 $1kg/(m^2\cdot s)$ 时,$t_{max}=1s$。也就是说,这样半径的液滴将在大约 1s 内完全蒸发。

然而,在这里我们假设蒸发通量是恒定的,即在蒸发过程中表面温度是不变化的。可以想象下述两种情况:

（1）由于最"热"的粒子离开了蒸发表面,蒸发表面的温度在蒸发过程中是不断下降的。

（2）表面温度是恒定的,因为稳定的蒸发状态随时间建立起来,即表面的温度可以通过大小相等的导热通量 $q^c = \lambda \dfrac{T - T_{sf}}{\delta}$ 和蒸发通量 $q^{ev}(T_{sf})$ 来确定;从这个角度来看,由于热通量来自液体内部,界面的温度将是恒定的。

稳定的蒸发状态是一个不确定的问题(见下一节),能量平衡主要依赖液体内所接触固体表面的情况。但是,为解决上述困境选择第二种看起来更合适。界面的温度由于蒸发而趋于降低,由于来自液体内部的热通量而趋于增加。表面处的原子从相邻粒子处吸收能量,所以可以预期蒸发表面的温度不会连续下降,除非液体并不向外导热。因此,蒸发液体的温度会下降,但这种下降是有限的。

无论如何,界面的温度不同于液体的温度,都是一个非常有趣的点。

6.3.2 蒸发表面的温度

如果这是您第一次偶然发现下述事实,那可能会比较困惑。通过 T. Alty 及其同事在 1930 年的工作,我们知道蒸发表面的温度可以是近似 0℃ 甚至更低(第 7 章)。例如,Fang 和 Ward(1999)得到了 -12℃ 的最低蒸发表面温度,Duan 等(2008)测量了水介质蒸发表面温度可低至 -16℃。

所以说,蒸发表面温度可以是明显低于零的值,并且可以预期在这样的温度下液体一定会发生凝结。实验表明,这种微小的表面层仍然处于液态。

数值模拟中(结果已在 6.1 节中给出),加热固体表面与液体表面的距离约为 1nm,液体表面并未观察到明显的温度下降,液体内部与表面之间的温差大约是 1K。但在计算蒸发参数时,往往忽略了这样小的温差。

然而,在现实生活中,当你倒一杯水并在室温下暴露在空气中时,"在 25℃ 的表面温度下确定蒸发通量"是不科学的,表面的温度可能显著低于这个值;当表面温度变化 10℃ 时蒸发通量是如何变化的,请参见下文。

友情提示:由于蒸发是一种非常高效的冷却过程,因此可以在冰箱外放置一罐开着的可口可乐,并期望饮料的温度比室温低几摄氏度。在寒冷的季节,这可能就足够了。

6.3.3 来自蒸发表面的通量

凭借我们已掌握的知识(第 5 章速度分布函数的推导方法)。对于液相有

$$dn = n_0 f(v_x) f(v_y) f(v_z) g(U) dv_x dv_y dv_z dU \tag{6.3.7}$$

式中：$f(v)$ 为麦克斯韦分布函数；n_0 为液体表面粒子数密度。

如果替换式(6.3.7)中的速度(z 轴通常由液体表面指向蒸气)，则可以获得蒸气速度 V 的分布函数：

$$v_x = V_x, \quad v_y = V_y, \quad v_z^2 = V_z^2 + \frac{2U}{m} = V_z^2 + v_0^2 \tag{6.3.8}$$

从而，式(6.3.7)变为

$$F(V_x, V_y, V_z, U) = n_0 f(V_x) f(V_y) \frac{f(V_z) V_z}{\sqrt{V_z^2 + v_0^2}} g(U)$$

$$dn = F(V_x, V_y, V_z, U) dV_x dV_y dV_z dU$$

$$= n_0 f(V_x) f(V_y) \underbrace{\frac{f(V_z) V_z}{\sqrt{V_z^2 + v_0^2}} g(U)}_{F(V_x, V_y, V_z, U)} dV_x dV_y dV_z dU \tag{6.3.9}$$

如果只想获得速度 V_z 的分布函数，如第 5 章所述，需要对式(6.3.8)中的 F 进行积分，记住 $V_z > 0$ 和 $U > 0$。因为 $\int_{-\infty}^{\infty} f(V_{x,y}) dV_{x,y} = 1$，可得

$$f(V_z) = n_0 \sqrt{\frac{m}{2\pi T}} V_z \exp\left(-\frac{mV_z^2}{2}\right) \int_0^{\infty} \frac{\exp(-U/T)}{\sqrt{V_z^2 + 2U/m}} g(U) dU \tag{6.3.10}$$

因此，对于 $V_z^2 \ll 2U/m$ 的情况，有

$$f(V_z) = n_0 \frac{mV_z}{2\sqrt{\pi T}} \exp\left(-\frac{mV_z^2}{2T}\right) \int_0^{\infty} \frac{\exp(-U/T)}{\sqrt{U}} g(U) dU \tag{6.3.11}$$

或者，根据无量纲量 $\hat{U} = U/T$，得

$$f(V_z) = n_0 \frac{mV_z}{2T\sqrt{\pi}} \exp\left(-\frac{mV_z^2}{2T}\right) \int_0^{\infty} \frac{\exp(-\hat{U})}{\sqrt{\hat{U}}} g(\hat{U}) d\hat{U} \tag{6.3.12}$$

考虑到 $\hat{U} \gg 1$ 时（即上面用到的实际条件，因为 $V_z^2 \approx T/m$）$e^{-\hat{U}/T}/\sqrt{\hat{U}} \approx \Gamma(1/2, \hat{U})$（附录 B），则式(6.3.11)相当于：

$$f(V_z) = \frac{mV_z}{T} \exp\left(-\frac{mV_z^2}{2T}\right) \underbrace{n_0 \int_0^{\infty} \underbrace{\frac{1}{2\sqrt{\pi}} \Gamma\left(\frac{1}{2}, \hat{U}\right)}_{w(U/T)} g(\hat{U}) d\hat{U}}_{n} \tag{6.3.13}$$

注意，式(6.3.13)与式(5.2.14)的归一化因子不同。式(5.2.14)在单位 1 上进行归一化，而式(6.3.12)在逃逸粒子数密度 n 上进行归一化；可以将式(6.3.13)中的 n 与来自 6.2 节的表达式进行比较（当然，我们可以将式(6.3.13)中的 $g(\hat{U})$ 替换为 6.2.4 节中更复杂的函数）。换句话说，在本节我

们已经获得了与之前章节相同的公式:之前章节是从物理的角度来分析的,本章节则是更直接地从数学的角度来看的。

注意,我们也可以使用不规则表面的分布函数式(5.2.23),而不是式(6.3.13)的第一部分。

因此,计算蒸发表面的通量所涉及的参数均是在第 5 章和本章前面的章节获得的。

一般情况下,质量通量可以表示为

$$J = mn\bar{v} \tag{6.3.14}$$

平坦蒸发表面的平均速度为

$$\bar{v} = \sqrt{\frac{\pi T}{2m}} \tag{6.3.15}$$

对于不规则表面,有

$$\bar{v} = \sqrt{\frac{8Y_z}{\pi m}} \tag{6.3.16}$$

平坦蒸发表面热通量为

$$q = nT\sqrt{\frac{25\pi T}{8m}} \tag{6.3.17}$$

对于不规则表面,有

$$q = n(Y_x + 2Y_z)\sqrt{\frac{8Y_z}{\pi m}} \tag{6.3.18}$$

式中:Y_x 和 Y_z 为不规则表面上速度分布函数的参数。

让我们估算蒸发通量的值,例如 300K 的水(表面温度),蒸发粒子数目 $n = \frac{n_0}{2\sqrt{\pi}}\Gamma\left(\frac{1}{2}, \frac{U}{T}\right)$,我们有 $U \approx 3700K$(6.2.1 节)和 $n_0 = 3\times10^{28} \mathrm{m}^{-3}$,所以 $n \approx 10^{22} \mathrm{m}^{-3}$(为简化起见,我们使用液体内部的粒子数密度 n_0)。那么,平均速度(式(6.3.15))$\bar{v} \approx 460\mathrm{m/s}$,质量通量(式(6.3.14))$J \approx 140\mathrm{g/(m^2 \cdot s)}$。作为对比,当温度为 310K 时,$J \approx 220\mathrm{g/(m^2 \cdot s)}$。

对于热通量(式(6.3.17)),300K 时 $q \approx 1.6\times10^4 \mathrm{W/m^2}$,310K 时 $q \approx 2.5\times10^4 \mathrm{W/m^2}$。

所以说"单纯"的蒸发通量是巨大的。以此速率,一杯质量约为 200g,表面积约为 $4\times10^{-3}\mathrm{m^2}$ 的水将在 6min 内完全蒸发。当然,实际上由于凝结过程的存在不会出现这种情况。因此,总通量将远低于上面计算的值。

高的蒸发(和凝结)通量会对凝结的描述造成一些问题。让我们考虑水蒸气和空气的混合物(这里和下文所指的空气为"干空气"),假设(由于某些原因)蒸发没有出现。蒸气分子会稠密地进行凝结,蒸气浓度在表面附近降低。压力以声速在介质中传播(与组分的数量密度无关):由于缓慢的扩散过程,水蒸气分子的浓度从蒸发表面重新产生。这种扩散过程决定了靠近表面区域蒸气分子数密度,从而决定凝结通量。如上所述,凝结是一个比蒸发更复杂的问题。

总之,我们看到蒸发通量超过总通量几个数量级。在实际情况下,蒸发过程总是与凝结过程同时存在的,我们可以期望在平衡态下总通量等于零:蒸发通量由凝结通量完全抵消。这是真的吗?

6.4 蒸发与凝结:平衡方程

在本节中,我们将讨论一个基本问题。它不涉及界面表面特殊条件的问题,且不涉及蒸发和凝结通量以及它们之间的平衡,而是平衡方程是否真实存在。

这是一个矛盾的问题。当给定的总通量为零且本身通量不随时间变化时,存在平衡态。然而,是否存在通量为常数的状态,或者是否存在波动状态,总通量为具有零均值的时间周期函数?

6.4.1 动态系统的吸引子

众所周知,动力系统可能具有不同类型的极限轨迹(吸引子)。

第一类吸引子是稳定点。系统达到其限制参数,一旦达到这些参数,系统"稳定":没有进一步的变化。一些扰动不能使系统运行点发生改变;这些偏差随着时间的推移逐渐消失,系统又重新回到稳定状态。

第二类吸引子是循环。系统的参数周期性变化。可能存在一个或多个独立频率;系统的任何参数都会发生振荡。

第三种吸引子是一种奇怪的(或混乱的)吸引子。这是一个非常不寻常的事情,已经至少被发现了两次(1963 年由 Lorenz 首次发现,后来 Ruelle 和 Takens 于 1971 年再次发现)。这种类型的吸引子描述一种称为"湍流"的现象(但也可能不是),已经完全超出了本书的范围。

展示这三类吸引子动态系统的最简单示例是:

$$\frac{dx}{dt} = yz - ax$$

$$\frac{dy}{dt} = by - xz \tag{6.4.1}$$

$$\frac{dz}{dt} = xy - cz$$

例如,Turner(1996)在书中讨论了这种动态系统。用式(6.4.1)表示的动力系统有明确的物理意义:每对参数影响第三个参数,而第三个参数本身趋于增加(对应于式(6.4.1)右侧含 y 项的"+"符号)或减少(x 和 z 的"−"符号)。

吸引子的类型取决于参数 a、b 和 c。如果 $-a+b-c<0$,那么这是一个耗散系统。在 $b<0$ 处有一个稳定的点 $(0,0,0)$ 和不稳定的点 $(\pm\sqrt{bc},\pm\sqrt{ac},\pm\sqrt{ab})$(对于每个稳定点,加号的数量是奇数),如 $a=5,0<b<0.71,c=1$。动力系统(式(6.4.1))也可能具有周期性(例如,$a=5,b=1.2,c=1$),或一个奇怪的吸引子(例如,$a=5$,$b=1.9,c=1$),见图6.14。

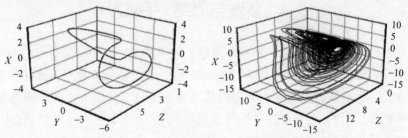

图6.14 式(6.4.1)的限制周期(左)和奇怪吸引子(右)

这只是一个例子:非线性动态系统通常具有动态范围。尽管如此,由于未知的原因,物理学家几乎总是期望稳定点作为所有问题的通用解决方案。因此,动态系统的许多分析都是以"现在我们将找到系统 X 的稳定解决方案……"开头,但很少研究运行点的稳定性或吸引子的唯一性(除了研究不稳定性的特殊问题)。从这个角度来看,任何非稳定运行点存在的吸引子都应该被认为是一个混乱的异常特例。

然而,可能存在其他类型的吸引子而不是稳定点。各种物理问题可能会出现周期性吸引子:其中一个是蒸发。

6.4.2 我们对相变期待什么

如上所述,应该区分蒸发通量(蒸发粒子的通量)和蒸发表面上的通量(总通量,由蒸发通量和凝结通量组成)。

我们期望达到平衡,期望蒸发表面上的总通量为零。对于分布函数而言,期望分布函数的蒸发通量和凝结通量时刻相等:

$$\int_0^\infty mvf^{ev}(v)\,\mathrm{d}v = \int_0^\infty mvf^{cond}(v)\,\mathrm{d}v \qquad (6.4.2)$$

$$\int_0^\infty 2mv^2f^{ev}(v)\,\mathrm{d}v = \int_0^\infty 2mv^2f^{cond}(v)\,\mathrm{d}v \qquad (6.4.3)$$

$$\int_0^\infty \frac{mv^2}{2} v f^{ev}(v)\,\mathrm{d}v = \int_0^\infty \frac{mv^2}{2} v f^{cond}(v)\,\mathrm{d}v \qquad (6.4.4)$$

我们这里添加了等压条件式(6.4.3)(稍有不同,可以理解为添加了等温条件),因此,我们期望蒸发分布函数(EDF)$f^{ev}(v)$和凝结分布函数(CDF)$f^{cond}(v)$的前三个时刻重合。

一般情况下,蒸发粒子和凝结粒子的分布函数可以是速度的不同函数。第5章定义了蒸发分布函数,但我们未给出凝结分布函数的具体表达(另见第7章,由于这本书是关于"蒸发动力学",而不是"凝结动力学",所以我们也不能给出凝结分布函数的具体表达),因此在这里将考虑分布函数不同这样的一般情况。

蒸发分布函数由两个参数确定:蒸发粒子数密度 n^{ev} 和液面温度 T。对于最简单的情况,有

$$f^{ev}(v) = n^{ev}\frac{mv}{T}\exp\left(-\frac{mv^2}{2T}\right) \qquad (6.4.5)$$

因此,蒸发分布函数的参数只能定义两个。假设蒸气相中的压力、质量和能量通量是确定的,那么在这种情况下,不可能完全满足式(6.4.2)~式(6.4.4)。也就是说,这些方程中的一个或多个表达式将变成不等式。

例如,假设气相中的分布函数是麦克斯韦分布函数,则界面上的通量平衡方程为

$$n_l\sqrt{\frac{\pi T_l}{2m}} \equiv j^{ev} = j^{cond} \equiv n_v\sqrt{\frac{T_v}{2\pi m}} \qquad (6.4.6)$$

$$4n_l T_l \equiv p_l = p_v \equiv n_v T_v \qquad (6.4.7)$$

$$n_l T_l\sqrt{\frac{25\pi T_l}{8m}} \equiv q^{ev} = q^{cond} \equiv n_v T_v\sqrt{\frac{2T_v}{\pi m}} \qquad (6.4.8)$$

令 $T_l = T_v$ 和 $n_l = n_v/4$(来自式(6.4.7),详见第7章),则 $j^{ev} \neq j^{cond}$ 和 $q^{ev} \neq q^{cond}$,通量相差几十个百分点。式(6.4.6)~式(6.4.8)可以有各种推论,但最简单的结论是原则上它们不存在。

因此,如果难以(或者说,不可能)满足不同分布函数 f^{ev} 和 f^{cond},上述等式(式(6.4.2)~式(6.4.4))均成立,那么我们更倾向于假设即使存在瞬时波动,但平均通量是相等的,即 $\overline{j^{ev}} = \overline{j^{cond}}$,$\overline{q^{ev}} = \overline{q^{cond}}$。

在以下小节中,我们尝试估计这种瞬时波动的周期。

6.4.3 从蒸气的角度看时间尺度

振荡周期可以通过不同的研究方法进行求解,严格地说,对于这个问题可能

有许多特定时间点。实际上,首先需要绘制完整的理论图,包括所有方程、边界条件等,但目前这对我们来说太复杂了,近界面过程的各个方面首先需要了解清楚。我们在这里聚焦一个非常简单的问题:估算界面处凝结通量的振荡周期。

假设界面处的限制条件为蒸气密度建立"平衡"值。例如,当蒸发太过剧烈时,在凝结通量等于蒸发通量之前蒸气的密度会一直增加,反之亦然。换句话说,如果蒸发(或凝结)通量自发地变化,那么在一段时间之后将建立新的蒸气密度值;建立新蒸气密度的时间尺度通常被认为是整个蒸发-凝结问题的特征时间,这也是我们这里关注的重点。

考虑在体积为 V 的气相中表面积为 S 的液滴。气相服从克拉珀龙方程,即

$$p = \frac{NT}{V} \tag{6.4.9}$$

假设由于扰动的影响界面上的通量增加(或减少),蒸发(或由于冷凝而消失)粒子数目为

$$\frac{\mathrm{d}N}{\mathrm{d}t} = jS \tag{6.4.10}$$

如上节所述,总通量远小于瞬时蒸发(或凝结)通量。

界面上蒸发和凝结的通量可估算为

$$j \approx \frac{p}{\sqrt{2\pi mT}} \tag{6.4.11}$$

蒸气凝结与麦克斯韦速度分布之间出现很强的相等性。因此,我们可以通过 $\frac{\mathrm{d}N}{\mathrm{d}t} \approx \frac{N}{\tau}$ 估计时间尺度,从式(6.4.6)~式(6.4.8)得到时间尺度为

$$\tau \approx \frac{N}{jS} \approx \frac{V}{S}\sqrt{\frac{2\pi m}{T}} \tag{6.4.12}$$

例如,对于直径约为 $1\mathrm{mm}(S \approx 10^{-6}\mathrm{m}^3)$ 的水滴($m \approx 3 \times 10^{-26}\mathrm{kg}$)置于体积为 $1\mathrm{L}(V \approx 10^{-3}\mathrm{m}^3)$ 的蒸气空间内,$\tau \approx 7\mathrm{s}$。考虑到所有近似,对于实际条件,该时间尺度为 $1 \sim 10\mathrm{s}$。

回到本节的开头,我们可以得出结论:由于气相对界面通量变化的缓慢"调整",τ 可以作为振荡周期的一个预估。

注意,上面仅针对没有缓冲气体的情况下的纯蒸气。如果蒸气分子的扩散是一个很重要的过程(例如,对于空气中的蒸气,参见6.3节),那么可以通过扩散系数 D 直接估计时间尺度:

$$\tau_{\mathrm{diff}} \approx \frac{L^2}{D} \tag{6.4.13}$$

通常,对于气体,$D\approx0.1\text{cm}^2/\text{s},L\approx1\sim10\text{mm}$,其时间尺度为 $\tau_{\text{diff}}\approx0.1\sim10\text{s}$。因此,可以得出结论,气相可以提供周期约为 1s(上下浮动一个数量级的分布)的振荡。

至少为了完成起见,我们应该检查液相过程的时间尺度。

6.4.4 从液体的角度看时间尺度

蒸发液体中的限制条件是蒸发引起的冷却。由于通过表面积 S 的热通量 q 引起液体质量 m 的温度变化为

$$c_p m \frac{\mathrm{d}T}{\mathrm{d}t} = qS \tag{6.4.14}$$

考虑表面温度的变化:高能原子离开表面,表面温度降低;由于液体内部传递给表面的热通量,表面的温度增加,蒸发率增加等。

正如 6.3 节所讨论的,相界面上热通量很大,可以假设限制条件来自液体的热传导(最慢的过程)。由此,从式(6.4.14)可得到该过程的时间尺度:

$$\tau \approx \frac{c_p\rho}{\lambda}\delta^2 = \frac{\delta^2}{a} \tag{6.4.15}$$

式中:ρ 为密度;λ 为液体的导热系数;$a = \dfrac{\lambda}{\rho c_p}$ 为热扩散系数。

式(6.4.15)最后的值约为 $10^{-7}\text{m}^2/\text{s}$,因此,$\tau$ 的值取决于界面的厚度 δ。

我们必须注意到:

(1)参数 δ 很小;它可以是 $1\sim10\text{nm}$,甚至 100nm。无论如何,τ 的数值在任何情况下都是相同的,这个时间尺度非常小,相比于实验,数值模拟(其中计算的总时间间隔可能约为 ~1ns)能更好地观察到该时间尺度的变化。

(2)像式(6.4.15)这样的估算表征了扩散过程的尺度,这是不能完全接受的,因为时空变化的特征与它们的玻尔兹曼变量 x^2/t 具有相似的形式。也就是说,由于式(6.4.15)的非线性特征和空间尺度的不确定性,导致时间尺度具有很大的不确定性。

将本节的结果与上节的结果进行比较,可以很容易得出结论,凝结相会"适应"外部(或在这种情况下为恒定)环境的变化。然而,气相不能实时抵消这种影响,因此,参数变化会导致一切动态过程的明显滞后。

6.4.5 简单实验

所有哲学家和一些物理学家都认为理论必须得到实验的支持。这种乐观的实证主义排除了生命力这样的因素,这通常是任何自洽理论的一个特征。通常,

单个实验仅测试理论的单个点,而这种一对一的对比对整个理论没有任何帮助。即使在最坏的情况下,理论也可以通过变异保留下来,保持其基本原理不变。事实上,尽管有哲学家的理想主义观点,但很难用一个实验去推翻一个理论。此外,有时理论还会同实验结果反其道而行之,见第8章。

在这里,我们给出了湿热电偶测温的一些实验结果,采用半径为0.5mm的铬铝合金热电偶,其惯性时间约为0.5s。

我们将热电偶的尖端放入热水(约40℃)中,然后从容器中取出,保持在相界面上方约1cm的高度数分钟。热电偶的尖端上半径约为1mm的液滴将会蒸发,但是,蒸发液体表面附近,蒸气也在液滴表面凝结。因此,液滴表面为蒸发和凝结过程的平台。

热电偶的温度逐渐下降直到准平衡过程建立起来。我们在第1章中从另一个角度讨论了这个过程:在研究蒸发的早期,我们想知道蒸发液体的温度是否可能低于周围空气的温度。在这里,将微小的变化视为波动。

在准稳态条件下(假设以这种方式表征这个过程更为准确),可以看到热电偶温度的振荡(图6.15)。振荡产生可能的几个原因:

(1)热电偶中冷线的振荡;

(2)对流过程;

(3)由凝结-蒸发过程引起的振荡。

160

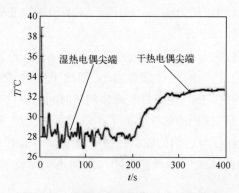

图6.15 湿热电偶在液体表面上的温度

第一个原因可能导致温度振荡约为0.5℃,但不会更高。第一个和第二个原因都可以在湿热电偶和干热电偶中表现出来。然而,在干热电偶尖端,能观察到(而不是在每个实验中)弱振荡小于1℃。在湿热电偶上,总是观察到几摄氏度的振荡。因此,正如夏洛克·福尔摩斯(Sherlock Holmes)教导我们的那样,我们必须承认这仅存的原因,哪怕它未经证实。

考虑到腔室容积大约为1L,最后一个未经证实的原因引导我们进行估计:

振荡周期约为 $1\sim10\mathrm{s}$,该值明显高于热电偶的惯性时间。我们可以在实验图上看到相应的频率(图6.15)。

然而,我们更倾向于弱化我们的结论。这是一个非常简单的实验,在陈述最终结论之前必须检查许多因素。更方便地说,前文提出的假设与这些实验并不矛盾。

6.4.6 温度波动

了解温度或功函数的波动如何影响蒸发通量是非常必要的:

$$j=n\bar{v}, \quad n=n_0\frac{1}{2\sqrt{\pi}}\Gamma\left(\frac{1}{2},\frac{U}{T}\right) \tag{6.4.16}$$

显然,表面温度的微小变化不会显著影响表面处的平均速度 $\bar{v}$ 或液体的粒子数密度 n_0。但是,如果温度增加一个小值,它是如何通过含有伽马函数的项影响蒸发粒子总数的?

通常,我们需要处理 $U/T>1$ 的情况。在不完全伽马函数自变量足够大的情况下,可以用更为合适的形式表示粒子数密度:

$$n\approx\frac{n_0}{2\sqrt{\pi}}\sqrt{\frac{T}{U}}\exp\left(-\frac{U}{T}\right) \tag{6.4.17}$$

式(6.4.16)和式(6.4.15)中 $\delta n=\Delta n/n_0$ 之间的差值如图6.16所示。简单来说,如果 $U/T>1$,那么这个差异几乎可以忽略不计。

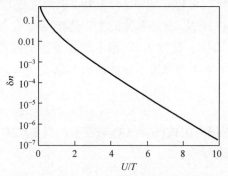

图6.16 精确解(式(6.4.16))和近似解(式(6.4.17))之间的差异

因此,通过式(6.2.17),可以估计温度对粒子流出的影响,则有

$$\frac{\mathrm{d}n}{\mathrm{d}T}=\frac{n_0}{2\sqrt{\pi}}\frac{U}{T^2}\left[\frac{1}{2}\left(\frac{T}{U}\right)^{3/2}+\left(\frac{T}{U}\right)^{1/2}\right]\exp\left(-\frac{U}{T}\right) \tag{6.4.18}$$

$$\frac{1}{n}\frac{\mathrm{d}n}{\mathrm{d}T}=\frac{U}{T^2}\left(1+\frac{1}{2}\frac{T}{U}\right) \tag{6.4.19}$$

图 6. 17 给出了功函数 U 不同时,式(6. 4. 18)的变化曲线。

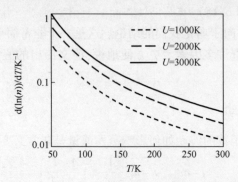

图 6. 17　蒸发粒子数对液体表面温度的响应度

可以看到,在约 100K 的温度下,温度变化 1K 会导致蒸发通量变化约 10%。这个事实有助于理解通量随时间的变化,因为蒸发粒子带走了大量的能量(只有高能粒子才能离开液体),表面温度降低,相应的蒸发通量减小(图 6. 17)。之后,由于来自液体内部的热通量,温度恢复到其原始水平,同时该过程继续进行(参见上一节)。

下一个问题是蒸发过程中液体粒子的逃逸对蒸气压力的影响。从定量来讲,这个过程可以用相同的关系式(6. 4. 19)来描述,简而言之,可以得出结论,这个关系式很强大。

更有意思的是,我们可以识别式(6. 4. 19)中的克拉珀龙-克劳修斯方程。在克拉珀龙方程 $p=nT$ 中,压力对温度的主要影响隐藏在气体分子数密度的函数 $n(T)$(式(6. 4. 16))中。反过来,气相中的粒子数密度与蒸发粒子数密度呈比例。因此,蒸发粒子的压力取决于液体表面的温度,即

$$\frac{1}{p}\frac{\mathrm{d}p}{\mathrm{d}T} \sim \frac{1}{n}\frac{\mathrm{d}n}{\mathrm{d}T} \qquad (6. 4. 20)$$

式(6. 4. 20)的右侧可用式(6. 4. 19)来表示。当 $T \ll 2U$,式(6. 4. 19)中的最后一项可以忽略,因此有

$$\frac{\mathrm{d}\ln p}{\mathrm{d}T} \approx \frac{U}{T^2} \qquad (6. 4. 21)$$

因为 $U \sim \Delta H$(汽化潜热,见 6. 1. 3 节),式(6. 4. 21)是克拉珀龙-克劳修斯方程的一种变形。

简而言之,我们可能会注意到关系式(6. 4. 21)不只适应于特殊函数如式(6. 4. 17)中的 $n(U,T)$。满足 $p \sim n(U/T)$ 就足够了,相同的缩放比例导致我们更早地接受了特鲁顿规则。

压力与温度间的强耦合关系为数值模拟的开展造成一些困难。为了确定一些参数(如蒸发系数),必须计算与液体表面温度相对应的压力。对温度有强烈依赖的 $p(T)$ 的误差将会很大,且该误差将反映在该参数值的误差(如蒸发系数)中。

因此,当蒸发液体与其蒸气接触时,蒸发成真空变成一种特殊的过程,太极端以至于很难模拟真实情况。然而,纯蒸发的研究有助于我们理解这一过程的本质,而且,有助于明确在液-气系统中必须考虑的细节——表面处的 U/T。

这些具体细节将在下一章中讨论。

6.5 蒸发中的非线性效应:超蒸发

在第 5 章,使用 $U = \text{const}$ 来描述结合能,实际上这是不正确的。原子的结合能取决于许多因素,考虑 U 的分布函数会更为准确。在本章中我们讨论了这个分布函数,发现这个函数是一个解析表达式,但我们没有涉及另一个具体细节。结合能是一个独立的参数吗?毫无疑问,蒸发速率取决于 U,但是反过来说结合能是蒸发速率的函数吗?

一般来说,答案是肯定的。当原子(或分子)离开其所在液体表面位置时,其相邻分子会获得较低的结合能。因此,这些原子(新腾出原子相邻粒子)的蒸发概率更高。这意味着它们中的一个可能离开表面,空出新的位置等。这种状态的蒸发是级联过程:蒸发粒子将导致其相邻粒子的蒸发。考虑到液体中的快速弛豫,该过程可能仅在第一个原子蒸发后的很短时间内观察到,因此,可以看作"分子"的逃逸——两个或更多个原子簇从液体中分离出来。

让我们预测降低结合能后的情况。将 U_N 表示为具有 N 个相邻原子的结合能,因此,具有 $N-1$ 个邻域的原子的结合能为 U_{N-1}。设 $U_N = NU_1$,其中 U_1 是单个相邻粒子的结合能。因此从表面逃逸的概率为

$$p(U) = \frac{1}{2\sqrt{\pi}} \Gamma\left(\frac{1}{2}, \frac{U}{T}\right) \qquad (6.5.1)$$

在一个相邻粒子逃脱后,逃逸概率的增加量为

$$\delta = \frac{p(U_{N-1})}{p(U_N)} = \frac{\Gamma\left(\frac{1}{2}, \frac{U_1(N-1)}{T}\right)}{\Gamma\left(\frac{1}{2}, \frac{U_1 N}{T}\right)} \approx \exp\left(\frac{U_1}{T}\right) \qquad (6.5.2)$$

这种简化的方法没有考虑到"逃逸的"粒子"拉出"其相邻粒子。

表 6.3 给出了不同 U_1/T 和 $N=6$ 下 δ 的值(我们在式(6.5.2)中使用绝对相等)。

表 6.3　可能的超蒸发参数

U_1/T	1	2	3
δ	3	8	22
$p(U_N)$	2.5×10^{-4}	5×10^{-7}	10^{-9}

　　一方面,δ很重要;另一方面,概率p非常低。实际上由于给定原子的蒸发概率低,非线性的影响很小。即使概率增加了一个数量级,它的值仍然太低。表面原子的构型很可能"会重新生成",并且在空位附近的一个原子离开表面之前,空位的痕迹会消失。

　　这是个好消息,因为我们可以正确使用"线性"方法;否则,本章中提出的所有理论都需要进行调整。但是,这种结论只适用于"典型"工况。对于极高的温度,当比率U_1/T足够小并且概率为$p(U_N)\approx1$时,我们可以预期本节所述的非线性超蒸发状态。无论如何,这种有趣的效果不能完全被忽视。在某些情况下可能会出现这种过程,其中一种特殊情况是二维几何。

　　在二维系统中可以更好地观察到两个或更多个粒子的蒸发。在二维几何中,液体中原子的键数小于三维几何;因此,正如我们所考虑的那样,不存在单个粒子能更清楚地显示其自身:一个粒子的相对权重在二维系统中更高。由此,人们能够以更高的概率一次观察到几个粒子的逃逸。

　　我们可以在图6.18中看到逃逸过程的展示,这里给出了从蒸发表面分离的五个粒子的飞行轨迹,这是一幅一个令人印象深刻的景象。

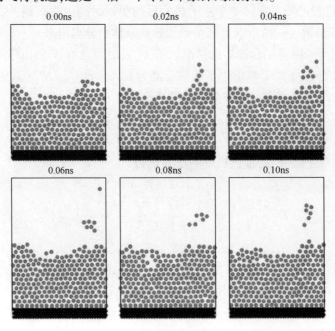

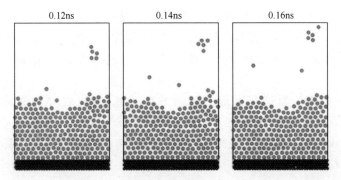

图 6.18　超蒸发:从蒸发表面分离出五个粒子

6.6　结　论

表面原子的功函数不是常数。存在势能的分布函数:

$$g(u) = \int_0^{\infty} 2\sqrt{\frac{\varepsilon}{2\pi^2\theta^2 T^3}} \exp\left(-\frac{\varepsilon}{T}\right) \exp\left[-\frac{(\varepsilon - u - l_m)^2}{20^2}\right] d\varepsilon$$

式中:ε 为粒子的动能;T 为液体的温度(粒子的平均势能);$l_m = \varepsilon_m - u_m$ 为拉格朗日函数(平均动能和势能之间的差异);θ 为"波动"的特殊参数。

这个分布函数是针对凝聚态介质获得的,严格来说,它的应用领域还不清楚。

对平衡态液体进行数值模拟证实了势能分布函数的形式和造成这种函数的假设:粒子的势能及其动能在统计上是独立的参数;粒子拉格朗日函数的分布函数是对称函数。

参数 θ 是本章(以及本书整体)中未解决问题的根源。在平衡态下,"波动"等于介质的温度,这一事实遵循术语"平衡"和"温度"(作为平衡波动的度量)的定义。但是,我们没有充分的理由说明 $\theta = T$,包括非平衡系统(温度梯度、热通量等)。实际上,我们对 θ 知之甚少,但我们认为本章所介绍的理论足以指出其问题。

一般情况下,我们没有可靠的论据来建立 θ,无法在理想气体极限下确定某种物质分布函数 g_ε 的形式。

"波动"是否取决于介质的密度? 乍一看,对于一种理想的气体——无粒子之间相互作用力气体,$u \equiv 0$,则必有 $u_m \equiv 0$ 和 $\theta \equiv 0$。那么,从这个角度来看,$\lim_{T \to \infty} \theta(T) = 0$,而 $\theta(T)$ 本身就很重要。从另一个角度来看,这种描述太过复杂,因为真实的理想气体(房间中的气体服从克拉珀龙方程,但由真实分子组成)碰撞分子间的相互作用能量是非零的,而且碰撞的瞬间,这种能量是巨大的。另外,为了继续本

165

段开头的论证,$D_u=0$ 而不是 $\theta=0$ 似乎更符合逻辑。最后,我们必须承认一般情况下不能对波动做出合理的解释。相反,对于势能等于零的理想气体,似乎所有获得势能分布函数的方法都是不正确的,因此,所有基于最小作用原则的方法都失去了效力。

虽然不能在一般情况下得到波动的真实值,但我们对其测量值有一些想法:在较宽的液体层中,同一层中平均势能相差 Δu_m,其势能分布函数可以由(确切地说,是近似解)$g(u)$ 替代,但要做更换 $\theta\to\Theta$,其中测量的波动(如数值模拟确定 Θ 的值)为

$$\Theta^2=\theta^2+\frac{(\Delta u_m)^2}{12}$$

计算表明,在具有温度 T 的表面层,测量的波动是 $\Theta\approx 2T$,其对应于 $\theta\approx T$。我们能否总结出 θ 总是等于 T? 不能,因为我们仍然需要更多的论据来获得这样一个结论。

因此,我们获得了液体表面结合能的分布函数,并估算了蒸发的概率、蒸发粒子数密度、蒸发表面热通量等。

具有不同势能粒子的分离概率是不同的。实际上,蒸发通量主要是由具有低结合能的粒子决定的。为了估计这个概率,可以使用第 5 章中的方程 $w(U)=\frac{1}{2\sqrt{\pi}}\Gamma\left(\frac{1}{2},\frac{U}{T}\right)$。但是此处 U 不对应于平均能量 $\int_{-\infty}^{\infty}Ug(U)\mathrm{d}U$,而是对应于满足条件的值 $w(U)=\overline{w(U)}$。因此,可以确定蒸发粒子的数目(液体表面总的粒子数密度 n_0):

$$n=n_0\,\overline{w(U)}=n_0\int_{-\infty}^{\infty}w(U)g(U)\mathrm{d}U$$

如果 $g(U<0)\neq 0$,即考虑具有负结合能的粒子,那么分离的概率是 $w(U<0)=1/2$。实际上,表面势能的分布函数与液体内部的分布函数不同:粒子以高结合能到达液体表面,并能够选择降低它们的结合能或离开表面。

液体表面处的粒子数密度 n_0 比液体低;我们可以通过表面的结合能来估算这个数值。请注意,这种估计的准确性并不比数值模拟差很多:在分子动力学模拟中难以计算 n_0。

来自蒸发表面的通量可以用第 5 章的结果表示,采用通量的表达式并将它们乘以粒子数密度 n。质量通量和能量通量分别为

$$J=\begin{cases}n\sqrt{\dfrac{\pi mT}{2}}\\[2ex]n\sqrt{\dfrac{8mY_z}{\pi}}\end{cases},\quad q=\begin{cases}nT\sqrt{\dfrac{25\pi T}{8m}}\\[2ex]n(Y_x+2Y_z)\sqrt{\dfrac{8Y_z}{\pi m}}\end{cases}$$

其中,每个通量的第一个表达式对应于平坦的蒸发表面,第二个表达式对应于强烈不规则的表面,在后一种情况下,参数 Y_x 和 Y_z 是速度分布函数模块(第5章)。

　　蒸发通量显示出非常大的数值,界面上的总通量远小于纯蒸发通量。因此,凝结通量也起一定作用。那么当达到平衡态时,蒸发粒子的速度分布函数具有特殊的形式。我们没有界面上凝结通量的关系式,但很难期望该函数具有类似的形式。对于不同的分布函数,任何时候都无法满足通量和热力学参数(压力和温度)的所有平衡方程。因此,可以预期所有这些参数都有波动。在平衡态下,即当蒸发通量与凝结通量相比时,我们可以估计这种波动的周期,也就是时间尺度。在普通外部参数下,此周期约为1s。请注意,蒸发液体中的波动要快得多,它们的时间尺度约为~1ns 或更短。

　　我们所有的方法都只涉及一个简单的线性近似:蒸发通量不会影响自身。通常,这种方法是正确的,但有时蒸发的粒子会完全离开表面,在这种特殊情况下,我们需要对蒸发进行非线性描述。

参考文献

S. I. Anisimov, V. V. Zhakhovskii, JETP Lett. **57**, 91 (1993).

F. Duan et al., Phys. Rev. E **78**, 041130 (2008).

A. Einstein, Ann. Phys. **14**, 351 (1904).

G. Fang, C. A. Ward, Phys. Rev. E **59**, 441 (1999).

L. D. Landau, E. M. Lifshitz, Mechanics (*Course of Theoretical Physics, volume I*) (Butterworth-Heinemann, Oxford, 1976).

B. Lavenda, *Statistical Physics: A Probabilistic Approach* (Wiley, New York, 1991).

E. N. Lorenz, J. Atmos. Sci. **20**, 130 (1963).

J. Loschmidt, Wien. Ber. **73**, 128 (1876).

D. Ruelle, F. Takens, Commun. Math. Phys. **20**, 167 (1971).

R. A. Swalin, *Thermodynamics of Solids* (Wiley, New York, 1972).

L. Turner, Phys. Rev. E **54**, 5822 (1996).

推荐文献

T. Alty, Lond. Edinb. Dublin Philos. Mag. J. Sci. Ser. 7(15), 82 (1933).

A. Einstein, Ann. Phys. **17**, 132 (1905).

第 7 章
蒸 发 系 数

也许,这是物理学中的一个独特情况:对于一个定义相当明确的物理参数(几乎是机械性质的,因为质量通量是一个明确定义和易于理解的物理量)以及像水这样的简单物质,在相对清晰的实验中,不同实验的蒸发-冷凝系数相差约两个甚至三个数量级。这并不是如同非平衡等离子体羟基的振动温度那样的量:质量通量的比例因子似乎是一个确定且易于测量的参数。A 测量已知温度和压力下的质量通量,然后将获得的值除以计算出的赫兹通量……获得的数值与 B 在隔壁实验室获得的值相差五倍。为什么呢?

7.1 蒸发和凝结系数

7.1.1 综述

对于完整的界面过程理论,蒸发系数和凝结系数应当可以根据理论推导而出,而不是独立的外部变量。因此从某种程度上来讲,定义以上两个系数是冗余的。

然而,界面过程理论的发展依然受到各种因素的限制,远未达到"完备"的程度。因此,目前主要将蒸发和凝结系数代入式(7.1.1)所示的类赫兹关系式右侧,来计算"非理想"过程下的蒸发和凝结流动。

$$j \approx \frac{p}{\sqrt{2\pi mT}} \tag{7.1.1}$$

若假设某一粒子流的碰撞特性符合赫兹流动,那么凝结系数的含义可以简要地理解为某交界面吸附粒子数与落到该交界面上总粒子数之比。虽然该假设与实际研究对象有所偏差,但依然可以基于此得出一个普适性的结论。

蒸发系数通常被理解为描述定义液相粒子数密度与气相粒子数密度差异的

系数。但液相的粒子数密度远大于气相的粒子数密度是显而易见的,该定义并不能准确解释蒸发现象的物理机理。而使用"气液两相交界面附近气相中的粒子数密度"代替上述定义中的"液相粒子数密度"相对会更加准确。此时,必须明确式(7.1.1)中压力的真实物理意义,并解释为什么气相中粒子数密度减少未导致压力 p 下降。

蒸发系数另一种解释是将其定义成某种通量相关的系数。基于这种解释,式(7.1.1)中的通量表示在理想状态下可以达到的最大通量,注意该通量在现实中是无法达到的。根据这个解释可以引出一个悬而未决的问题:限制通量达到理想值的因素是什么,界面上的哪些过程阻止了通量达到最大值? 基于此,我们可以给出这样的概念: $\alpha = 1$ 时的通量指进入真空的蒸发通量,即蒸发系数仅在液体和蒸气接触点处出现。

此外,我们也可以尝试通过凝结和蒸发的过程来诠释蒸发系数。由于凝结通量(由式(7.1.1)定义,凝结系数小于1)必须等于饱和条件下的蒸发通量,那么蒸发通量的计算一定包含相同的因子,即蒸发系数。但是,某交界面从气相中吸附粒子的能力直接与该交界面释放粒子的能力相关联是很难理解的。根据 H. Hertz 的说法可以引出该理论的一种变体:蒸发通量只是表面发射通量中占据 α 份额的那部分,其余的 $1-\alpha$ 部分则可以视作被反射回表面的那部分粒子。基于上述理论,我们再次得到凝结与蒸发相同的通量形式。

最后,无论如何还存在一种方式,即不做任何解释,并认为蒸发通量通过式 $J^{ev} = \alpha p_s \sqrt{m/2\pi T_s}$ 计算获得,其中 α 为蒸发系数。该方法看似"武断",但具有很多优点,并为后续的理论保留了空间。在下一节中将以此为起点开始论述,并在7.3节中再次对关于蒸发系数含义的问题进行探讨。

7.1.2 赫兹-克努森(Hertz-Knudsen)公式

蒸发系数 α 和凝结系数 β 在气液两相交界面过程理论的描述中起到非常重要的作用,二者均会对质量通量产生影响:

$$j^{ev} = \alpha j^H, \quad j^{cond} = \beta j^H \tag{7.1.2}$$

此处 j^H 是处于平衡态气相中的单向质量通量,根据赫兹公式,有

$$j^H = \frac{1}{4} n_g \bar{v} = \frac{1}{4} n_g \sqrt{\frac{8T}{\pi m}} \tag{7.1.3}$$

式中: n_g 为气相中的粒子数密度,通常可以通过理想气体状态方程求得($n_g = p/T$); m 为气相粒子的质量; $\bar{v}$ 为当前温度下的热力速度。

根据质量通量 $J = mj$ 类推可以得到:

$$J^{\mathrm{H}} = p\sqrt{\frac{m}{2\pi T}} \tag{7.1.4}$$

至此 α 和 β 都以比例因子的形式被添加至气体通量的计算式中。再根据客观条件可以假设液体和气体的温度是相等的。实际上,第一种方法总是基于平衡态,因此我们可以建立饱和粒子数密度与粒子数密度间的关系:$n_{\mathrm{g}} = n_{\mathrm{s}}$。

从凝结系数的解释可以给出其可以被预测的一些原因。当原子撞击某一交界面时,它有可能被吸附或被反射。如果用式(7.1.2)计算凝结通量,那么凝结系数就表征了被吸附于交界面上粒子的占比。在过去的数值模拟和分析中,通常使用一个标准模型用于描述粒子与连续固体壁面之间的相互作用,该模型可以表述为:交界面与粒子相互作用可能存在完全弹性碰撞等多种作用类型。

然而,实际上将粒子与连续固壁之间的相互作用应用于凝结的研究中并不十分合适。它始终是蒸气粒子同液体或固体原子之间的相互作用,其物理描述发生了巨大变化。即使在固体中,两个相邻原子之间的平均距离也足够大,对于入射的原子来说,"固体"更加类似于"充满孔隙"的物体。从而将凝结过程理解为气相粒子与连续固壁的相互作用并不确切,而是应理解为气相粒子作用于由固体粒子构成的多孔结构的交界面上,并且在与该结构发生数次碰撞后,粒子可能会被重新释放,也可能被长时间吸附。就该理论本身而言,并不会改变常见情况下的冷凝系数,在7.4节中继续详细讨论该问题。因此,我们暂时假定几乎所有与交界面相互作用的气相粒子都能被吸附而不是被反射。

我们可以将界面上总通量的表达式表示为

$$J^{\mathrm{tot}} = J^{\mathrm{ev}} - J^{\mathrm{cond}} = \sqrt{\frac{m}{2\pi}}\left(\alpha\frac{p_{\mathrm{l}}}{\sqrt{T_{\mathrm{l}}}} - \beta\frac{p_{\mathrm{v}}}{\sqrt{T_{\mathrm{v}}}}\right) \tag{7.1.5}$$

式中:角标"l"和"v"为参数属性为液相或气相。

该关联式被称为赫兹-克努森(Hertz-Knudsen)方程,但该方程的通用形式与式(7.1.5)略有不同,其原因如下。

首先,除某些非常罕见的情况以外,通常认为蒸发系数与凝结系数是相等的。其原因也很简单:根据平衡条件 $p_{\mathrm{l}} = p_{\mathrm{v}}$ 和 $T_{\mathrm{l}} = T_{\mathrm{v}}$,可以认为 $J^{\mathrm{tot}} = 0$,因此必然可以得到 $\alpha = \beta$。

其次,假设压力 p_{l} 为温度 T_{l} 下的饱和压力,那么可以建立以下替换关系 $p_{\mathrm{l}} \rightarrow p_{\mathrm{s}}$,$T_{\mathrm{l}} \rightarrow T_{\mathrm{s}}$。

再者,通常假设气相温度与液相温度相等,因此,总通量仅由式(7.1.5)中的压力差确定。当然,该处与其他情形类似,是基于假设成立的。在下一章中,将考虑界面处液体和蒸气之间的"温度阶跃"。

在完成以上简化后,可以用下式代替式(7.1.5):

$$J^{\text{tot}} = \alpha \sqrt{\frac{m}{2\pi T_\text{s}}} (p_\text{s} - p_\text{v}) \qquad (7.1.6)$$

最后,我们注意到此处 T_s 为液相的温度,对应的压力为 $p_\text{s}(T_\text{s})$。

根据以上工作,式(7.1.5)和式(7.1.6)最终成为许多测定蒸发或冷凝系数实验工作的基础。当然,针对式(7.1.5)中含有凝结通量的部分仍需进行改进。

7.1.3 凝结通量

赫兹方程基于气相粒子的速度分布函数符合麦克斯韦分布的假设。这个假设对于一般气相介质,如空气来说是正确的。但在气液交界面处的物理条件与此略有不同。在不考虑蒸发的前提下,可以发现气相粒子由于凝结而在液相表面"消失"。因此,气相的平均速度不为零,即气相粒子的分布函数不具有平衡麦克斯韦分布式(Kucherov 和 Rikenglaz,1960a、b)。而在考虑蒸发通量的情况下,可能存在与之相反的情况,即气相远离界面移动。同样,在该情况下,气相粒子的分布函数也不服从麦克斯韦分布。

考虑气相粒子的平均速度 $\bar{v}$ 的最简单方法是假设分布函数可以表示为如下流动:

$$f(v) = \sqrt{\frac{m}{2\pi T}} \exp\left[-\frac{m(v-\bar{v})^2}{2T}\right] \qquad (7.1.7)$$

这种分布函数的通量与赫兹公式不同。可以通过下式计算通量:

$$j = n \int_0^\infty v f(v)\,\mathrm{d}v = n \sqrt{\frac{m}{2\pi T}} \int_0^\infty v \exp\left[-\frac{m(v-\bar{v})^2}{2T}\right] \mathrm{d}v \qquad (7.1.8)$$

求解积分可以得到:

$$j = n \sqrt{\frac{T}{2\pi n}} \psi(\tilde{v}) \qquad (7.1.9)$$

其中

$$\Psi(\tilde{v}) = \exp(-\tilde{v}^2) + \tilde{v}\Gamma\left(\frac{1}{2}, \tilde{v}^2\right) \qquad (7.1.10)$$

$$\tilde{v} = \bar{v}\sqrt{\frac{m}{2T}} \qquad (7.1.11)$$

如果蒸气向液体表面移动(凝结),则 $\tilde{v} > 0$;如果蒸气离开界面(蒸发),则 $\tilde{v} < 0$。

对于低平均速度值,即 $\tilde{v} \to 0$ 且 $\Psi(\tilde{v}) \to 1$,式(7.1.9)为常规赫兹方程形式。对于 $\tilde{v}$ 为其他任意的情况,基于上述假设,总通量可以表达为

171

$$J^{\text{tot}} = \alpha \sqrt{\frac{m}{2\pi T}} \left[p_s - \Psi(\tilde{v}) p_v \right] \tag{7.1.12}$$

此处有必要明确"低平均速度"对于所研究问题的实际含义。蒸发函数 $\Psi(\tilde{v})$ 如图 7.1 所示。对于室温 $T \approx 10^2\,\text{K}$,速度 $\bar{v}$ 的尺度约为 $\sqrt{2T/m} \approx 10^2\,\text{m/s}$。

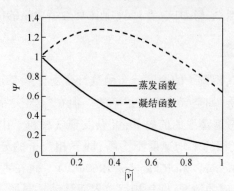

图 7.1　蒸发函数 $\Psi(|\tilde{v}|)$(式(7.1.10)第二项为负)和
凝结函数(式(7.1.10)第二项为正)

低平均速度 $\tilde{v}$ 并不是自由参数,而是与界面处的总质量通量 J^{tot} 相关的参数:

$$\tilde{v} = -\frac{J^{\text{tot}}}{n(\sqrt{2mT})} \tag{7.1.13}$$

式中的正负号根据所研究的具体问题而定。需要注意的是,式(7.1.12)中用于计算蒸发通量的符号为正,而式(7.1.7)中用于计算凝结通量的符号也为正。将式(7.1.7)做级数展开可以得到:

$$\Psi(\tilde{v}) \approx 1 + \tilde{v}\sqrt{\pi} + \cdots \tag{7.1.14}$$

并将该式与式(7.1.11)、式(7.1.12)以及总通量的关系式联立可以得到:

$$J^{\text{tot}} = \alpha \sqrt{\frac{m}{2\pi T}} \left[p_s - \left(1 - \frac{J^{\text{tot}}}{mn} \sqrt{\frac{m\pi}{2T}} \right) p_v \right] \tag{7.1.15}$$

最后,通过 $p_v = nT$ 可以得到:

$$J^{\text{tot}} = \alpha \sqrt{\frac{m}{2\pi T}} (p_s - p_v) + \frac{\alpha}{2} J^{\text{tot}} \tag{7.1.16}$$

$$J^{\text{tot}} = \frac{2\alpha}{2 - \alpha} \sqrt{\frac{m}{2\pi T}} (p_s - p_v) \tag{7.1.17}$$

式(7.1.17)一般被称为赫兹-克努森-施拉格(Hertz-Knudsen-Schrage)公式。该式考虑了界面处相对缓慢的气相流动,包括气相向交界面运动(冷凝)和

气相远离交界面(蒸发)。如图 7.1 所示,这种基于式(7.1.14)线性化的近似需要满足以下适用性条件:

$$|J^{tot}| \le 0.1mn\sqrt{\frac{2T}{m}} \sim 0.1p\sqrt{\frac{m}{T}} \qquad (7.1.18)$$

此处省略了常数项 $\sqrt{2}$,因为式(7.1.18)只是对数量级进行估计。严格来讲,此处 $p=p_v$,但是不对其处理对结果的影响并不大,因为在式(7.1.18)中 $p_s \approx p_v$ 的条件下,该式遵循式(7.1.17)所具有的形式。

一般认为式(7.1.17)优于式(7.1.6),有以下三个主要原因:

(1) 当 $\alpha \to 0$ 时,式(7.1.17)转变为式(7.1.6),因此可以认为式(7.1.6)是式(7.1.17)的一个特例。

(2) 式(7.1.17)考虑了式(7.1.6)中忽略的因素,即总气相粒子通量不为零时对其分布函数的影响。

(3) 式(7.1.17)的推导过程更为复杂。

需要说明的是,实际上原因(2)并没有比原因(3)更严谨,因为赫兹-克努森方程假设气相中蒸发和凝结粒子的分布函数均服从麦克斯韦分布。但是,麦克斯韦分布只是一个模型,很难对其进行验证,特别是在蒸发和凝结通量数量级相当的情况下。

然而,式(7.1.17)也基于模型假设。首先,式(7.1.7)形式的气相粒子的分布函数没有明确的理论基础。此处的分布函数仅考虑了一个因素,即总通量非零。但是理论上,非对称分布函数的组合有无限多种可能,均可以实现理想化的质量通量。严格来说,分布函数式(7.1.7)可以用于具有平均速度 $\bar{v}$ 的稳定平衡流动的计算,其气相粒子被热化至温度 T。另外,式(7.1.7)在两相交界面附近区域的实用性有待研究。

此外,还存在交界面处不连续的问题。式(7.1.7)中的分布函数似乎同时描述了向交界面表面移动的气相粒子和远离交界面的气相粒子的运动规律。但对于远离气相粒子,在没有能量壁垒的情况下(第 5 章),必须与在气液交界面附近的粒子具有相同的分布函数。然而从式(7.1.17)中可以明显看出,用于从液相蒸发到气相中的粒子的麦克斯韦分布函数(MDF)与式(7.1.7)中的分布函数不一致,在式(7.1.7)中 $\bar{v} \ne 0$。

7.1.4 调节系数(选读)

这个系数描述了某一温度为 T_v' 的气相粒子,在从温度为 T_v 的气相中逃逸后,被交界面吸附,其温度与液相或固相表面的温度 T_1 存在的差异性:

$$\kappa = \frac{T'_v - T_1}{T_v - T_1} \tag{7.1.19}$$

因此,在吸附-逃逸过程之后,若气相达到交界面上液相的温度,则 $\kappa = 0$;若气相在与液相相互作用后没有改变其温度,则 $\kappa = 1$。

在某些情况下,调节系数在解析推导过程中起着重要的作用。如果逃逸粒子的温度与液相的温度不同,则意味着这些粒子没有被液相整体热化。对于这种失衡状态下的研究对象,若强行令其分布函数服从麦克斯韦分布将会对结果产生较大的影响。在 $0 < \kappa < 1$ 的情况下,需要考虑更多、更复杂的问题,并且不能简单地使用诸如温度等宏观参数来描述。

至于气相粒子的运动完全遵守弹性反射的情况,即 $\kappa = 1$,在此之前我们已讨论过,但是该情况不太可能存在于现实情况中。

7.2 实　　验

7.2.1 如何确定蒸发系数

目前,存在若干种方法可用于从实验数据中计算蒸发系数。在测量已知 p 和 T 的交界面上通过的总质量通量之后,可以根据关系式来确定蒸发系数。

在最早的著作中(Alty,1933),最简形式的赫兹-克努森方程被用于计算在压力 p_v 下,交界面上因气相凝结产生的总通量(在本节中省略了物理量 J 的角标"tot",因为在此处不区分考虑蒸发通量和凝结通量):

$$J = \alpha (p_s - p_v) \sqrt{\frac{m}{2\pi T}} \tag{7.2.1}$$

假设蒸发和凝结都符合赫兹公式,并且二者的系数有如下关系: $\beta = \alpha$。如前一节所述,液相和气相的温度之间不存在差异。

过去部分的研究通过权重实验根据 $J = \Delta m / S \Delta t$ 确定总质量通量 J,其中 Δm 为面积为 S 的交界面上经过 Δt 时间的液相质量的变化量。

该方法也被 Delaney 等(1964)和 Barnes(1978)以及其他研究工作者采用(表 7.1)。

表 7.1　水的蒸发(凝结)系数

参考	模型	α	备注
Alty 和 Nicoll(1931)	式(7.2.1)	0.0156	
Alty(1931)	式(7.2.1)	0.0083~0.0155	

参考	模型	α	备注
Alty(1933)	式(7.2.1)	0.04	平均和实际值范围:0.0268~0.0584
Barnes(1978)	式(7.2.1)	0.0002	表观蒸发系数
Bonacci 等(1976)	式(7.2.2)	0.55,0.7~1 "经合理的修正"	用于蒸发和凝结实验
Chodes 等(1974)	式(7.2.24)	0.033±0.005	
Delaney 等(1964)	式(7.2.1)	0.0415±0.0036 0.0265±0.0031	0℃ 43℃
Finkelstein 和 Tamir(1976)	式(7.2.8)	范围: 0.006±0.0003 0.060±0.002	凝结: $T_v = 9℃$ $T_y = 60℃$
Hagen 等(1989)	式(7.2.24)	1.0 约 0.01	新水滴 旧水滴
Hickman(1954)	式(7.2.1)	0.243(未修正) 0.424(修正)	不小于 0.25,可能接近于 1
Jamieson(1964)	见文献	>0.305	长停留时间的数据被忽略 ($\alpha<0.3$)
Li 等(2001)	式(7.2.1)	0.17±0.03 0.32±0.04	280K 258K
Levine(1973)	式(7.2.24)	1	
Maa(1967)	式(7.2.3)	1	未修正的值(见文献),其中 $\alpha' \approx$ 0.5~1
Mills 和 Seban(1967)	式(7.2.2)	0.45~1	—
Nabavian 和 Bromley(1963)	式(7.2.2)	0.35~1	—
Narusawa 和 Springer(1975)	式(7.2.2)	0.038 0.17~0.19	表面停滞 表面补充
Shaw 和 Lamb(1999)	式(7.2.24)	0.04~1	β 和 κ(式(7.1.19))是共同确定的
Sinnarwalla 等(1975)	式(7.2.24)	0.022~0.032	凝结
Smith 等(2006)	式(7.2.10)	0.62±0.09	
Tamir 和 Hasson(1971)	式(7.2.8)	0.18 0.23 0.11	真空蒸发 真空凝结 压力凝结
Vietti 和 Fastook(1976)	式(7.2.24)	0.1~1 0.036	约 2μm 的液滴 较大的液滴
Wakeshima 和 Takata(1963)	式(7.2.24)	0.02	

175

续表

参考	模型	α	备注
Winkler 等(2006)	式(7.2.34)	0.8~1 0.4~1	250~270K 270~290K
Zientara 等(2008)	式(7.2.5)	0.13~0.18	根据 Arrhenius 定律随温度降低

另有一种方法被用于后来的工作中。该方法采用了带有修正项的总质量通量计算方程(7.1.3 节):

$$J = \frac{2\alpha}{2-\alpha}(p_s - p_v)\sqrt{\frac{m}{2\pi T}} \qquad (7.2.2)$$

该方程理论上应比赫兹-克努森方程具有更高的精度。此处可以发现,蒸发和凝结系数之间没有被区分。例如,Bonacci 等(1976)测量得到了两种 α 系数,即在完全蒸发条件下($J>0$)测量得到的"蒸发系数"α,以及在凝结条件下($J<0$)测量得到的"凝结系数"α。

若将分别基于式(7.2.1)和式(7.2.2)方法得到的实验结果进行比较,对于小蒸发系数 $\alpha \ll 1$,用这两个方式获得的数据是相同的;但对于大的 α,差异却非常明显,例如,假设 $\alpha=1$ 为真值,式(7.2.2)中的质量通量超过式(7.2.1)中质量通量的两倍。但是无论如何,方法的不同并不是造成不同实验所得的实验数据相差两个数量级的根本原因。

在某些情况下,需要对式(7.2.1)进行修正。Offringa 等(1983)使用系数 $\alpha\gamma$ 代替式(7.2.1)中的 α,其中 γ 为表面粗糙度。该项研究工作中的研究对象为反式二苯乙烯,对应获得的系数值为 $\alpha\gamma=0.99\pm0.07$,但未单独计算蒸发系数值,也未对 γ 值进行估算。

Maa(1967)实现了根据测量值 α' 推算得到真实蒸发系数 α。真实蒸发系数是式(7.2.1)中的因子,但用于计算的压力和温度与之略有不同:

$$J = \alpha[p_{tr}(t) - p_v(t)]\sqrt{\frac{m}{2\pi T_{tr}(t)}} \qquad (7.2.3)$$

式中:p_{tr} 和 T_{tr} 为交界面处的压力和温度。

应当强调的是,此处所有参数实际上都包含了时间变量。因此,根据 Maa(1967),应当额外在实际实验中测定一个通量,即在时间间隔 Δt 上 J' 的平均值:

$$J' = \frac{1}{\Delta t}\int_0^{\Delta t} J \mathrm{d}t \qquad (7.2.4)$$

因此,测得的蒸发系数 α' 应对应于通量 J',而不是真实通量 J。基于一系列假设,通过对实验方案的改进,Maa(1967)获得 α 和 α' 之间的关系式。

Zientara 等(2008)提出还应当考虑温度对于 α 的影响。如在对于空气中的液滴蒸发的研究中,作者使用了式(7.2.1)表示液滴表面的质量通量,并根据 dR/dt(液滴减少率)确定蒸发系数。由此得到的温差 $\Delta T = T_a - T_R$ 对蒸发系数的影响可以表示为

$$\frac{\alpha}{\alpha(\Delta T = 0)} = \frac{\xi - \dfrac{\rho_v(T_a)}{\rho_v(T_R)}}{\xi - 1} \tag{7.2.5}$$

式中:ξ 为湿度;T_a 为液滴表面温度;T_R 为外界温度,即周围环境温度。

蒸发系数也可以通过传热测量的角度获得(Tamir 和 Hasson,1971)。根据式(7.2.1),若存在相间温差,一般交界面上的传热系数 h 可表示为

$$h = \frac{\Delta H}{T_s - T_v} \alpha \sqrt{\frac{m}{2\pi}} \left(\frac{p_s}{\sqrt{T_s}} - \frac{p_v}{\sqrt{T_v}} \right) \tag{7.2.6}$$

式中:ΔH 为汽化焓。

若 α 值较高,可以认为 $T_s \approx T_v$。根据以下形式的克拉珀龙-克劳修斯方程:

$$\Delta p \equiv p_s - p_v = (T_s - T_v) \frac{\Delta H}{v_s T_s} \tag{7.2.7}$$

其中,v_s 为饱和点气相的比体积。可以得到下式:

$$h \approx \alpha \sqrt{\frac{m}{2\pi}} \frac{(\Delta H)^2}{v_s T_s^{3/2}} \tag{7.2.8}$$

接下来,根据局部努塞特数 $Nu_x = \dfrac{2sh}{\lambda}$($s$ 为液相层的厚度,λ 为液相的导热系数)和格雷兹(Graetz)数 $Gz = \dfrac{(2s)^2 \bar{u}}{x\alpha}$($x$ 为与原点间的距离,$\bar{u}$ 为无相变条件下的液相流速常数),通过下式可以确定 α:

$$\frac{Nu_x}{4} = \frac{Gz^{1/3}}{R} \tag{7.2.9}$$

该式是在低 Gz 数情况下获得的,式中的表面阻力参数 R 可以从实验数据中推算出。通过实验关系式 $Nu_x = f(Gz)$ 和式(7.2.8)便可得出蒸发系数 α。

该方法具有一定的创新性。基于一系列假设,通过建立热交换方程获得蒸发系数 α。但是其正确性不仅受到局部平衡条件等的限制,而且还受到方程本身形式的限制。考虑到通常热交换实验的误差很高,导致使用这种方法测量的蒸发系数很难具有高精度。此外,还值得注意的是,最初提及的问题($\alpha = \beta$ 时赫兹-克努森方程的正确性)在此方法中仍然存在。

Smith 等(2006)应用另一种热平衡方法确定了蒸发系数。理论推导主要依

据了蒸发液滴在真空中的热平衡方程:

$$\frac{dT}{dt} = -JF \frac{\Delta H}{c_p M} \tag{7.2.10}$$

其中,J 取自式(7.2.1),$F = 4\pi r_0^2$ 为液滴的表面积,c_p 为定压比热容,$M = \frac{4}{3}\pi\delta^3\rho$ 是半径为 γ 的液相外膜(密度为 ρ)的质量。

而蒸发的液相表面上的热流量应该是质量通量与平衡态下两相间焓差之积。该方法在传热学中被普遍应用。

在实验中,液滴界面的时变温度 $T(t)$ 近似为式(7.2.10),通过该方法根据 J 便可确定唯一的未知参数 α。实际上,Smith 等(2006)测量蒸发系数的思想是老旧的,因为此处赫兹通量被解释为蒸发速率的理论最大值。

如上所述,文献中并不对蒸发系数和凝结系数独立处理。凝结系数通常通过从液滴增长实验中获得。液滴的质量平衡为

$$\frac{dM}{dt} = -4\pi R^2 J \tag{7.2.11}$$

式中:M 和 R 分别为液滴的质量和半径。

等式右侧的负号依从了通量符号的一致规定,即正号代表蒸发,负号代表凝结。若采用流体动力学范畴内的宏观描述,可以将总质量通量 J 定义为某种扩散通量,即

$$J = -D \frac{\partial \rho}{\partial r} \tag{7.2.12}$$

上式根据菲克定律得出(D 为扩散系数,ρ 为液滴周围的蒸气密度)。在稳定的情况下 $\mathrm{div}J = 0$,即得到以下关系:

$$\frac{1}{r^2} \frac{\partial (r^2 J)}{\partial r} = 0 \tag{7.2.13}$$

可以推断出 $r^2 J$ 为常数,并有

$$\rho = \rho_v + (\rho_i - \rho_v) \frac{R}{r} \tag{7.2.14}$$

式中:$\rho_v = \rho(\infty)$ 为远离两相交界面区域的气相密度;ρ_i 为交界附近的气相密度:$\rho_i = \rho(R)$。

因此,对于式(7.2.14),可得扩散通量式(7.2.12):

$$J = D \frac{\rho_v - \rho_i}{R} \tag{7.2.15}$$

对于扩散控制增长率,可根据式(7.2.11)得到:

$$\frac{\mathrm{d}M}{\mathrm{d}t}=4\pi DR(\rho_\mathrm{v}-\rho_\mathrm{i}) \qquad (7.2.16)$$

值得注意的是,由于存在相变,可以建立液滴质量与液滴中的热量之间的变化关系式。对于该热量 Q,有

$$\frac{\mathrm{d}Q}{\mathrm{d}t}=-4\pi R^2 q \qquad (7.2.17)$$

其中,液滴内部可以认为只存在导热一种传热方式:

$$q=-\lambda\frac{\partial T}{\partial r} \qquad (7.2.18)$$

式中:λ 为导热系数。

类似地,根据 $\mathrm{div}\boldsymbol{q}=0$ 可得交界面附近气相温度分布和液滴表面的热平衡如下:

$$T(r)=T_\mathrm{v}+(T_\mathrm{i}-T_\mathrm{v})\frac{R}{r} \qquad (7.2.19)$$

$$\frac{\mathrm{d}Q}{\mathrm{d}t}=4\pi\lambda R(T_\mathrm{v}-T_\mathrm{i}) \qquad (7.2.20)$$

因此,式(7.2.16)和式(7.2.20)描述了温度为 T_s 的液滴在密度为 ρ_v 和温度为 T_v 的气相中的增长。考虑到由凝结作用释放的能量 ΔH 必定耗散于气相中,可得以下关系:

$$\Delta H\frac{\mathrm{d}M}{\mathrm{d}t}=-\frac{\mathrm{d}Q}{\mathrm{d}t} \qquad (7.2.21)$$

重新整理式(7.2.16),可得

$$\frac{1}{\rho_\mathrm{s}}\frac{\mathrm{d}M}{\mathrm{d}t}=4\pi DR\left(\frac{\rho_\mathrm{v}}{\rho_\mathrm{s}}-\frac{\rho_\mathrm{i}}{\rho_\mathrm{s}}\right) \qquad (7.2.22)$$

式中:ρ_s 为饱和密度。

然后,可以使用简化克拉珀龙-克劳修斯方程(远离临界点,此时蒸气的比体积远大于液体的比体积,且克拉珀龙方程 $p=\dfrac{\rho T}{m}$ 可以正确描述气相参数间的关系):

$$\frac{\mathrm{d}p}{\mathrm{d}T}=\frac{pm\Delta H}{T_\mathrm{s}^2} \qquad (7.2.23)$$

此处潜热 ΔH 的单位为 kJ/kg。若进一步对温度 T 变化做出假设,令其满足关系 $T_\mathrm{v}\approx T_\mathrm{i}\approx T_\mathrm{s}$,那么可以忽略 ΔH 在该温度区间内与 T 之间的关系,因此由式(7.2.23)可得

第 7 章 蒸发系数

$$\ln\left(\frac{p_i}{p_s}\right) \approx \frac{m\Delta H}{T_s^2}(T_i - T_s) \tag{7.2.24}$$

$$\frac{p_i}{p_s} = \frac{\rho_i}{\rho_s} \approx 1 + \frac{m\Delta H}{T_s^2}(T_i - T_s) \tag{7.2.25}$$

整理式 (7.2.20) 和式 (7.2.21)，可得关于 $T_i - T_s$ 的表达式:

$$T_i - T_s = \frac{\Delta H}{4\pi R\lambda} \frac{dM}{dt} \tag{7.2.26}$$

合并式 (7.2.22)、式 (7.2.25) 和式 (7.2.26)，得到:

$$\frac{1}{\rho_s} \frac{dM}{dt} = 4\pi DR\left(\frac{\rho_v}{\rho_s} - 1 - \frac{\Delta H^2 m}{4\pi R\lambda T_s^2} \frac{dM}{dt}\right) \tag{7.2.27}$$

$$\frac{dM}{dt} = \frac{4\pi R\left(\frac{\rho_v}{\rho_s} - 1\right)}{\dfrac{1}{\rho_s D} + \dfrac{m\Delta H^2}{\lambda T_s^2}} \tag{7.2.28}$$

式中: ρ_v/ρ_s 为饱和度比。

式 (7.2.28) 通常称为麦克斯韦方程。Fukuta 和 Walter(1970) 将式 (7.2.28) 推导为如下形式:

$$\frac{dM}{dt} = \frac{4\pi R\left(\frac{\rho_v}{\rho_s} - 1\right)}{\dfrac{1}{f_{3\beta}\rho_\infty D} + \dfrac{m\Delta H^2}{f_{3\gamma}\lambda T_s^2}} \tag{7.2.29}$$

式中: $f_{3\alpha}$ 为温度校正因子; $f_{3\beta}$ 为气相密度差的校正因子。

$f_{3\alpha}$、$f_{3\beta}$ 为凝结系数 β 和调节系数 γ 的函数，并被用于修正方程中:

$$\frac{dM}{dt} = 4\pi DR f_{3\beta}(\rho_v - \rho_i) \tag{7.2.30}$$

$$\frac{dQ}{dt} = 4\pi\lambda R f_{3\gamma}(T_v - T_i) \tag{7.2.31}$$

Fukuta 和 Walker(1970) 推导得出:

$$f_{3\beta} = \frac{R}{R + L_\beta}, \quad f_{3\gamma} = \frac{R}{R + L_\gamma} \tag{7.2.32}$$

$$L_\beta = \frac{D}{\beta}\sqrt{\frac{2\pi m}{T_v}}, \quad L_\gamma = \frac{\lambda\sqrt{2\pi m T_v}}{\gamma P(C_v + 1/2)} \tag{7.2.33}$$

基于若干假设，如 $\beta = 1$ 并且不考虑热传导，朗缪尔 (Langmuir) 也得到了同类的方程。

简而言之,麦克斯韦方程(7.2.28)、福田-沃尔特(Fukuta-Walter)方程(7.2.29)考虑了包括扩散在内的许多因素。在仅考虑扩散的情况下,可以获得半径为 R 的液滴表面上的质量通量的关系式(Winkler 等,2004):

$$J=\beta C\,\frac{4\pi RmD_\infty p}{T_\infty}\ln\left(\frac{1-x_\infty}{1-x_R}\right) \tag{7.2.34}$$

式中:x_∞ 为远离液滴的气相摩尔分数;x_R 为液滴表面的气相摩尔分数;p 为总压力;C 为将引入温度变化的影响引入扩散系数 D 的量。

7.2.2 实验结果

考虑到通过实验获得 α 的方法有很多,使用不同方法进行测量所得结果的差异很大也不足为奇。实际上,测量所得的 α 值的分布范围很广,但造成该现象的原因似乎与测定方法的数量无关。

本节仅讨论水的蒸发系数,并将介绍两种方法得出的凝结系数:完全冷凝的条件下使用式(7.2.1)或式(7.2.2)的方法获得的系数,以及使用 Fukuta-Walter(式(7.2.29))方法得到的结果。显然,如果理论上 α 和 β 之间没有区别,那么在实验中也势必将得出同样的结果,因为二者在式(7.2.1)中为同一参数,只是当 $J>0$ 时为蒸发系数;反之,则为凝结系数。因此,我们认为蒸发和凝结系数结果的不确定性将在整体上说明该问题。

表 7.1 列出了实验测量所得的蒸发系数。基于对模型重要性的分析,将主要对经过各种处理前的理论模型进行分析。通过对理论模型的分析可以进一步理解包含蒸发系数的方程。因此,首先需要对既有方法进行简单归纳,例如 Wakeshima 和 Takata(1963)所获得的计算式是对式(7.2.29)的简化处理,因此将只对式(7.2.29)进行分析;再如 Li 等(2001),尽管其所得的蒸发系数是通过复杂的方式提取于实验数据中,但该方法是基于克努森基本方程的,因此将只对式(7.2.1)进行分析。

Bonacci 等(1976)在研究中观察到了所研究系数与时间的变化关系(时间间隔约 1s)。在另一些研究中(表 7.1)也验证了所研究系数与温度的变化关系。但是,因为结果总体分散程度较大,很难对其进行详细的讨论。Marek 和 Straub(2001)给出了一个 α-p 图,描述了蒸发系数与压力的变化关系。尽管根据数据所得的图像很分散,依然可以观察到一定的变化趋势,即蒸发系数随着压力的增加而趋于降低。具体而言,在任何压力下观察到的 α 值都较小,而仅在低压条件下有 $\alpha\approx1$。而对于凝结系数,从文所给的 β-p 图中的点域很难看出二者之间的关系。

事实上,存在一些实验研究结果甚至不包含 $\alpha=a\pm b$ 形式的蒸发系数,其

181

中 $b \ll a$。在一些研究中,仅呈现了 α 值的数量级估计。还有一些研究工作即使在相同(或接近)的实验条件下,α 值的分散也很大。此外,在其他的研究工作中,使用相同的方法,在不同的特定条件下,例如蒸发系数随液滴的大小而变化,其所得的 α 值相差 10 倍或更多。更值得关注的一个事实是,Nabavian 和 Bromley(1963)提及 Hickman(1954)获得的蒸发系数的值为 $\alpha = 0.42$,而 Eames 等(1997)强调此值应为 $\alpha \geq 0.25$,Mills 和 Seban(1967)再重新计算后给出 $\alpha = 1$。更为奇怪的是,所有这些文献中的结果确实均是正确的。

7.2.3 差异的解释(初步阶段)

当然,一个物理参数变化几个数量级这种奇怪的情况需要解释。通常,这些解释不涉及蒸发系数确定方程的初始形式。毫无疑问,在以上的研究工作中我们可以得出以下结论:

(1)蒸发通量可以通过类赫兹公式计算,其中 α 决定了实际通量与理论通量(无法达到的最大通量)之间的差异。某些工作,如 Knake 和 Stranskii(1959)则使用赫兹公式本身来计算。

(2)此类蒸发通量计算公式的热力学参数(温度和压力)对应于该液体的饱和参数。例如在使用该公式进行计算时,若液相的温度为 T,则压力为 $p = p_s(T)$。

(3)凝结通量的表达式与赫兹公式具有相同的形式,但通常对应于气相参数,即通常情况下,$T_v \neq T_1$ 和 $p_v \neq p_s$。

(4)根据以上两条以及饱和状态下的总通量必须等于零的条件,可以推断出凝结系数一定等于蒸发系数。

(5)更重要的是,蒸发系数是蒸发流的"外部"物理特性,因此不能直接从描述蒸发流本身的理论中求得,而必须从外部考虑。

因此,主要和最有趣的原因暂被从分析中剔除了。我们将在接下来的两节中讨论以上 5 条中的 4 条内容(除了关于 $p_s(T)$ 蒸发通量的第 2 条)。先把这些因素放在一边,对蒸发系数 α 应该为 $10^{-3} \sim 1$ 的现象有两种解释:

(1)处理实验或实验数据的方法不准确,例如 Jamieson(1964)论述中提到的忽略蒸发。

(2)一些"不可控的"因素,具体包括:

① 水表面温度低于估计值(Hickman,1954;Barnes,1978);

② 水分子的方向(Alty 和 Nicoll,1931);

③ 水表面存在的杂质(Hickman 和 White,1971);

④ 界面的热阻(Mills 和 Seban,1967);

⑤ 对流热交换(Mozurkewich,1986);

⑥ 外部非凝结气体的存在和扩散(Pound,1972)。

液相表面温度显然是一个重要参数,事实上液相的表面温度与整体温度显著不同,但是一般而言很难确定液体内部温度测量点的具体位置。

污染物的影响是一个老问题(Rideal,1924),针对该问题在不同的文献中可以找到矛盾的观点。有些研究者直观地认为此类影响是很强烈的,Miles 等(2016)的实验支撑了该结论。另外,例如在确定"表观"蒸发系数的研究(Barnes,1978)中,为了研究水表面污染的影响,Barnes 用单层十八烷醇覆盖了液相表面。然而覆盖物对测量并没有显著的效果,十八烷醇薄膜并未降低测量得到的蒸发系数值。

由于对流-扩散过程的作用对交界面上蒸发通量的影响也很显著,与其他因素类似,所有这些因素同时叠加造成了测量值间多达三个数量级的差异是不可思议的。

7.3 蒸发系数的计算

7.3.1 一些定义

此处应该区分两种通量,即蒸发表面上质量、能量等的通量和已蒸发粒子造成的通量。前一个是总通量,即蒸发和凝结通量之差。下面我们假设总通量前的符号为正代表系统处于完全蒸发条件,符号为负代表系统处于凝结条件。

另外还需说明的问题是,所研究通量的位置应该接近交界面区域,因为在该区域已蒸发的粒子不会与液相表面相互作用(图3.3)。由于粒子的大量能量被用于克服源自液体表面的力,随着与表面的距离增加蒸发通量会减小,因而不应考虑液相内部或其表面附近(距离约1nm)的通量。

此外,虽然给出"蒸发系数"的定义十分困难,但是依然有必要进行说明。

7.3.2 什么是蒸发系数?

蒸发粒子的分布函数不满足麦克斯韦分布(第5章)。因此,蒸发通量也不满足赫兹方程:

$$J^{ev} \neq \frac{mn\bar{v}_T}{4} \tag{7.3.1}$$

式中:$\bar{v}_T$ 为热速度,$\bar{v}_T = \sqrt{8T/\pi m}$,因为非平衡通量没有诸如热速度等的参数。

由于蒸发粒子的速度分布函数具有不对称的形状,质量通量的表达式不满足赫兹方程,且无论如何,因子$\sqrt{T}$(T为液相的温度)来自于平均速度,因此可进一步给出类似式(7.3.1)的表达式:

$$J^{ev} = \alpha \frac{m n_s \bar{v}_T}{4} \qquad (7.3.2)$$

通过该式将蒸发通量表示为与相应参数下的赫兹通量成正比。根据式(7.3.2)可以提出两个问题。

第一个问题是:为什么使用这种形式表示蒸发通量?一般地,当蒸发粒子的分布函数服从 MDF 时,式(7.3.2)是符合逻辑规律的,且通过参数 α 描述液相附近气相中的实际数密度 n 和式(7.3.2)中的饱和值 n_s 间的差异。事实上,该问题无法被合理解释,因为众所周知,基于 MDF 的所有推论必然导致 $\alpha = 1$。而非最大蒸发速率的引入在一定程度上有助于问题的解决。其实,蒸发系数的含义简单明了:该系数可以被理解为一调整系数,其作用是校正一些计算问题以达到与实验一致的目的。实际上,物理学中的许多参数都有这个作用。

另一个需要考虑的问题是:"相应的参数"是什么?简单来说,式(7.3.2)需要其中的参数是处于饱和状态下,即必须选择饱和曲线上的粒子数密度 $n_s(T)$。

因此,从传统的角度来看,蒸发系数必须通过实验方法,或者至少用其他理论方法来定义。

但是,若已知第 5 章的结果,那么通过式(7.3.2)可以就确定蒸发系数,在本章中讨论理论最大通量 $\alpha = 1$ 的可能性等问题时就不会存在任何问题。通过适当的分布函数,式(7.3.2)可以给出蒸发系数的明确定义,以及其值的明确物理意义:由于某种原因,需要通过赫兹通量表示蒸发通量,然后根据式(7.3.2)计算对应的因子 α。

存在两种方式计算 α,即用第 6 章的结果获得的数密度 n 来计算,或通过构造 n 的一些关系式,并将该量与蒸气参数联系起来求解。

第二种方式看起来更为复杂,因此从这种方法开始。

7.3.3 分析计算

要计算蒸发系数首先必须明确其冗余度。如上所述,若没有诸如 α 的参数,依然可以计算蒸发通量。那么,仅通过式(7.3.2)就可以计算得到质量通量,并可以使用该式来定义参数 α。

如第 5 章所述,蒸发通量为

$$j^{ev} = n_1 \bar{v}_T = n_1 \sqrt{\frac{\pi T}{2m}} \qquad (7.3.3)$$

根据上述分析,必须求解式(7.3.3)中的数密度 n_1,并找到其与蒸气压力间的关联。最简单的方法是用克拉珀龙方程代替式(7.3.3)中的数密度,如 $n_1 = p/T$。但是,此处存在着一定的缺陷。实际上,对于非平衡态,即不服从 MDF 时,状态方程与克拉珀龙表达式不同。因此,为了求解蒸发粒子的压力,必须找到蒸发通量的状态方程,即找到蒸发通量的关系式 $p = f(n_1, T)$。

从统计物理学的角度来看,垂直于液相表面(在 z 轴方向上)施加的压力 p 可以通过分布函数计算瞬间通量:

$$p = \overline{2mv^2} = n \int_0^\infty 2mv^2 f_z(v)\, dv \tag{7.3.4}$$

此处出现 n(粒子数密度)是因为各分布函数,即 $f(v)$,均已被归一化。然后需要对式(7.3.4)所有速度分量进行积分。式(7.3.4)考虑了分布函数在所有其他速度投影上归一化条件,即 $\int_{-\infty}^{\infty} f(v_{x,y})\, dv_{x,y} = 1$。在式(7.3.4)中,省略了速度 v 的角标"z"。

例如,对于 MDF,可以从式(7.3.4)得到:

$$p = n_s T \tag{7.3.5}$$

即克拉珀龙方程。通过式(7.3.5),可以表达赫兹通量,重新整理为下列形式:

$$j^{\mathrm{H}} = \frac{p}{\sqrt{2\pi m T}} \tag{7.3.6}$$

蒸发粒子分布函数的高能部分的值更加显著,因此该通量的压力为

$$p = \int_0^\infty 2mn_1 v^2 \frac{mv}{T} \mathrm{e}^{\frac{-mv^2}{T}}\, dv = 4n_1 T \tag{7.3.7}$$

可以看到,所要求的"状态方程"与通常的关系式有所不同。需要注意的是,这并不是状态方程本身,因为其方向 x 和 y 的压力服从克拉珀龙方程。

从而来自蒸发表面的通量可通过 $n_1 = n_s/4$ 表示为

$$j^{\mathrm{ev}} = n_1 \sqrt{\frac{\pi T}{2m}} = \frac{\pi}{4} \frac{p}{\sqrt{2\pi m T}} = \frac{\pi}{4} j^{\mathrm{H}} \tag{7.3.8}$$

若要求蒸发粒子的压力必须等于饱和蒸气的压力,那么可以从式(7.3.8)得到蒸发系数:

$$\alpha = \frac{\pi}{4} \approx 0.785 \tag{7.3.9}$$

可以看到,其值非常接近蒸发系数的一些实验值(或者,目前为止最常测量到的值)。其实 α 值也可以通过各种数值模拟中获得,例如,Zhakhovskii 和 Anisimov(1997)、Tsuruta 和 Nagayama(2004)以及 Yasuoka 等(1995)。

对于不规则交界面的分布函数(第5章),可以进行类比:

$$p = 6n_1 Y_z \qquad (7.3.10)$$

$$\alpha = \frac{2}{3}\sqrt{\frac{T}{Y_z}} \qquad (7.3.11)$$

从式(7.3.10)可以看出,在普遍情况下,蒸发系数根据参数$\bar{\varepsilon}$而变化,并且有$Y_z < T$(第5章)以及$\alpha > 2/3$。例如,根据第5章的数值模拟条件,$T = 120\mathrm{K}$,$Y_z = 93\mathrm{K}$,$\alpha = 0.76$,其值几乎相同。

当然,学者可能对于此处的所有论述有所异议,并认为所有论述均是推测性的、"状态方程"实际上并不是一个状态方程等。我们必须在另一种假设下,以另一种方式来计算蒸发系数。

计算蒸发系数的另一种方法基于热流密度的平衡关系。蒸发表面的热流密度为

$$q^{\mathrm{ev}} = n_1 T\sqrt{\frac{25\pi T}{8m}} \qquad (7.3.12)$$

通过 MDF 获得的气相的热流密度为

$$q = n_s T\sqrt{\frac{2T}{\pi m}} \qquad (7.3.13)$$

可以看出,若要满足式(7.3.11)和式(7.3.12)$q^{\mathrm{ev}} = q$,必定有$n_1 = \dfrac{0.8n_s}{\pi}$。那么,对于蒸发通量有

$$j^{\mathrm{ev}} = n_1 \bar{v} = \frac{0.8n_s}{\pi}\sqrt{\frac{\pi T}{2m}} = 0.8\frac{p_s}{\sqrt{2\pi m T}} \qquad (7.3.14)$$

因此,再次得到蒸发系数$\alpha = 0.8$。考虑到现在$n_1 = 0.255n_s$而不是之前所用的$n_1 = 0.25n_s$,得到该结果并没有出乎意料。

类似地,对于不规则表面,可得$\alpha = \dfrac{1}{1 + Y_z/4T}$,该值略大于 4/5。对于$Y_z = 93\mathrm{K}$和$T = 120\mathrm{K}$,可以得到$\alpha \approx 0.84$。

综上所述,如同分析中的论述,无论采用何种方法都有$\alpha \approx 0.8 \pm 0.1$。下面将给出数值模拟所得的结果。

7.3.4 数值模拟

计算蒸发表面上的总质量通量并不困难。问题是如何将此通量与相应的赫兹通量相关联。本节计算了当$p = p_s(T)$,即当p为界面温度T下的饱和压力时的通量,并将其与赫兹通量式(7.3.3)进行比较。计算过程中的饱和压力取自

国家标准与技术研究所数据库。

如同前面章节中的数值计算,此处计算了液态氩在真空中的蒸发,其结果见表7.2。

表 7.2 数值模拟的蒸发系数

T/K	$\alpha^{\text{numerical}}$	$\alpha^{\text{irregular}}$	α^{flat}
115	0.83	0.83	0.8
120	0.86	0.84	0.8

一般情况下,蒸发系数的计算值接近于使用分布函数式(5.2.25)的条件下,绝对平坦蒸发面和高度扰动面所预测的值。显然,该情况是可以预料的,因为以上两个分布函数对应的是在两个蒸发的极限情况。因此,可以推测出任何真实值都应在这两个极限值 α^{flat} 和 $\alpha^{\text{irregular}}$ 之间。

最后讨论的问题是蒸发至真空中的结果在多大程度上适合蒸发至气相空间中的实际情况?真空中的蒸发是一种极限的模型情况,在该情况下可以只考虑纯蒸发的因素。虽然这个考虑并不充分,但这是实际研究工作所需要考虑的。蒸发通量受凝结通量影响的复杂情况,将在后面讨论。

7.3.5 蒸发系数是非必须的

蒸发通量可以在不假设蒸发表面压力和总热通量值(以上使用的方法)等的情况下计算得出。

根据第6章的结果,得知蒸发通量可以通过液相表面的数密度 n_0 和原子在交界面上的结合能 U 来定义:

$$j^{\text{ev}} = n_0 \varGamma\left(\frac{1}{2}, \frac{U}{T}\right)\sqrt{\frac{T}{8m}} \tag{7.3.15}$$

如果出于某些原因,需要求解蒸发系数,那么可以通过式(7.3.14)和式(7.3.15)获得:

$$\alpha = \frac{\sqrt{\pi}}{2}\frac{n_0}{n_s}\varGamma\left(\frac{1}{2}, \frac{U}{T}\right) \tag{7.3.16}$$

式中: $\dfrac{n_0}{n_s}$ 为液体和蒸气的数密度之比。

7.3.6 凝结系数与黏附系数

能否像蒸发系数一样通过简单的推导计算凝结系数取决于我们的定义。凝结系数的一种定义是:

$$\beta = \frac{\text{黏附在液体上的分子数}}{\text{撞击液体的分子数}} \qquad (7.3.17)$$

然而,实际上,在交界面上的凝结通量不符合赫兹方程时,该值与赫兹-克努森方程中的因子有所不同。因此,凝结系数和由式(7.3.17)所述关系定义的量是不同的。

这是一个值得特别考虑的关键点。

7.4 关于凝结系数

7.4.1 两种类型的凝结系数

凝结通量 f^{cond} 指的是在单位面积、单位时间内吸附在液体表面的蒸气粒子数。与凝结系数相比,这是固态量。正如本章开头所讨论的,凝结系数可以通过以下两种不同的方式定义。

作为碰撞系数:表面通量 j^{surf} 与相应参数下赫兹通量 $j^{\text{H}} = \frac{n\bar{v}_{\text{T}}}{4}$ 之比,则凝结系数定义为

$$\beta^{\text{I}} = \frac{j^{\text{surf}}}{j^{\text{H}}} \qquad (7.4.1)$$

作为黏附系数:附着在表面上的粒子的比例,也就是如果气相表面上的气相通量为 j^{surf},则凝结系数又可定义为

$$\beta^{\text{II}} = \frac{j^{\text{cond}}}{j^{\text{surf}}} \qquad (7.4.2)$$

因此,总凝结系数为

$$\beta = \beta^{\text{I}} \beta^{\text{II}} = \frac{j^{\text{cond}}}{j^{\text{H}}} \qquad (7.4.3)$$

凝结系数 β^{I} 也可以不通过 j^{H} 定义,而通过库切洛夫-里肯格拉兹(Kucherov-Rickenglaz)形式的修正通量进行重新定义(也就是通过气相粒子的移动 MDF,见 7.2 节),但无论如何,两种方法背后的逻辑是相同的。下面将严格使用式(7.4.1)作为 β^{I}。

当且仅当表面通量由赫兹公式确定时,凝结系数的两个定义,即式(7.4.2)和式(7.4.3)是等效的。因为气相被认为是平衡态,而气相粒子的分布函数服从麦克斯韦分布,所以可以推断交界面上流动服从赫兹公式。但是,通常情况并非如此,此处可以指出至少两个原因造成 $j^{\text{surf}} \neq j^{\text{H}}$。

第一个原因为液相表面附近可能存在非平衡态的气相粒子。例如,这种非平衡可能是由液相表面和气相之间的温差引起的。

第二个原因是凝结通量与从液相表面蒸发的粒子之间存在不可忽略的相互作用。两个通量之间的碰撞通常会导致凝结通量被抑制。可以假设蒸发粒子(其具有比服从麦克斯韦分布的粒子更高的速度)可能会从液相表面排斥凝结粒子。因此,交界面上的凝结通量为$j^{surf} < j^H$,相对于所做的预判$j^{surf} = j^H$,表面测得的凝结通量变少。该现象不是由液体表面的黏附性质引起的,而是由液体表面的蒸气通量减少导致的。

可以看出,通过后者观点描述该问题较为困难。尽管如此依然有一种描述来估计蒸发通量对凝结粒子通量的影响。

7.4.2 碰撞映射(选读)

正如第 3 章中所述,微分方程是一个用于小尺度理论分析的工具,需要对其保持怀疑态度。在单次碰撞过程中,速度分布函数可能出现明显的偏差,因此分布函数在这样的尺度上无法具有连续特征。

通常,假设任何分布函数可以在比平均自由程(MFP)l尺度大得多的空间中被"热化",即在经历数十次碰撞之后,任何分布函数均将转化为麦克斯韦分布。当然,无论如何人们都可能会找到一个带动力学方程的平滑分布函数,但通常情况下,采用这种方法求解的下一步是解释从中获得的结果。

让我们通过使用传统的映射方法,来避免微分方程的使用。

假设在 $x=0$ 处有一个速度分布函数 $f(v)$,想要知道在 $x=L$ 时的分布函数,其中距离 $L \sim l$,即与 MFP 为同一个数量级。例如,$L=0.5l$ 也满足该条件,在这种情况下,也存在一些粒子会发生碰撞。

那么,需要为新分布函数构建一个映射 Λ:如果发生碰撞前的分布函数是$f_0(v)$,且在单次碰撞之后变为$f_1(v)$,那么

$$f_1(v) \leftarrow \Lambda f_0(v) \qquad (7.4.4)$$

因此,对于发生 n 次碰撞后,有分布函数形式如下:

$$f_1(v) \leftarrow \Lambda^n f_0(v) \qquad (7.4.5)$$

然后,需要给出一个粒子在经历 n 次碰撞后迁移距离达到 L 的概率p_n,即粒子没有任何碰撞直接通过的概率是 p_0,一次碰撞通过的概率是 p_1,等等。如此必然有

$$\sum_{n=0}^{\infty} p_n = 1 \qquad (7.4.6)$$

基于分布函数的定义,$f(v)\mathrm{d}v$ 只是具有速度 v 的粒子数,可以构造在距离 L

处分布函数最终的形式。因此,可以求得在距离为 L 处具有速度 v 的粒子总数:

$$f(v,L)\,\mathrm{d}v = \sum_{n=0}^{\infty} p_n \Lambda^n f(v,0)\,\mathrm{d}v \tag{7.4.7}$$

对于经历 n 次碰撞且迁移距离为 L 的概率的计算,可以使用泊松分布来简单近似处理,其平均值为 $\lambda = L/l = K/n$:

$$p_n = \frac{\mathrm{e}^{-\lambda}\lambda^n}{n!} \tag{7.4.8}$$

映射 Λ 十分关键,可以用第 3 章中所使用的模式表示:

$$\Lambda f = \int w(\Delta) f(v - \Delta)\,\mathrm{d}\Delta \tag{7.4.9}$$

式中:$w(\Delta)$ 为由于碰撞,速度 v 变为 Δ 的概率。同样,函数 $w(\Delta)$ 可以用已经历过碰撞的粒子的分布函数表示。需要注意的是,一般情况下可以考虑使用不同的分布函数,如将 $f(v)$ 用于蒸发粒子、将 $F(V)$ 用于散射粒子。第 3 章中详细讨论了如式(7.4.9)所示的映射构造。下面给出一个将式(7.4.9)应用至蒸发–凝结的分布函数中的例子。

最后,可能会注意到,对于任何函数 f,可以认为 $\lim\limits_{n \to \infty} \Lambda^n f$ 或者至少是 $\lim\limits_{\lambda \to \infty} \sum\limits_{n=0}^{\infty} p_n \Lambda^n f$ 将趋于 MDF。在这种情况下,散射粒子的分布函数必须满足关系 $F = f$。第 2 章已经讨论了 MDF 的本质。

7.4.3 估计蒸发通量的作用

本节将应用上一节中给出的结论来估计蒸发通量对凝结通量的影响。

假设来自气相的通量有分布函数 $f_1(v)$,来自液相表面的逆向运动粒子的通量有分布函数 $f_2(v)$,希望找到与蒸发通量碰撞后气相粒子的分布函数。为简化起见,只考虑速度在单一维度的投影,即垂直于液体表面。本节仅说明在大量气相的环境中,蒸发通量是如何使凝结通量发生畸变的,而不是对凝结系数进行精确的计算。

假设远离蒸发表面的分布函数是服从麦克斯韦分布的:

$$f_1(v_1) = \underbrace{\sqrt{\frac{2m}{\pi T}}}_{A} \exp\left(-\frac{mv_1^2}{2T}\right) \tag{7.4.10}$$

那么,可以通过 $\int_0^{\infty} f_1(v)\,\mathrm{d}v = 1$ 对该函数进行归一化。对于蒸发粒子,将使用以下分布函数:

$$f_2(v_2) = \frac{mv_2}{T} \exp\left(-\frac{mv_2^2}{2T}\right) \tag{7.4.11}$$

一次碰撞后,使用质心坐标系中的概率密度函数 $\omega(\theta)$ 和散射角 θ,可以得到气相粒子的速度:

$$v = (v_1 + v_2)\cos^2(\theta/2) - v_2 \tag{7.4.12}$$

以分布函数 $f(v)$ 为研究对象,可以得到:

$$f(v) = \iint f_1(v_1)f_2(v_2)\omega(\theta)\frac{\mathrm{d}v_1}{\mathrm{d}v}\mathrm{d}\theta\mathrm{d}v_2 \tag{7.4.13}$$

通过固体球相互作用势可以得出:

$$\omega(\theta) = \frac{\sin\theta}{2} \tag{7.4.14}$$

一次碰撞后,液体表面的通量由两部分组成:

(1) 来自气相的粒子在实验室坐标系中以角度 $\varphi = \frac{\theta}{2} < \frac{\pi}{2}$ 被散射。

(2) 来自液相的粒子,碰撞后以角度 $\varphi > \frac{\pi}{2}$ 返回液体。

首先研究第一部分通量,可得下式:

$$
\begin{aligned}
f^{(1)}(v) &= \int_0^\infty f_2(v_2)\left\{\int_0^\pi f_1\left[\frac{v+v_2}{\cos^2(\theta/2)} - v_2\right]\frac{\sin\theta\mathrm{d}\theta}{2\cos^2(\theta/2)}\right\}\mathrm{d}v_2 \\
&= \frac{A}{2}\frac{\Gamma(1/2,z)}{\sqrt{z} + 2/\sqrt{\pi}}
\end{aligned} \tag{7.4.15}
$$

其中

$$z = \frac{mv^2}{2T} \tag{7.4.16}$$

因此在这种情况下,只有比例为 $\int_0^\infty f^{(1)}(v)\mathrm{d}v = 0.38$ 的小部分气相粒子在一次碰撞后到达液体表面。其余散射回蒸气的粒子的分布函数为

$$
\begin{aligned}
f_-^{(1)}(v) &= \int_{-v}^\infty f_2(v_2)\left\{\int_{2\arccos\sqrt{\frac{r+v_2}{v_2}}}^\pi f_1\left[\frac{v+v_2}{\cos^2(\theta/2)} - v_2\right]\frac{\sin\theta\mathrm{d}\theta}{2\cos^2(\theta/2)}\right\}v_2 \\
&= \int_{-v}^\infty f_2(v_2)\left[\int_{\sqrt{\frac{v+v_2}{v_2}}}^{-1} 2f_1\left(\frac{v+v_2}{x^2} - v_2\right)\frac{\mathrm{d}x}{x}\right]\mathrm{d}v_2
\end{aligned} \tag{7.4.17}
$$

碰撞后反射回气相空间的气相粒子分数为 $\int_{-\infty}^0 f_-^{(1)}(v_2)\mathrm{d}v_2 = 0.62$。因此,来自液相表面的通量将蒸气粒子推回:正如我们上面讨论的,蒸发粒子具有更高的速度,并且它们的通量比冷凝通量更强。例如,若液相表面的温度为 100K,而气相温度仅为 0.1K(作为超冷气体的极限情况的近似,在该模型下粒子几乎不

发生热运动）。在这种情况下,有约 2% 的气相粒子与交界面相接触,另外 98% 的运动非常缓慢的气相粒子被蒸发粒子弹回。

然而,还存在第二部分的通量,即在碰撞后散射回液相表面的蒸发粒子。为了获得这个通量,可以用式(7.4.10)和式(7.4.11)替换式(7.4.14)中的分布函数:$f_1(v_1) \rightarrow f_2(v_1)$,$f_2(v_2) \rightarrow f_1(v_2)$。然后考虑到碰撞后的速度 v 与初始速度 v_1 具有相反的符号,可以得到:

$$f^{(2)}(v) = 2A \int_v^\infty \exp\left(-\frac{mv_2^2}{2T}\right) \left[\int_0^{\sqrt{\frac{v_2-v}{v_2}}} \frac{m}{xT} f_2\left(\frac{v_2-v}{x^2} - v_2\right) dx \right] dv_2$$

$$(7.4.18)$$

其中,$x = \cos(\theta/2)$ 且 $v>0$ 是指向液体表面的速度。积分后,可以得到与式(7.4.15)相同的表达式,并且液体表面上的粒子总分布函数 $f_3(v) = f^{(1)}(v) + f^{(2)}(v)$ 为

$$f_3\left(z = \frac{mv^2}{2T}\right) = \sqrt{\frac{2m}{\pi T}} \frac{\Gamma(1/2, z)}{\sqrt{z} + 2/\sqrt{\pi}}$$

$$(7.4.19)$$

图 7.2 显示了气相空间中的初始分布函数 $f_1(v)$ 以及扭曲函数式(7.4.19)。

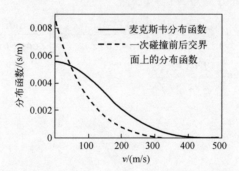

图 7.2　一次碰撞前后交界面上的分布函数

如果仅考虑式(7.4.19),即假设每个气相粒子与蒸发粒子恰好仅发生一次碰撞,那么就可以找到通量间的比率,即第一类解释的凝结系数:

$$\beta^1 = \frac{j^{surf}}{j^H} = \frac{\int_0^\infty v f_3(v) \, dv}{\int_0^\infty v f_1(v) \, dv} = \frac{1}{2}$$

$$(7.4.20)$$

通过应用上一节中的方法,可以将式(7.4.15)和式(7.4.19)中的表达式作为算子 Λ 的定义(7.4.2 节)。虽然散射粒子的流动不能用一维几何来描述,但是可以再次使用式(7.4.15)和式(7.4.18)替换式(7.4.19)中的 $f_1 \rightarrow f_3$ 来大致计算第二次碰撞后的分布函数。通过该种方式,总分布函数可以用以下表达式

表示：

$$F(v) = p_0 F_0(v) + p_1 F_1(v) + p_2 F_2(v) + \cdots \qquad (7.4.21)$$

其中,第 i 项根据式(7.4.8)描述了概率为 p_i 的第 i 次碰撞的贡献。具体而言,$F_0 = f_1$,$F_1 = f_3$,F_2 必须按照上述方式进行计算。

分布函数式(7.4.21)如图7.3所示。可以看出,虽然与图7.2中的分布函数间没有质的差异。然而对于分布函数式(7.4.21),当 $Kn \approx 1$ 时可得一稍大的凝结系数。因为存在一部分凝结通量不受阻碍地到达交界面(使用函数 f_3(式(7.3.20))需要假设每个粒子都在气相中经历了碰撞)。具体来说,对于 $Kn = 1(L = 1)$,可得 $\beta^1 \approx 0.6$。

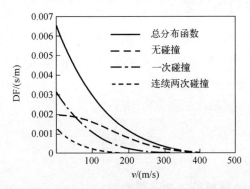

图7.3　$Kn = 1$ 时由式(7.4.20)计算的分布函数及其分量

在处理过程中,当发现由于凝结通量与蒸发通量的相互作用而对凝结分布函数造成扰动时,将克努森数中的平均自由程 l 表示为与蒸发粒子连续两次碰撞之间的平均自由程并非多余。对于弱蒸发通量,蒸发粒子对凝结通量的影响可以忽略不计。对于高蒸发通量条件,则必须考虑气相粒子与蒸发粒子的碰撞,以及二级气相粒子-蒸发散射粒子的相互作用等。

粒子所经过的 L 越多,经历的碰撞也就越多。对于较低的克努森数,每个气相粒子都将经历很多碰撞,因此,分布函数式(7.4.21)将会向纵轴倾斜,交界面上的粒子通量将与服从麦克斯韦分布的赫兹流动产生显著的差异。在这种情况下,可以认为 $\beta^1 \ll 1$。

此外,还应注意对于冷蒸发表面(运动缓慢的蒸发粒子)和热气相工况,运动较快的气相分子"抓住"了部分蒸发分子并将其带到液相表面以下。在这种情况下,凝结通量将增加(因为此时其不仅包括凝结流本身,还包括被迫返回的蒸发粒子)。根据实验方法,此时将得到凝结系数 $\beta > 1$。

简单地分析这些条件:在一个实验中,在完全凝结条件下,即在交界面上有

$J<0$ 的质量通量,测量的通量为

$$J=\beta(J^{\mathrm{H,ev}}-J^{\mathrm{H,cond}}) \tag{7.4.22}$$

式中:$J^{\mathrm{H,ev}}$ 和 $J^{\mathrm{H,cond}}$ 为交界面处的赫兹通量。

在凝结通量抑制部分蒸发通量的情况下,即蒸发通量为 $J^{\mathrm{H,ev}}-\Delta J^{\mathrm{H,ev}}$(因为部分通量 $\Delta J^{\mathrm{H,ev}}$ 返回到了交界面),所计算或测量得到的凝结系数 β 值(式(7.3.22))将不同于真实的 β' 值:

$$\frac{1}{\beta}-\frac{1}{\beta'}=\frac{\Delta J^{\mathrm{H,ev}}}{J} \tag{7.4.23}$$

7.4.4 一个共同的考虑(选读)

蒸发或凝结系数的问题可以共同讨论,而无须特定的分布函数。这似乎是符合逻辑的,因为正如我们所见,对于某些凝结在液体表面的粒子,我们在确定其分布函数时存在着一些困难。

首先考虑以下形式的准平衡分布函数:

$$f(v)=Af\left(\frac{v^2}{T}\right) \tag{7.4.24}$$

式中:A 为归一化因子。

此类分布函数的最简单的例子是 MDF $f\approx\exp(-mv^2/2T)$ 或偏移麦克斯韦分布(具有非零平均速度的类麦克斯韦分布函数)。然后,从归一化条件 $\int Af(v)\,\mathrm{d}v=1$,可以得到 $A\approx1/\sqrt{T}$。因此,对于通量可以得到关系式:

$$j=n\int vAf\left(\frac{v^2}{T}\right)\mathrm{d}v=\left\{x=\frac{v^2}{T};\mathrm{d}v=\frac{1}{2}\sqrt{\frac{T}{x}}\mathrm{d}x\right\}\approx\sqrt{T}n\underbrace{\int f(x)\,\mathrm{d}x}_{C} \tag{7.4.25}$$

其中,最后部分的积分被表示为常数。同样,对于准平衡系统,遵循克拉珀龙方程 $n=p/T$,并且从气相到交界面处的通量为

$$j^{\mathrm{cond}}=C\frac{p}{\sqrt{T}}=\frac{\beta^{\mathrm{I}}\beta^{\mathrm{II}}p}{\sqrt{2\pi mT}} \tag{7.4.26}$$

换句话说,若使用温度作为粒子动能的量度,通量必须采用式(7.4.26)的形式。基于维度来解释,获得式(7.4.26)则更为容易。因为如果可以探究压力和温度等参数,那么式(7.4.26)更加显而易见。

在式(7.4.26)中,β^{I} 为描述凝结通量与赫兹表达式间差异的参数,β^{II} 为黏附系数。

如上所述,对于蒸发通量,可以得到相同形式的关系。联立蒸发和凝结的表

达式,得到总通量,即可得到赫兹-克努森方程:

$$j^{\text{tot}} = \frac{\alpha p}{\sqrt{2\pi m T}} - \frac{\beta^{\text{I}} \beta^{\text{II}} p}{\sqrt{2\pi m T}} \qquad (7.4.27)$$

实际上,在分析中需要做一个假设,即关于交界面附近的类平衡分布函数式(7.4.27)。在这种情况下,非平衡态不能通过诸如温度等参数来描述。在强非平衡态下,必须使用动能 ε 代替式(7.4.27)右侧第二项中的 T。此外,压力 p 必须按照 7.2 节开头所述来进行计算。

与难以处理的系数 β^{I} 相比,黏附系数 β^{II} 的求解则相对容易。

7.4.5 黏附系数

从前一节可以看出,凝结系数可以定义为液相表面吸附粒子的占比,即黏附系数。

该系数很难通过实验确定,但在数值模拟中却很容易算出。与本书介绍的其他计算相比,该任务相对简单。对此唯一的要求是数值实验的"纯度",即需要排除凝结和蒸发通量的干扰。而抑制蒸发过程的最简单方法是引入低温条件,此时可以认为蒸发通量被大幅削弱。

分析在足够低温度下的流体时(计算中通常选择氩气),不会考虑气相和液相之间的相互作用。在计算中将人为地从真空中"抛射"粒子到液相表面上。通过该方式,可以很容易地观察到影响液体表面的任何粒子的运动过程。该方法非常简明,可以先确定粒子的能量(速度),然后便可构建凝结系数对该能量(速度)的关系式。

然而,数值实验并没有确定凝结系数的任何函数,因为所有落在液相表面的粒子都被吸附了。这些粒子的运动轨迹各不相同(图 7.4),但所有这些轨迹中相当长的部分都在液相中。实际上,该现象是可以被预测的:在之前的章节中,根据模型构造讨论了固体壁面和真实表面之间的区别。同样的,液相表面的区域由少量粒子与粒子之间的巨大孔隙组成,这些孔隙大到可以毫无困难地接收外来粒子的侵入。

当然,气相的粒子可能直接从表面撞击液相粒子。在该类碰撞后,气相入射粒子可能会被反射,此时会降低黏附系数的值,但该过程的概率非常低。实际上,在计算中可以看到 22 个粒子都被吸附了。在 Kryukov 和 Levashov(2016)的模拟中,可以发现了相似的结果,并得到凝结系数的值约为 0.98。在 Iskrenova 和 Patnaik(2017)的研究中,得到了 $\beta \approx 0.93 \sim 0.96$。

因此,可以得出结论 $\beta^{\text{II}} \approx 1$,与之不同的是 β^{I} 则通常具有很差预测值。

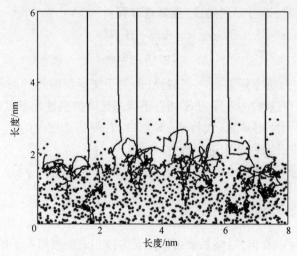

图 7.4 液体中撞击粒子的轨迹

7.4.6 蒸发和凝结系数的实验值

在本节中,我们试图分析所获得的蒸发系数值存在差异的原因。

首先,需要承认虽然 7.2 节中的部分解释看起来是合理的。然而,事实上在蒸发过程中存在着许多不受控制的参数。同时,也应指出一个更深层次的问题,即蒸发和凝结系数本身的定义问题。

基于本节中的描述,蒸发和凝结系数的含义尚不清楚。液体表面的气相通量取决于蒸发的过程,反之亦然。因此,总质量通量的表达式为

$$J^{tot} = J^{ev}(J^{cond}) - J^{cond}(J^{ev}) \qquad (7.4.28)$$

在一般情况下,通过这个公式,当两种通量都存在并且可通约时,界面上的总质量通量一般由函数 $f(J^{ev}, J^{cond})$ 确定。但是从测量值 J^{tot} 中提取 α(蒸发系数)和 β(凝结系数)几乎是不可能的,特别是考虑到凝结通量由两个凝结系数定义:

$$J^{tot} = \beta^{\mathrm{I}} \beta^{\mathrm{II}} J^{\mathrm{H}} \qquad (7.4.29)$$

因此,需要从单个测量量 J^{tot} 确定三个系数 α、β^{I} 和 β^{II},这显然是不可能实现的。请注意,等式 $\alpha = \beta^{\mathrm{I}}$,$\beta^{\mathrm{II}}$ 成立的物理原因是未知的,因为这三个参数具有不同的含义,这也导致了无法解释:当 $\beta^{\mathrm{I}} = 1$ 时,$\alpha = \beta^{\mathrm{II}}$。

蒸发和凝结系数只能在明确了的蒸发(凝结可忽略不计)或凝结(忽略蒸发,在这种情况下为 $\beta = \beta^{\mathrm{II}}$)的情况下确定。如果对前者进行分析,那么蒸发系数的期望值 $\alpha \approx 0.8$。对于后者,黏附系数的期望值 $\beta \approx 1$。在所有其他情况下,当 J^{ev} 和 J^{cond} 具有可比性时,可能获得系数 γ 值域内的任何值,即在描述某条件

$\beta^{I}=1$下将得到的某系数关系 $\alpha=\beta^{II}$。由于交界面上流体 $J^{ev}\gg J^{cond}$ 不具有可比性,因此在实验中的测量期望值 $\gamma\ll1$。

7.5 结 论

蒸发系数和凝结系数是两个非常微妙的物理量。

蒸发系数 α 建立了交界面的实际质量通量与赫兹公式之间的联系,并且给出了相应的参数:液相的温度(特别是液相表面的温度)以及质量(数量)密度或压力。传统上,总是使用压力,其具有自变量 T,即 $p=p_s(T)$。

区分凝结系数和黏附系数是有必要的。尽管定义相近,但就目前而言二者是完全不同的参数。黏附系数值接近1,但通常凝结系数是一个难解的数量。最初,凝结系数代表入射流体黏附粒子的比例,但必须正确定义这种入射流体。赫兹公式可以在平衡条件下,且气相粒子的分布函数未发生畸变时应用于固体(非蒸发)表面。

但是,在两相交界面处有另外一种情况。蒸发流体与凝结流体的相互对流,使气相粒子的分布函数发生变形,并使被作用的粒子分布函数不再服从麦克斯韦分布。在这种情况下,获得的凝结系数具有双重意义:黏附系数 β^{II} 不等于凝结通量和赫兹通量的比值,而是等于乘积 $\beta^{I}\beta^{II}$,其中参数 β^{I} 定义了此时与赫兹公式间的偏差。需要强调的是 β^{I} 并不是常数,而是取决于蒸发通量,或者说是取决于交界面附近的条件。

在这些分析下,交界面上的总通量可以表示为

$$j^{tot}=\frac{\alpha p}{\sqrt{2\pi mT}}-\frac{\beta^{I}\beta^{II}p}{\sqrt{2\pi mT}}$$

严格来说,第二项的影响程度较小,因为在此项中 $\beta^{I}(p,T)$ 的影响强于 $p/\sqrt{T}$。

因此,在实验中,可以使用重量法相对容易地测得量 j^{tot}。然而,上面给出的表达式右侧的未知形式有力地阻碍了任何确定蒸发和凝结系数的尝试。目前,除估计方法以外,无法用任何特定的结果预测 β^{I},因此也无法预测某处理方法最终获得的结果。但是,可以预测的是,这些显式系数的范围是十分广泛的。

此外,本章还呈现了蒸发系数的一些结果,并通过已知关系讨论了凝结系数。

使用第5章中所提及的分布函数,可以求得蒸发系数的值。不论使用何种方法,对于任何类型的蒸发表面所获得的值始终为 $\alpha\approx0.8$(第5章)。

此外,本章还计算了黏附系数,即 $\beta^{II}=1$。该结果是符合逻辑的,可以将其

197

理解为液相总能随时接受气相中的粒子。本章中 α 和 β^{II} 的结果都是在数值模拟中得到的。

但是,目前依然无法确定 β^{I}。经过严密地分析,也只能得到一些估计结果,即与蒸发通量的相互作用会强烈地改变冷凝蒸气粒子的分布函数。即使气相粒子和蒸发粒子之间的单次碰撞,也会导致参数 β^{I} 明显降低。

最后,可以得出结论,对于本领域还需要进一步的研究。

参考文献

T. Alty, Proc. R. Soc. Lond. Ser. A **131**, 554(1931).

T. Alty, F. N. Nicoll, Can. J. Res. **4**, 547(1931).

T. Alty, Lond. Edinb. Dublin Philos. Mag. J. Sci. Ser. **7**(15), 82(1933).

G. T. Barnes, J. Colloid Interface Sci. **65**, 566(1978).

J. C. Bonacci et al. , Chem. Eng. Sci. **31**, 609(1976).

N. Chodes et al. , J. Atmos. Sci. **31**, 1352(1974).

L. J. Delaney et al. , Chem. Eng. Sci. **19**, 105(1964).

I. W. Eames et al. , Int. J. Heat Mass Transfer **40**, 2963(1997).

Y. Finkelstein, A. Tamir, Chem. Eng. J. **12**, 199(1976).

N. Fukuta, L. A. Walter, J. Atm. Sci. **27**, 1160(1970).

D. E. Hagen et al. , J. Atmos. Sci. **46**, 803(1989).

K. C. D. Hickman, Ind. Eng. Chem. **46**, 1442(1954).

K. C. D. Hickman, I. White, Science **172**, 718(1971).

E. K. Iskrenova, S. S. Patnaik, Int. J. Heat Mass Transf. **115**, 474(2017).

D. T. Jamieson, Nature **202**, 583(1964).

O. Knake, I. N. Stranskii, Phys. Usp. **68**, 261(1959).

R. Y. Kucherov, L. E. Rikenglaz, Sov. Phys. JETP **37**, 88(1960a).

R. Y. Kucherov, L. E. Rikenglaz, Dokl. Akad. Nauk SSSR **133**, 1130(1960b).

A. P. Kryukov, VYu. Levashov, Heat Mass Transf. **52**, 1393(2016).

N. E. Levine, J. Geophys. Res. **78**, 6266(1973).

Y. Q. Li et al. , J. Phys. Chem. A **105**, 10627(2001).

J. R. Maa, Ind. Eng. Chem. Fundam. **6**, 504(1967).

R. Marek, J. Straub, Int. J. Heat Mass Transfer **44**, 39(2001).

R. E. H. Miles et al. , Phys. Chem. Chem. Phys. **18**, 19847(2016).

A. F. Mills, R. A. Seban, Int. J. Heat Mass Transf. **10**, 1815(1967).

M. Mozurkewich, Aerosol Sci. Tech. **5**, 223(1986).

K. Nabavian, L. A. Bromley, Chem. Eng. Sci. **18**, 651(1963).

U. Narusawa, G. S. Springer, J. Colloid Interface Sci. **50**, 392(1975).

J. C. A. Offringa et al. , J. Chem. Thermodyn. **15**, 681(1983).

G. M. Pound, J. Phys, Chem. Ref. Data **1**, 135(1972).

E. K. Rideal, J. Phys. Chem. **38**, 1585(1924).

R. A. Shaw, D. Lamb, J. Chem. Phys. **111**, 10659(1999).

A. M. Sinnarwalla et al. , J. Atmos. Sci. **32**, 592(1975).

J. D. Smith et al. , J. Am. Chem. Soc. **128**, 12892(2006).

A. Tamir, D. Hasson, Chem. Eng. J. **2**, 200(1971).

T. Tsuruta, G. Nagayama, J. Phys. Chem. B **108**, 1736(2004).

M. A. Vietti, J. L. Fastook, J. Chem. Phys. **65**, 174(1976).

H. Wakeshima, K. Takata, Jpn. J. Appl. Phys. **2**, 792(1963).

P. M. Winkler et al. , Phys. Rev. Lett. **93**, 075701(2004).

P. M. Winkler et al. , J. Geophys. Res. **111**, D19202(2006).

K. Yasuoka, M. Matsumoto, Y. Kataoka, J. Mol. Liq **65-66**, 329(1995).

V. V. Zhakhovskii, S. I. Anisimov, J. Exp. Theor. Phys. **84**, 734(1997).

M. Zientara et al. , J. Phys. Chem. A **112**, 5152(2008).

推荐文献

T. Alty, Proc. R. Soc. Lond. Ser. A **149**, 104(1935).

M. A. Bellucci, B. L. Trout, J. Chem. Phys. **140**, 156101(2014).

K. S. Birdi et al. , J. Phys. Chem. **93**, 3702(1989).

P. R. Chakraborty et al. , Phys. Lett. A **381**, 413(2017).

E. J. Davies et al. , Ind. Eng. Chem. Fundam. **14**, 27(1975).

P. Davidovitz et al. , Geophys. Res. Lett. **31**, L22111(2004).

H. A. Duguid, J. F. Stampfer, J. Atmos. Sci. **28**, 1233(1971).

J. P. Garnier, Atmos. Res. **21**, 41(1987).

D. N. Gerasimov, E. I. Yurin, High Temp. **53**, 502(2015).

R. Goldstein, J. Chem. Phys. **40**, 2793(1964).

J. P. Gollub, J. Chem. Phys. **61**, 2139(1974).

J. M. Langridge et al. , Geophys. Res. Lett. **43**, 6650(2016).

H. Mendelson, S. Yerazunis, AIChE J. **11**, 834(1965).

E. M. Mortensen, H. Eyring, J. Chem. Phys. **64**, 846(1960).

D. W. Tanner et al. , Int. J. Heat Mass Transf. **8**, 419(1965).

J. Voigtlander et al. , J. Geophys. Res. **112**, D20208(2007).

199

第 8 章

蒸发表面的温度跃变

我们总是希望物理量的性质是连续的。例如,当考虑两个物体接触传热问题时,假定两个物体在接触点的温度相同,该温度被称为接触温度。

这种方法对于两个凝聚态物质间的接触,以及更标准的固-气或液-气接触通常是不适用的。两个接触相在接触点处的温度不同。从 19 世纪末开始,人们尝试了很多理论和实验上的工作,试图建立界面温度差与其他物理参数之间的相关性。

在 8.1 节中,我们对理论期望给出总体描述。在 8.2 节中,我们对该现象中一些与理论分析大不相同的实验研究结果进行讨论。在 8.3 节中,我们在遵循气体动力学理论的前提下对实验数据进行解释。

8.1 失衡:液体与蒸气存在温度差异

8.1.1 非平衡动力学

就像在第 1 章中提到的,温度 T 是主要的热力学参数:在平衡态下,系统中所有部分的温度相同且 T 为常数。然而,蒸发不是一个平衡的过程,由此我们可以预料到两个接触相间的温度是不同的。

首先,我们必须解释什么是"接触相"。宏观相为连续介质,只有在连续条件下,其动力学特性(如黏度、热导率等)才可能符合物理描述。宏观空间尺度 L 必须远大于分子的平均自由程(MFP,l)。因此,如果我们引入一个克努森数:

$$Kn = \frac{l}{L} \tag{8.1.1}$$

那么连续介质的条件是 $Kn \ll 1$。对于 $Kn \gg 1$,定义自由分子流:粒子在一段距离 L 内进行无碰撞的运动。在两种极限情况下(小尺度与大尺度),我们都有合适的物理描述;当 $Kn \ll 1$ 时,该物理描述与纳维-斯托克斯(Navier-Stokes)方程相近。$Kn \approx 1$ 对应的空间尺度非常麻烦,罕见的碰撞会影响该情况下的流动,但我们无法在足够大的尺度内平均这些碰撞,进而将整个介质描述为连续体。

因此,只有在尺度为 $Kn \ll 1$ 的情况下介质是连续介质。对于液体,MFP 近似为平均粒子间距,因此对于任意体积的液体,只要有足够数量的分子引入参数密度就可以被认为是连续介质(这里有一些热力学上的知识:我们至少需要介质的局部特性,如温度和压力;在任何情况下,大体积都可以被认为是"连续介质",见9.3节)。然而,气体并不是像这样"连续"的。一个分子的 MFP 可被估计为

$$l \approx \frac{1}{n\sigma} \qquad (8.1.2)$$

其中,碰撞截面为 $\sigma \sim d^2$(d 是分子直径),数量密度可以用克拉珀龙方程 $n = p/T$ 表示。因此,对于压力 p 条件下的蒸气平均自由程 $l \sim T/(pd^2)$;对于直径只有几埃(为了一致性和精度,以后面将用 0.5nm 表示)和温度为 10^2K 量级的分子,对其 MFP 进行估计:

$$l \sim \frac{10^{-2}}{p} \qquad (8.1.3)$$

我们在这里省略了所有量级为 1 的乘数,因此,式(8.1.3)估计值在 1 个数量级。例如,对于低压 10^3Pa 量级,我们得到 MFP 为 10μm 量级;对于高压 10^6Pa 量级,我们有 MFP 为 10nm 量级。

因此,气体在接近 MFP 的尺度上不是连续的,尤其是在液体表面近似于 MFP 的距离处。例如,蒸发粒子的分布函数在空间尺度上保持了非平衡态。

换句话说,蒸气从距液体表面 10MFP 量级的"起始距离"处可视为连续相;这里,数字 10(与双手手指的数量相等,魔法之源终于在这里被发现)是我们对"很多"这个词的表述。当然,MFP 的具体乘数代表着碰撞次数,而碰撞次数足够建立一个静止、统一(甚至平衡)的分布函数模型。

当 $Kn \approx 1$ 时(所谓的克努森层内部),非平衡条件下,蒸气甚至没有温度这个参数。因此,分子的分布函数以及平均动能在不同的碰撞中也有很大的不同;这里无法提供任何平均量使分布函数变得平滑或从碰撞中推导数量。

为了得到蒸发表面附近的通量表达式,我们需要知道蒸发表面附近蒸气分子速度的分布函数。

克努森层质量和能量通量的确定问题(3.7节)可以用不同的公式来解决。其中一个可行的公式是再凝结问题:气体在具有蒸发/凝结边界条件的两平行液

层之间流动。这个问题的解是通量 $j(\Delta p, \Delta T)$ 和 $q(\Delta p, \Delta T)$ 的函数,即温度和压差的函数。问题的关键是气层中的分布函数。

这里我们将遵循 Labuncov(1966) 的工作。我们把分子的速度表示为平均(宏观)速度 u 和速度的混沌分量 c 之和:

$$v = c + u \qquad (8.1.4)$$

由此,我们用记作"a"和"b"的两个拟麦克斯韦分布函数(MDF)表示从蒸发表面离开与进入蒸发表面的所有通量;每个分布函数都有各自的模块(平均动能 $\varepsilon_{a,b}$)和归一化因子:

$$F_a(v) = \frac{n_a}{(\sqrt{\pi}\,\varepsilon_a)^3} \exp\left(-\frac{(v_z - v_a)^2 + v_x^2 + v_y^2}{\varepsilon_a^2}\right) \quad (v_z > 0) \qquad (8.1.5)$$

$$F_b(v) = \frac{n_a}{(\sqrt{\pi}\,\varepsilon_b)^3} \exp\left(-\frac{(v_z - v_b)^2 + v_x^2 + v_y^2}{\varepsilon_b^2}\right) \quad (v_z > 0) \qquad (8.1.6)$$

故必须得到 6 个常数:n_a、n_b、ε_a、ε_b、u_a、u_b,即粒子数密度、平均动能(模拟温度)和两种流体的速度(来自界面和界面处)。

这些参数可由以下形式的动力学方程得到:

$$\frac{\mathrm{d}}{\mathrm{d}z}\int v_z \varphi_k(v) F(v) \,\mathrm{d}v = I[\varphi_k(v)] \qquad (8.1.7)$$

式中:$I(\varphi_k)$ 为可以被构造成速度矩函数 φ_k 的碰撞积分。

积分为

$$\int v_z \varphi_k(v) F(v) \,\mathrm{d}v = \int_0^\infty \int_{-\infty}^\infty \int_{-\infty}^\infty v_z \varphi_k(v) F_a(v) \,\mathrm{d}v_x \mathrm{d}v_y \mathrm{d}v_z +$$
$$\int_{-\infty}^0 \int_{-\infty}^\infty \int_{-\infty}^\infty v_z \varphi_k(v) F_b(v) \,\mathrm{d}v_x \mathrm{d}v_y \mathrm{d}v_z \qquad (8.1.8)$$

这里我们使用 Labuncov(1966) 选用的函数:

$$\varphi_1 = 1, \quad \varphi_2 = v_z, \quad \varphi_3 = \frac{v^2}{2}, \quad \varphi_4 = v_z^2, \quad \varphi_5 = \frac{v_z v^2}{2}, \quad \varphi_6 = \frac{v_z^2}{2} \qquad (8.1.9)$$

前 3 个动量为 $I[\varphi 1,2,3(v)] = 0$。对于麦克斯韦分子(具有潜在交互势 $\varphi(r) \approx r^{-4}$ 的分子),可以表示为

$$I(v_z^2) = \frac{1}{9}\frac{m}{\eta} I(c^2)[I(c^2) - 3I(c_z^2)] \qquad (8.1.10)$$

$$I\left(\frac{v_z v^2}{2}\right) = -\frac{1}{9}\frac{m}{\eta} I(c^2) I(c_z c^2) + uI_c(v_z^2) \qquad (8.1.11)$$

$$I\left(\frac{v_z^2}{2}\right) = \frac{1}{6}\frac{m}{\eta} I(c^2)[I(c_z c^2) - 3I(c_z^3)] + 3uI(v_z^2) \qquad (8.1.12)$$

式中：m 为分子的质量；η 为蒸气的动力黏度。

原则上，上述方程可以被应用于各种需要克努森层分布函数的问题。下面我们用它来解决重新凝结问题：气体从液体表面 A 蒸发，到液体表面 B 凝结。

为了用式（8.1.10）~式（8.1.12）求解式（8.1.7），需要边界条件。考虑平面 A 和平面 B 之间的一层，其温度已知为 $T_A > T_B$（在条件 $(T_A-T_B)/T_{A,B} \ll 1$ 下）；每个平面对应具有凝结系数为 β 的液体，即平面中 β 份额被吸收，$1-\beta$ 份额被反射（在浸射或镜面反射的条件下）。

此处省略这个方程组的求解方法。在 Labuncov（1966）中，得到了不同情况下的不同函数。对于小克努森数和漫射类型的反射，有连续介质的简单方程：

$$j=k(\beta)\frac{\Delta p}{\sqrt{2\pi T}}, \quad q=jc_p T, \quad k(\beta)\approx \frac{\beta}{1-0.4\beta} \qquad (8.1.13)$$

对于高克努森数和分子的镜面反射条件，有以下通量表达式：

$$j=\frac{2\beta}{2-\beta}\frac{\Delta p}{\sqrt{2\pi mT}}\left(1-\frac{1}{2}\frac{\Delta T}{\Delta p}\frac{p}{T}\right) \qquad (8.1.14)$$

$$q=\frac{2\beta}{2-\beta}\sqrt{\frac{2T}{\pi m}}\Delta p\left(1+\frac{1}{2}\frac{\Delta T}{\Delta p}\frac{p}{T}\right) \qquad (8.1.15)$$

正如我们所看到的，在这里我们用液层压力和温度的有限差来表示通量。可以从式（8.1.14）和式（8.1.15）中找到 Δp 和 ΔT 的表达式来计算这些已知质量和能量通量的量。

Albertoni 等（1963）与 Bassanini 等（1967）已经考虑过液体表面的不连续问题；Pao（1971）更直接地考虑了蒸发表面的温度跳跃问题；Cipolla 等（1974）使用了不可逆热力学的方法。实际上，很难指出温度跃变的单一决定性因素。从 20世纪 60 年代中期到 70 年代中期，这个问题在十多年间被逐步解决。

采用现代方法，蒸气与液相间的温度不连续可以表示为

$$\frac{T_v-T_1}{T_1}=-C_1 q-C_2 J \qquad (8.1.16)$$

其中，$C_1=1.03\sqrt{\dfrac{m}{2T_1}}\dfrac{1}{p_s}$，$C_2=0.45\dfrac{1}{\sqrt{2mT_1}}\dfrac{T_1}{p_s}$。例如，在水中没有热流的情况下，$J\approx 1\mathrm{g}/(\mathrm{m}^2\cdot\mathrm{s})$，$T_1=283\mathrm{K}$，并且通常情况下有 $p_s\approx 1.2\times 10^3\mathrm{Pa}$，可以得到 $T_v-T_1\approx -0.03\mathrm{K}$。

我们将在 8.1.3 节给出对式（8.1.16）的一些解释。

式（8.1.16）对温度跃变的预测非常小，通常远小于 1K。测量这么小的温差是非常困难的，尤其是考虑到这些测量必须在蒸发液体表面附近（距离小于

1mm)进行。一些科学家确信在如此小的空间尺度上是不可能用实验的方法确定如此小的温度不连续性,然而,这类实验却给出了令人惊讶的结果,详见8.2节。然而,在对实验数据进行检验之前,我们应该对温度跃变的一些总体问题进行讨论。

8.1.2 温度跃变的一些历史

两个接触相间温度不相等的一般概念是在动力学理论的初期发展起来的。Kundt 和 Warburg(1875)可能最早致力于研究温度不连续性。在 19 世纪和 20 世纪的过渡时期,Gregory(1936)考虑了固相与气相之间的温度跃变:

$$\Delta T = -v \frac{dT}{dn} \tag{8.1.17}$$

式中:ΔT 为被加热的固体和气体间的温差;$\dfrac{dT}{dn}$ 为沿法线方向靠近表面的气体温度梯度;系数 v 为要研究的对象,在早期的工作中已建立 $v \approx 1/p$ 或 $v \approx l$(平均自由程)。

在 1911 年,Smoluchowski 提出了第一个"固-气"界面温度跃变的理论;Smoluchowski 得到的结果一部分源自麦克斯韦(Maxwell,1879)的工作,麦克斯韦引入了一种方法来解决克努森层的动力学问题。值得注意的是,"克努森层"这个术语出现在物理学领域的时间比麦克斯韦发表该著作的时间要晚得多,当时马丁·克努森(Martin Knudsen)只有 8 岁。

Smoluchowski 发现了下式(由 Gregory 提供简化形式):

$$v = \frac{15}{2\pi} \frac{2-\beta}{2\beta} l \tag{8.1.18}$$

形如式(8.1.17)的温度跳跃在 20 世纪中叶被广泛应用,例如,在实验中测定气体在低压力下的导热系数(在 20 世纪早些时候,系数 v 的确定来自相同的实验)(如 Makhrov,1977a、b)。

在 20 世纪 60—70 年代,有关蒸发面附近克努森层的温度不连续的研究迈进了现代。

8.1.3 参数的不连续:简要概述

对于物理参数的跃变没有特殊神奇的解释。自然、严格的真空空间与物理量间的有限差异是共同的东西。

例如,让我们考虑两个在不同温度和压力下含有气体的大容器(图 8.1)。大容器间用一个足够短的管子连接,这里的克努森数 $Kn \gg 1$;因此,气体分子可以从一个容器运动到另一个容器而不发生任何碰撞;到达的分子只能与接收容器中的近邻分子相互作用。

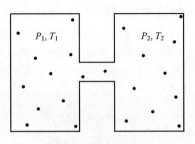

图 8.1　克努森效应

与管道相连的每个容器的通量为

$$j_{1,2} = \frac{p_{1,2}}{\sqrt{2\pi m T_{1,2}}}$$

（8.1.19）

在平衡态下,通量 $j_1 = j_2$,我们有

$$\frac{p_1}{\sqrt{T_1}} = \frac{p_2}{\sqrt{T_2}}$$

（8.1.20）

这就是所谓的克努森效应。由此可见,在压强不相等的情况下,系统中会有某种程度的温度跃变。

克努森效应是理解温度跃迁物理现象成因的关键。对于非平衡态,但接近平衡态,速度尺度使用热速度 $\sim \sqrt{T/m}$。进而,通量为 $\sim n\sqrt{T/m} \to \sim p\sqrt{T/m}$,由此得到界面总通量表达式为

$$j = \frac{C_1 p_1}{\sqrt{2\pi m T_1}} - \frac{C_2 p_2}{\sqrt{2\pi m T_2}}$$

（8.1.21）

常数 C_1 和 C_2 很接近,此外,我们可以预料到在完全平衡的情况下 $p_1 = p_2 = p_0$,$T_1 = T_2 = T_0$,因为总通量为零,$C_1 = C_2$。我们可以稍微推广一下,假设变量 $C_{1,2}$ 不是常数,并且可能依赖非平衡态的参数,即只有在平衡态时,$C_1 = C_2$。靠近平衡态时,我们可能只有 $C_1 \approx C_2$。

对于弱非平衡态,也就是当两相的压力与温度几乎相等时:$p_1 \approx p_2$ 和 $T_1 \approx T_2$,我们可以把通量的表达式(式(8.1.21))展开成 p 和 T 的级数。假设 $C_1 = C_2 = C$,得到总的通量方程为

$$j = \frac{C\Delta p}{\sqrt{2\pi m T_0}} - \frac{p_0}{T_0}\frac{C\Delta T}{\sqrt{8\pi m T_0}}$$

（8.1.22）

当 $C = \dfrac{2\beta}{2-\beta}$ 时,式(8.1.22)与式(8.1.14)一致。

式(8.1.22)的含义很清楚:总通量是由温度或压力差引起的。然而,我们可以逆向思考:对于非零总通量一定存在压力差或温度差。事实上,我们怀疑这些解释在本质上是否相同,因为在我们看来,第二种情况颠倒了因果。

在最普遍的情况下,我们可以对热通量写出一个类似的方程,得到如下形式的方程组:

$$\begin{cases} j = c_j^p \Delta p + c_j^T \Delta T \\ q = c_q^p \Delta p + c_q^T \Delta T \end{cases} \tag{8.1.23}$$

然后,我们可以通过求解这个方程组来得到温度和压强的跃变:

$$\begin{cases} \Delta T = c_T^j j + c_T^q q \\ \Delta p = c_p^j j + c_p^q q \end{cases} \tag{8.1.24}$$

根据式(8.1.24),可以通过通量计算温度(和压力)差。我们可能会注意到,实际上式(8.1.23)已经描述了因果关系。

正如我们所看到的,这些跃变背后存在的原理是清晰的。在式(8.1.24)中,气体动力学理论只定义了系数 $c_{p,T}^{j,q}$;这就是它的作用。同样的方法可以用于任意通量,而不仅仅用于形式为 $p/\sqrt{T}$ 的通量。要实现这一点需要:①参数 p 和 T 的定义;②能够表示这些参数的系列通量。

在一些工作中,差值 Δp 和 ΔT 与克拉珀龙-克劳修斯方程联系在一起:

$$\frac{\Delta p}{\Delta T} = \frac{r}{T \Delta v} \tag{8.1.25}$$

然而,这种方法仅在特定的情况下是正确的,比如当克努森层两侧的参数处于热平衡态时。在一般情况下(图 8.2 中 $p\text{-}T$ 坐标下的饱和曲线),任意两点 A'、B' 处 p 和 T 的差值与沿着饱和曲线的差值没有任何共同之处。

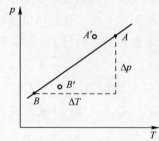

图 8.2 $p\text{-}T$ 坐标下的饱和曲线,点 A' 和点 B' 不在饱和曲线上,

因此,$\dfrac{\Delta p(A'B')}{\Delta T(A'B')}$ 不能由克拉珀龙-克劳修斯方程确定

8.2　令人困惑的实验

我们已经看到动力学理论预测了液相与气相之间的温度跃变。这种跃变相对较小,很难在实验中发现。即使在 20 世纪后期,这种温度跃变有时也被描述为"无法测量的",但最近对温差的探索取得了惊人的结果:实验值要比理论值大一个数量级,并且是相反的结果。理论预测 $\Delta T = T_v - T_1$ 包含"+"和"−"两种结果,但几乎所有的实验显示 $\Delta T > 0$。在一些实验中,ΔT 超过了 10K。

这种差异是难以得出结论的根源。在一些著作中,随着新理论的提出,动力学理论受到了质疑,如统计率理论(Ward 和 Fang,1999)。我们不会加入这场提出新理论或捍卫旧理论的争斗。我们对测量到的温度跃变的解释来自我们之前的思考(尤其是第 5 章)。我们将在下一节中给出这些结果。

在这里,我们必须认真对待这些实验结果。

8.2.1　实验温度跃变的概述

温度跃变的测量是一个精细的实验过程,需要独特的实验技术与技巧。这种效应的范围很窄,标准测量误差可以抵消任何结果:通常热电偶(TC)的测量误差为 ~0.1K,即与预测的温度跃变幅度相同。当然是不能用粗糙的实验设备来测定这种效应的。

然而,在 8.3 节之前,这个问题中还有一个严重的方面必须在这里考虑。最初,在 Knudsen 和 Smolukhovskii 的早期工作中,温度跃变被解释为两个接触相间的温差(这与它们是固−气接触还是液−气接触无关)。为了确定温差,首先我们要确定接触相的温度;其次可以说,温度本身的存在是定义的一个关键点。我们的意思是温度只能在连续介质中定义;一般情况下,该参数不能用于非平衡相的动力学描述,也不能用于极小的空间尺度。因此,严格地说,温度跃变可以定义为

(1) 液体表面温度为 T_1;该温度必须在比"连续尺度"更宽的近表面厚度层中确定;对于像液体这样的凝聚态是没有问题的。

(2) 气相温度必须使用同样的方法来定义,但是这里对气相有足够厚度的要求导致了严重的问题:我们必须在一个大于 10MFP 的层中定义靠近液体表面的温度 T_v;此外,这一层中原子的分布函数必须与 MDF 相符。

(3) 如果 T_1 和 T_v 都存在,那么我们可以定义 $\Delta T = T_v - T_1$。

然而,如果 T_v 出现问题,我们该怎么做呢?

我们可以描述至少两类关于蒸气温度的问题:①蒸气温度可能不存在;

②这个参数的定义精度不够,不适合进一步分析温度跃变。

让我们从另一个角度来看这个问题。通过计算可知蒸气层一定很厚,所以在约1cm的尺度上定义靠近液体表面的蒸气温度(此时MFP约为10μm)。用这种方法,我们通过较大体积区域的平均值来确定温度;如果温度差作用在约1mm的尺度上(即温度只在距离界面约1mm处变化),然后在约1cm的尺度范围内取平均值,那我们什么也没得到,除了知道大部分蒸气的温度。显然,这种情况下的温度跃变与气体动力学理论(KTG)预测的温度跃变没有任何共同之处。

因此,蒸气的温度必须在中等尺度上确定:不能太小,也不能太大。这是可以想象到的最糟糕的情况。进入其中一个极端范围的风险总是存在的。

8.2.2 部分实验及实验数据

作为实验技术的一个例子,在此描述Badam等(2007)进行的实验过程。

蒸馏水和去离子水经过一个底部为矩形的通道蒸发(图8.3)。半月板的高度,也就是蒸发表面,保持在距通道口上方约1mm处。用U形热电偶测量液体和蒸气的温度。水平导线的长度(约3mm)与其直径(约25μm)的比值大到足以忽略沿导线的热传导通量(如文中所述)。辐射通量与来自蒸气的热通量相比也可以忽略不计。热电偶安装在通道的中心线上,并且可以上下移动。在靠近液体表面的两处蒸气点(距离10μm)与两处液体点(距离20μm)测量温度,蒸气测量点与液体测量点之间的距离为50μm。

Badam等(2007)的实验装置中一个有趣的地方是安装在界面上方约3mm处的加热元件。这个加热器提供了从蒸气到液体表面的重要热通量,因此,可以将测量到的温度跃变与KTG的预测值进行比较(图8.3)。

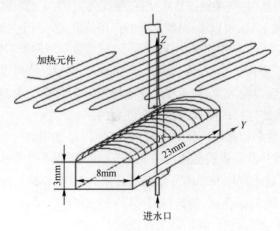

图8.3　Badam等(2007)使用的实验装置

Badam 等（2007）的实验结果如表 8.1 所列。可以看出，温度跃变的实测值远高于 KTG 的预测值；理论预测 $\Delta T = T_v - T_1 \approx 0.1\text{K}$，实验得出 $\Delta T \approx 1 \sim 10\text{K}$。

表 8.1　Badam 等（2007）获得的实验数据

加热温度/℃	蒸发通量 /(g/(m² · s))	蒸气压/Pa	实验温差 ΔT/℃	气体动力学温差/℃
30	0.578	736.0	3.99	0.15
30	0.607	569.5	3.84	0.17
30	0.636	483.0	4.22	0.2
30	0.687	391.2	4.76	0.26
30	0.737	295.2	5.50	0.33
30	0.768	240.3	5.76	0.43
50	0.766	847.9	6.25	0.24
50	0.781	743.0	6.71	0.27
50	0.836	572.4	7.29	0.36
50	0.904	391.4	8.80	0.51
50	0.970	288.5	9.69	0.68
50	1.01	236.0	10.25	0.84
70	0.882	966.8	4.10	0.30
70	0.922	850.5	8.62	0.33
70	0.958	747.0	9.52	0.38
70	1.02	573.1	10.47	0.50
70	1.09	389.2	11.51	0.72
70	1.13	290.7	12.81	0.95
70	1.18	215.6	14.63	1.26

除了温度差值外，ΔT 对蒸气压 p 的依赖尤其值得注意。正如我们所看到的，ΔT 随着 p 的增加而下降。

Fang 和 Ward（1999）较早时也得到了温度不连续的结果，见表 8.2。使用相同的精确技术，他们得到了 1~8K 的温度跃变值。同样，测量的气相温度超过了液相温度。

表 8.2　Fang 和 Ward（1999）获得的实验数据

蒸发率/ (10⁻⁶h⁻¹)	蒸发通量/ (g/(m² · s))	蒸气压/Pa	热电偶位置 平均自由程（MFP）	实验温差/℃
70	0.2799	596.0	2.2	3.5

蒸发率/ ($10^{-6}h^{-1}$)	蒸发通量/ ($g/(m^2 \cdot s)$)	蒸气压/Pa	热电偶位置 平均自由程(MFP)	实验温差/℃
75	0.2544	493.3	3.7	3.7
85	0.3049	426.6	1.6	4.2
90	0.4166	413.3	1.7	4.2
100	0.3703	310.6	1.8	5.1
100	0.3480	342.6	4.7	5.3
100	0.3971	333.3	1.3	6.2
110	0.4081	269.3	2.7	6.3
110	0.4347	277.3	1.6	6.1
120	0.4097	264.0	1.4	6.2
120	0.4860	269.3	1.3	6.5
130	0.4166	245.3	2.0	6.0
140	0.4938	233.3	1.9	7.4
150	0.5086	213.3	2.2	7.5
160	0.5386	194.7	1.2	8.0

210

8.2.3 界面温度

实际上,Badam 等(2007)中加热元件的温度对液体表面温度的影响很小。让我们分析实验数据集:对于约560Pa 压力下的蒸气,所有数据集中的液体温度都在-0.77℃(加热器温度为80℃)到-1.1℃变化(没有外加热的情况)。在约300Pa 时,液体的温度为-9.6℃(测量值的不确定性约为0.1℃)。

因此,加热器的作用是产生微弱的附加热流;液体表面的温度服从蒸发-凝结过程中深层、内部的依赖关系,不会受到像热通量这样微小扰动的干扰。

注意到,对于加热器的不同温度,实验中的温差有显著差异:对于 $p \approx$ 560Pa,$\Delta T = 1.8 \sim 11.6K$;对于 $p \approx 300Pa$,$\Delta T = 2.8 \sim 14.4K$。

因此,我们可以明确地得出结论:ΔT 不依赖液体的温度或气体的压力,对于几乎相同的 T_1 和 p,温度跃变相差一个数量级。也就是说,液体表面附近的蒸气温度 T_v 的测量值不依赖于 T_1 或 p;或者确切地说,它不依赖于 $T_1(p)$。

考虑到蒸发通量正是由这个参数决定的,探究温度跃变是否与蒸发质量通量有关是一件很有趣的事情。蒸气的温度是否可能只由加热元件的温度决定?事实上,加热器的温度越高,气体的温度就越高。这个陈述没有矛盾,蒸发过程与温度跃变并没有关系。

8.2.4 与质量通量的相关性

温度跃变与蒸发表面总通量间的关系如图 8.4(a)(Badam 等,2007)和图 8.4(b)(Fang 和 Ward,1999)所示。

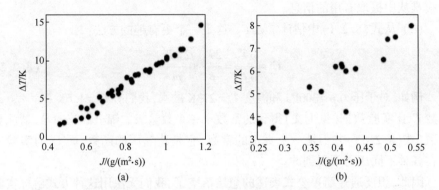

图 8.4 温度跃变作为质量通量的函数

(a)摘自 Badam 等(2007);(b)摘自 Fang 和 Ward(1999)。

在这些图上,全部压力范围与全部加热模式下的实验点都被绘制出来。从图中可以看出,可以用线性关系近似拟合这些数据集:

$$\Delta T = C_1 + C_2 J^{\text{tot}} \qquad (8.2.1)$$

其中,Badam 等(2007)的系数为 $C_1 \approx -9\text{K}$,$C_2 \approx 19\text{K} \cdot \text{m}^2 \cdot \text{s}/\text{g}$;Fang 和 Ward (1999)的系数为 $C_1 \approx -0.5\text{K}$,$C_2 \approx 15\text{K} \cdot \text{m}^2 \cdot \text{s}/\text{g}$。

因此总的来说,温差与蒸发表面总质量通量呈线性关系,这与 KTG 的预测基本一致,但其斜率更大且 $C_1 \neq 0$;然而,对于第二个数据集,这个常数几乎等于零。

注意,总通量定义为

$$J^{\text{tot}} = J^{\text{ev}} - J^{\text{cond}} \qquad (8.2.2)$$

例如,蒸气原子 MDF 的凝结通量为

$$J^{\text{cond}} = p\sqrt{\frac{m}{2\pi T_{\text{V}}}} \qquad (8.2.3)$$

因此,如果我们假定蒸发通量是一个常数 $J^{\text{ev}} = f(T_1) = \text{const}$(因为正如我们上文所述,$T_1 = \text{const}$),这样蒸发表面总通量的增加只取决于凝结液体表面通量的减少。由于蒸气温度的偏差很小(10K 与 $T_0 \approx 273\text{K}$ 相比),我们可以将式(8.2.3)进行 T_0 附近的级数展开并发现:

211

$$J^{\text{tot}} = J^{\text{ev}} - p\sqrt{\frac{m}{2\pi T_0}} + \frac{p}{2T_0}\sqrt{\frac{m}{2\pi T_0}}(T_v - T_0) \qquad (8.2.4)$$

由这个方程我们可以:

(1) 从式(8.2.1)中确定常数 C_1,在这里我们甚至不会展开这个表达式,因为很难从中提取有用的信息。

(2) 从式(8.2.1)中估计常数 C_2,这是一个更有趣的方法:

$$C_2 = \frac{\partial T_v}{\partial J^{\text{tot}}} = \frac{2T_0}{p}\sqrt{\frac{2\pi T_0}{m}} \qquad (8.2.5)$$

例如,对于压力 $p = 300\text{Pa}$ 和温度 $T_0 = 273\text{K}$ 的水,我们有 $C_2 = 1.6\text{K} \cdot \text{m}^2 \cdot \text{s/g}$,常数 C_2 比实验数据(见上文)得到的常数小一个数量级。锦上添花的是,请注意常数(式(8.2.5))并不是一个真正的常数,它是蒸气压的函数,而 C_2 的实验值是在各种不同压力下得到的。

因此,想要通过简单公式表述的想法落空了,我们无法用这种方式解释实验数据。蒸发表面的总通量不能用蒸发表面附近蒸气温度的变化引起凝结通量的变化来解释。我们看到 $\partial T_v/\partial J^{\text{tot}}$ 太小了,导致推导出的 $\partial J^{\text{tot}}/\partial T_v$ 太大从而无法解释实验结果(第6章)。

我们必须承认:

(1) 在不同的加热温度下,蒸发表面的总通量不仅由凝结通量决定,而且由蒸发通量本身决定,尽管液体表面温度和气体压力保持不变。

(2) 蒸发表面的温度跃变不能仅用加热器温度变化引起的蒸气温度变化来解释。

这两个问题都令人困惑。我们还可以注意到,从第一个问题可以看出,蒸发通量在某种程度上与凝结过程直接相关:液体表面温度保持不变,但在凝结通量下,液体原子"更愿意"蒸发。至于第二个问题,我们再次声明,KTG 无法解释如此之大的温度跃变。这是双重麻烦!

8.2.5 千里之行,始于足下

本节讨论的实验是非常微妙的。Badam 等(2007)和 Fang 和 Ward(1999)都测量了克努森层内部的温度,而不是液体表面附近的大部分蒸气的温度。

严格地说,这是相对于 KTG 已经解决的问题中出现的一个新问题。然而,这是否意味着我们的关注点偏离了这个问题本身?如果我们关注 KTG 本身,可以参考本节中描述的细微差别,但我们不能这样做。

本节所讨论的实验提出了一些与蒸发有关的严肃问题,必须得到解决。任何实验都需要解释,特别是在这种精细又精准的实验中。

在下一节中,我们将解释这些实验中观察到的温差。然而,考虑到所有可能的情况,我们更愿意将这个量称为"测量到的温度跃变"。

8.3 实测温度跃变

有两件事很重要:①液相和气相测得的温差问题;②非平衡分布函数(相对于 MDF 具有丰富、高能的尾部曲线)必须在距蒸发表面较近处才会清晰地显现出来。

正如我们在上一节所看到的,难以解释的实验结果打破了对 KTG 的所有预期。简而言之,测量到的液相与气相间的温差与 KTG 的预测没有任何共通之处。这是否意味着动力学理论被高估了,我们需要一些新的理论描述? 或者,KTG 能够充分预测蒸发过程,但我们对其性质了解还不够?

我们认为第二种选择是正确的。上一节的实验结果证实了第 5 章的主要结论:粒子的非平衡分布函数在蒸发后"具有"更高的能量。这就是靠近蒸发表面的物体总是过热的原因之一。例如,这样的物体可能是热电偶:如果放置在距周围气体中蒸发原子约 1MFP 的地方,它的尖端可能会过热。

8.3.1 均衡分布函数和非均衡分布函数哪个更强

213

大家都知道鲸比大象强壮。而对于分布函数来说又是怎样的呢?

一维情况下的 MDF 如下:

$$f_x^M(v) = \sqrt{\frac{m}{2\pi T}} \exp\left(-\frac{mv^2}{2T}\right) \tag{8.3.1}$$

对应的平均动能为

$$\bar{\varepsilon}_x^M = \int_{-\infty}^{\infty} \frac{mv^2}{2} f(v) \, dv = \frac{T}{2} \tag{8.3.2}$$

质量和能量通量为

$$j^M = n \int_0^{\infty} v f^M(v) \, dv = \frac{1}{4} n \bar{v}_T = n \sqrt{\frac{T}{2\pi m}} \tag{8.3.3}$$

$$q_x^M = n \int_0^{\infty} v \frac{mv^2}{2} f^M(v) \, dv = nT \sqrt{\frac{T}{2\pi m}} \tag{8.3.4}$$

其中,热速度为

$$\bar{v}_T = \sqrt{\frac{8T}{\pi m}} \tag{8.3.5}$$

式(8.3.3)也称为赫兹方程,其中 n 为介质中粒子(原子或分子)的数密度。

把 n 从分布函数中提出来,将分布函数归一化:$\int_{-\infty}^{\infty} f^{M}(v)\,\mathrm{d}v = 1$。注意到这一点,当然可以得到:

$$\int_{-\infty}^{\infty} v f^{M}(v)\,\mathrm{d}v = 0 \;\text{和}\; \int_{-\infty}^{\infty} v \frac{mv^2}{2} f^{M}(v)\,\mathrm{d}v = 0 \tag{8.3.6}$$

由于对称的 MDF 不"传递"任何通量:通量的缺失是平衡的一个重要性质,而 MDF 描述了一种平衡态。

在三维情况下,分布函数为乘积形式:

$$f^{M}(v) = f^{M}(v_x) f^{M}(v_y) f^{M}(v_z) \tag{8.3.7}$$

对于类比式(8.3.1)得到的三个函数,总动能为

$$\bar{\varepsilon} = \frac{3}{2}T \tag{8.3.8}$$

总能量通量为 $v^2 = v_x^2 + v_y^2 + v_z^2$,有

$$q = n \int_{-\infty}^{\infty} \int_{-\infty}^{\infty} \int_{0}^{\infty} \frac{mv^2}{2} v_x f^{M}(v_x) f^{M}(v_y) f^{M}(v_z)\,\mathrm{d}v_x \mathrm{d}v_y \mathrm{d}v_z = nT\sqrt{\frac{2T}{\pi m}} \tag{8.3.9}$$

三维情况下的质量通量仍然由赫兹方程(式(8.3.3))确定,因为 $\int_{-\infty}^{\infty} \int_{-\infty}^{\infty} f^{M}(v_y) f^{M}(v_z)\,\mathrm{d}v_y \mathrm{d}v_z = 1$,所以我们又回到了一维积分。

最简单的平面蒸发分布函数为

$$f(v) = \frac{mv}{T}\exp\left(-\frac{mv^2}{2T}\right) \tag{8.3.10}$$

给出平均能量和通量:

$$\bar{\varepsilon} = T, \quad j = n\sqrt{\frac{\pi T}{2m}}, \quad q = nT\sqrt{\frac{9\pi T}{8m}} \tag{8.3.11}$$

对于三维情况,如第 5 章所述,切向速度的分布函数为麦克斯韦分布,则平均能量为

$$\bar{\varepsilon} = 2T \tag{8.3.12}$$

我们稍后计算三维几何的通量。我们要强调式(8.3.9)中的温度 T 是液体的温度,而不是蒸发原子的温度:它们的非平衡分布函数不包含诸如温度这样的参数。

然后,我们可以得出蒸发通量比平衡通量具有更高的能量。当然,由于与气体原子的碰撞,分布函数在远离蒸发表面的地方变成麦克斯韦分布。然而,在界面边界的最边缘,分布函数式(8.3.4)未发生变形,这里必然保存非平衡分布函数的清晰证据。放置在蒸发表面附近的物体会接收被蒸发原子的高能通量,一

214

般来说,这些物体的温度会比气体的温度高。我们想要强调的是,即使液体和气体的温度相等,物体的温度也会升高,即 $T_o > T$。

8.3.2 什么是热电偶

热电偶是应用最广泛的温度表,它由两根分开的导线(由不同的金属制成)组成,这些导线的触点(尖端处)具有不同的温度 T_{hot} 和 T_{cold}。根据塞贝克效应,该电路中的电动势 $\varXi$ 为

$$\varXi = \vartheta (T_{hot} - T_{cold}) \tag{8.3.13}$$

式中:ϑ 为塞贝克系数,取决于热电偶中使用的材料(金属导线)。

因此,可以用以下方法来确定热电偶热端的温度:

(1) 已知的塞贝克系数。

(2) 冷端的具体温度 T_{cold}。通常冷端温度是通过将热电偶的冷端插入给定温度的介质中而产生的:一种老方法是将它置于冰水混合物中(我们可以假定 $T_{cold} = 0℃$);如今使用的则是更为现代的设备(所谓的"零点设备"即特殊的恒温器)。

(3) 实测的电动势 $\varXi$。

用这种方法可以测定温度 T_{hot}。至于热电偶的测量精度,上述三个参数对总误差均有贡献。通常,T_{cold} 与所需值的偏差(由波动或更普通的原因引起,如当实验人员睡着时,加热在 Dewar 容器里的冰完全融化成水)起着限制作用。对于好的实验结果,T_{hot} 的误差约为 0.1K;然而,有时会使用一些特殊的技巧(如使用差分热电偶)来将误差降低一个数量级。

然而,这里有一个微妙的问题:我们为什么能确信热电偶的温度——两根导线接合处的温度——与环绕在热电偶上的介质温度相同?事实上,我们对热尖端处的温度不感兴趣,外部介质的温度才是我们寻求的。关于测量的准确性,我们还需要知道 T_{hot} 的读出值与介质温度真实值之间的差异,而不是读出值与热电偶温度真实值之间的差异。

为了确定 $T_{hot} = T_{medium}$,需要在热电偶与介质之间的热电偶结合处提供一个"完美的"热量传递:热电偶从介质中得到的热量必须等于热电偶返还给介质的热量;只有在这种情况下才能说达到平衡态。例如,如果热电偶从气体中得到了热量,然后通过它的导线将这部分热量传递到其他地方,这样就无法得到介质的实际温度。因此,严格来说,为了使测量变得准确,热电偶的导线必须沿着等温线布置;只有在这种情况下,传导的热流才等于零。然而在实际的实验中,有时难以确定等温线的位置,(沿着导线)多余的热通量估计是必要的(但很少给出)。

215

使用热电偶很容易产生不正确的测量结果。例如,照射热电偶的尖端(这意味着输入的热通量可以由热辐射确定)。尖端输出的热通量可能是以下所有可能类型的总和:热传导(通过导线)、热对流(进入周围的气体中)和热辐射(这部分通常被忽略,见第9章)。

有很多工作致力于研究用热电偶测量的准确过程(Mingchun,1997;Jones,2004;Roberts 等,2011;Hindasageri 等,2013;Fu 和 Luo,2013),特别是 Kazemi 等在 2017 致力于研究 Fang 和 Ward 在 1999 年做的实验。然而,我们面临着一个稍微不同的问题:在没有温度的气体中的热电偶温度是多少?

8.3.3 热电偶测量什么

就像前文中已经提到的,有必要讨论这个问题。在前面的章节中我们讨论了热电偶如何测温。然而,我们怎样才能解释热电偶的温度等于周围介质的温度呢? 此外,也许主要的问题是,在不存在温度的非平衡介质中,热电偶的温度是多少?

气体的原子(或液体的原子(如果把热电偶放在液体中))轰击热电偶表面。原子从热电偶表面的反射不是绝对弹性的,反射通量与热电偶温度保持平衡:在气体原子不与热电偶原子发生反应的情况下,我们可以预计与热电偶分离的原子的功函数 U 为零。对于"气体原子-热电偶原子"接触的短距离势能,我们预计吸附的气体原子会与热电偶表面原子发生很多的碰撞,而且这些碰撞的结果是"热化"。从金属热电偶表面分离出来的气体原子随热电偶温度呈麦克斯韦分布。

严格地说,上面描述的方案只是一个简化的假设。该方法的主要特点是放弃对"原子-表面"碰撞的分析,考虑"原子-原子"相互作用,因为吸收很明显(第7章)。

最后,我们得出结论,当热电偶与温度为 T 的平衡态总气体接触时,测量得到气体的温度 $T_{TC}=T$。然而,当环绕热电偶的气体处于非平衡态时会发生什么? 例如,当气体原子的分布函数是式(8.3.4)时,参数 T 甚至不是"气体温度":对于非平衡态,参数"温度"没有任何意义。很明显,在任何外部条件下,热电偶都会得到一定的温度,但在非平衡介质中,这个温度值是一个重要的参数。

这里我们根据以下假设计算热电偶的温度。

(1) 热电偶具有均匀的温度:热电偶的任何部分都具有相同的温度。

(2) 分离原子的分布函数为麦克斯韦分布。

(3) 气体与热电偶之间存在平衡:热电偶上的总质量与总能量通量不存在,即从气相到热电偶表面的通量等于从热电偶上分离出来的原子的通量。

（4）忽略任何辐射损失。对于高温下的热电偶,这是一个相当大胆的假设,但是在这里(以及本书的任何地方),我们只需处理中等温度。

所有这些假设将进一步讨论,特别是在 8.3.8 节。首先,我们要估计在非平衡气体中热电偶的温度。

8.3.4 热电偶的温度

事实上,这里我们又回到了 Smoluchowski 和 Maxwell 的著作中。我们的考虑与之前的尝试的主要区别在于,我们更倾向于在本身没有温度的气体中找到热电偶的温度。为了得到热电偶温度,我们将考虑热电偶表面上或来自热电偶表面的热通量(图 8.5)。温度可以从为热电偶的平衡方程中找到。

接着,我们使用一种形状为立方形的热电偶(图 8.5),即导线的接点处为立方体。这是能够使问题得到解答的最简单模型,因为在这种情况下我们可以分别计算每个立方体表面的热通量。顺便说一下,我们当然从来没有见过立方体热电偶。

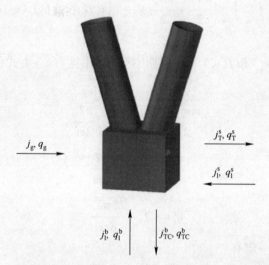

图 8.5 热电偶及其表面通量:气体(g)、蒸发液体(1)和热电偶(TC)

首先,考虑一个在真空中蒸发表面附近的热电偶。这意味着在热电偶表面除了蒸发表面的热通量以外,设有别的热通量影响。这个模型解释了我们解答这个问题的所有基本原则,并且给出了一个适用于更复杂的问题的极端解。

可以将热电偶的热通量正式写为

$$j_{TC}^M = \frac{1}{4} n_{TC} \sqrt{\frac{8 T_{TC}}{\pi m}}$$

$$(8.3.14)$$

式中：n_{TC}为对应的吸附原子的原子数密度（吸附在热电偶表面的气体原子）。质量通量（式(8.3.14)）由 MDF 得到。

同理，能量通量为

$$q_{TC}^{M} = n_{TC} T_{TC} \underbrace{\sqrt{\frac{2T_{TC}}{\pi m}}}_{\bar{q}_{TC}^{M}} = n_{TC} \bar{q}_{TC}^{M} \tag{8.3.15}$$

如果特殊立方热电偶吸收原子只能通过它的底面，热电偶蒸发表面上的通量为

$$j_1^{b} = \overline{n_1 v_z} = n_1 \sqrt{\frac{\pi T_1}{2m}} \tag{8.3.16}$$

$$q_1^{b} = \overline{n_1 \frac{m v^2}{2} v_z} \tag{8.3.17}$$

最后的热通量必须精确计算，有

$$q_1^{b} = n_1 \int_0^{\infty} \int_{-\infty}^{\infty} \int_{-\infty}^{\infty} \left(\frac{m v_x^2}{2} + \frac{m v_y^2}{2} + \frac{m v_z^2}{2} \right) v_z f(v_x) f(v_y) f(v_z) \, dv_x dv_y dv_z \tag{8.3.18}$$

分布函数 $f(v_x)$ 和 $f(v_y)$ 为麦克斯韦分布，并且 $f(v_z)$ 由式(8.3.4)确定，因此有

$$\overline{\frac{m v_{x,y}^2}{2} v_z} = \frac{T_1}{2} \bar{v}_z = \frac{T_1}{2} \sqrt{\frac{\pi T_1}{2m}} \tag{8.3.19}$$

$$\overline{\frac{m v_z^2}{2} v_z} = 3T_1 \sqrt{\frac{\pi T_1}{8m}} \tag{8.3.20}$$

$$q_1^{b} = n_1 T_1 \sqrt{\frac{25\pi T_1}{8m}} \tag{8.3.21}$$

在平衡态时一定有

$$q_{TC}^{M} = q_1^{b}, \quad j_{TC}^{M} = j_1^{b} \tag{8.3.22}$$

从式(8.3.14)我们知道式(8.3.14)等于式(8.3.16)，式(8.3.15)等于式(8.3.21)，得到：

$$n_{TC} = n_1 \pi \sqrt{\frac{T_1}{T}} \tag{8.3.23}$$

$$T_{TC} = 1.25 T_1 \tag{8.3.24}$$

因此，在最简单的考虑中，我们得出了温度大幅增加的结果。然而，热电偶收集热通量不仅通过它的底面，侧面也收集和发出热通量。这会改变式(8.3.16)

的结果吗?

立方体热电偶周向四个表面中的任意面的蒸发表面的热通量为

$$j_1^s = \frac{1}{4} n_1 \bar{v}_{x,y} = n_1 \sqrt{\frac{T_1}{2\pi m}} \tag{8.3.25}$$

并且因为速度的分布函数 v_x 和 v_y 为麦克斯韦分布,即

$$q_1^s = n_1 \overline{\left(\frac{mv_x^2}{2} + \frac{mv_y^2}{2} + \frac{mv_z^2}{2} \right) v_{x,y}} \tag{8.3.26}$$

有

$$\overline{\frac{mv_x^2}{2} v_x} = n_1 T_1 \sqrt{\frac{T_1}{2\pi m}} \tag{8.3.27}$$

$$\overline{\frac{mv_y^2}{2} v_y} = n_1 T_1 \sqrt{\frac{T_1}{8\pi m}} \tag{8.3.28}$$

$$\overline{\frac{mv_z^2}{2} v_z} = n_1 T_1 \sqrt{\frac{T_1}{2\pi m}} \tag{8.3.29}$$

故

$$q_1^s = n_1 T_1 \sqrt{\frac{25 T_1}{8\pi m}} \tag{8.3.30}$$

对于这种情况,热电偶的上表面是空的:没有输入或发出的热通量。对于侧面,质量通量平衡:

$$n_{TC}^s \sqrt{\frac{T_{TC}}{2\pi m}} \equiv j_{TC}^s \equiv j_1^s \equiv n_1 \sqrt{\frac{T_1}{2\pi m}} \tag{8.3.31}$$

$$n_{TC}^s \equiv n_1 \sqrt{\frac{T_1}{T_{TC}}} \tag{8.3.32}$$

对于底面,式(8.3.23)关于吸附原子的数密度 n_{TC}^b 是正确的。最后,能量通量的平衡方程为

$$4q_1^s + q_1^b = 4q_{TC}^s + q_{TC}^b = 4(n_{TC}^s + n_{TC}^b) \widehat{q}_{TC}^M \tag{8.3.33}$$

$\overline{q}_{TC}^M$ 在式(8.3.15)中被定义,在式(8.3.33)我们仍然可以看到:

$$T_{TC} = 1.25 T_1 \tag{8.3.34}$$

因此,真空中热电偶的温度比液体的温度高 25%。这里不存在热力学问题,因为蒸发系统处于非平衡态;式(8.3.34)中的温度相等是错误的。

现在我们考虑气体——不是起源于液相汽化的气相,它可能是一个在独立温度下的蒸气(与前面章节讨论的实验类似)。假定这个蒸气处于平衡态并且

它的温度是 T_G。

从气体到立方体热电偶的任意一个面的附加热通量如下：

$$j_g = n_g \sqrt{\frac{T_g}{2\pi m}} \tag{8.3.35}$$

$$q_g = n_g T_g \sqrt{\frac{2T_g}{\pi m}} \tag{8.3.36}$$

如前文所述，我们要求热电偶任意面质量通量和总零能量通量平衡，即

$$j_{TC}^b = j_1^b + j_g, \quad j_{TC}^s = j_1^s + j_g \tag{8.3.37}$$

$$(n_{TC}^b + 4n_{TC}^s)\widehat{q}_{TC}^M = q_1^b + 4q_1^s + 5q_g \tag{8.3.38}$$

此处考虑图 8.5 中描绘的热电偶，上表面不"测量"温度，否则我们必须在式(8.3.38)的左边加上一个带 n_{TC}^u 的项并在方程右边用 6 替换系数 5。

从式(8.3.37)可以得到：

$$n_{TC}^b = n_1 \pi \sqrt{\frac{T_1}{T_{TC}}} + n_g \sqrt{\frac{T_g}{T_{TC}}} \tag{8.3.39}$$

$$n_{TC}^s = n_1 \sqrt{\frac{T_1}{T_{TC}}} + n_g \sqrt{\frac{T_g}{T_{TC}}} \tag{8.3.40}$$

把式(8.3.31)、式(8.3.32)与式(8.3.30)结合，得到：

$$T_{TC} = \frac{20 \mathcal{X} T_g \sqrt{T_g} + 5(\pi+4) T_1 \sqrt{T_1}}{20 \mathcal{X} \sqrt{T_g} + 4(\pi+4) \sqrt{T_1}} \tag{8.3.41}$$

比例系数 $\mathcal{X} = \dfrac{n_g}{n_1}$ 解释了缓冲气体在热电偶表面传热中的作用。为了考虑上表面，在这里用 24 替换系数 20。

由式(8.3.33)我们可以看到，如果蒸发可以忽略，$\mathcal{X} \to \infty$ 并且 $T_{TC} \to T_g$。在没有气体的情况下 $\mathcal{X} = 0$，$T_{TC} = 1.25T_1$，如同式(8.3.26)。

从式(8.3.33)中得到最有趣的结果是，即使在相同的温度情况下 $T_g = T_1$，热电偶所示的温度为

$$T_{TC} = T_1 \frac{20 \mathcal{X} + 5(\pi+4)}{20 \mathcal{X} + 4(\pi+4)} \tag{8.3.42}$$

与两个相的温度都不符合。这是阻碍实验测定液体与其蒸气之间温度跃变的第一个困难。

第二个难点是必须精确地计算参数 $\mathcal{X}$，至少不能影响 T_{TC} 的评估。当预期温差达到 0.1K 左右，而液体的温度为 10^2K 量级时，这是一项艰巨的任务。

第三个难点是热电偶尖端的形式。立方体热电偶是一个能让我们找到温度

估计值的模型,仅此而已。甚至对于一个立方节,我们可以提出不同的几何方案(图8.6)。因此,式(8.3.42)中的数值系数随着几何形式的变化而变化;在下面的计算部分中,我们将所有这些困难合并成一个参数。

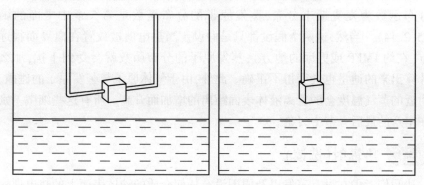

图8.6 立方体热电偶的各种方案

8.3.5 额外的通量

上面描述的理论(或具体地说是考虑)可能需要一些改进。我们只考虑了气体中热电偶表面的平衡通量:零总通量的单向部分。这个假设只适用于完全平衡,没有考虑非零的总通量。然而,通常在实验中总热通量为零。一个问题是,到底有多少热通量被考虑进去了?

能量通量式(8.3.15)可以用热速度 $\bar{v}_{\mathrm{T}}$ 改写为

$$q = \frac{p\bar{v}_{\mathrm{T}}}{2} \tag{8.3.43}$$

因此,对于热速度约 $10^2\,\mathrm{m/s}$,压力约 $10^{2\text{-}3}\,\mathrm{Pa}$,我们有能量通量约 $10^{4\text{-}5}\,\mathrm{W/m^2}$。因此,严格来说,在一些实验中测量到的 $10^{2\text{-}3}\,\mathrm{W/m^2}$ 左右热通量可能只被认为是对热电偶表面上总能量通量的修正。然而,这些修正应该在一般情况下进行。

在热电偶表面的质量与能量通量的平衡方程中,必须加上总通量项,即

$$j_{\mathrm{TC}} = j_1 + j_{\mathrm{g}} + \overline{j_{\mathrm{g}}} \tag{8.3.44}$$

$$q_{\mathrm{TC}} = q_1 + q_{\mathrm{g}} + \overline{q_{\mathrm{g}}} \tag{8.3.45}$$

式中:$\overline{j_{\mathrm{g}}}$ 和 $\overline{q_{\mathrm{g}}}$ 为需要考虑的总通量。

因此,我们需要在式(8.3.41)中引入附加项 $4\overline{j_{\mathrm{g}}}/v_{\mathrm{TC}}$(对于热电偶的底面或上表面)。相应地,对于6面热电偶的尖端,有

$$T_{\mathrm{TC}} = \frac{24\gamma T_{\mathrm{g}}\sqrt{T_{\mathrm{g}}} + 5(\pi+4)T_1\sqrt{T_1} + \tilde{q}}{24\gamma\sqrt{T_{\mathrm{g}}} + 4(\pi+4)\sqrt{T_1} + \tilde{j}} \tag{8.3.46}$$

其中，$\tilde{j}=\overline{j_g}\dfrac{\sqrt{2\pi m}}{n_1}$ 和 $\tilde{q}=\overline{q_g}\dfrac{\sqrt{2\pi m}}{4n_1}$。

式(8.3.46)定义了热电偶在外部通量处的温度。它仍然假设气体中原子的分布函数为麦克斯韦分布，蒸发原子的分布函数是第5章中平面的函数式(5.2.14)。当然，这两个假设都只是假设。当热电偶被放置在离界面很远的地方(在约1MFP或更远的地方)，蒸发原子的分布函数就会受到干扰，那么精确计算出来的通量也会变得不正确。此外，由于气体原子与蒸发原子的碰撞，界面附近的蒸气温度会随着离液体表面距离的增加而升高。所有这些细微差别都将在本章的最后一节中讨论。

8.3.6　热辐射(选读)

让我们考虑在没有蒸发以及周围没有任何介质的液体表面上的热电偶。在这种情况下，热辐射不能忽略，因为它是我们拥有的一切。当热电偶的辐射通量与吸收通量相等时，热电偶的温度由平衡条件决定。

从液面到热电偶的通量为

$$Q^{in} = \underbrace{\alpha_{TC}^{(1)}}_{\text{吸收系数}} \cdot \underbrace{\varepsilon_1 \sigma k^{-4} T_1^4 F_1}_{\text{由液体物性确定}} \cdot \underbrace{\varphi_1\text{-TC}}_{\text{角度系数}} \qquad (8.3.47)$$

式中：$\alpha_{TC}^{(1)}$ 为与液体(温度 T_1)热辐射的光谱范围相对应的热电偶的吸收系数；ε_1 和 F_1 分别为热辐射系数和液体表面面积；史蒂芬 - 玻尔兹曼(Stephen - Boltzmann)常数为 $\sigma = 5.67 \times 10^{-8} \text{W}/(\text{m}^2 \cdot \text{K}^4)$；同时这里必须用到玻尔兹曼常数 $k = 1.38 \times 10^{-23} \text{J/K}$，因为温度的可接受范围(1.1.2节)。

来自热电偶的热辐射通量为

$$Q^{out} = \varepsilon_{TC}^{(2)} \sigma k^{-4} T_{TC}^4 F_{TC} \qquad (8.3.48)$$

式中：$\varepsilon_{TC}^{(2)}$ 为热电偶于热电偶本身的温度 T_{TC} 波长范围内的热辐射系数；F_{TC} 为热电偶面积。

基于基尔霍夫定律，有

$$\alpha_{TC}^{(1)} = \varepsilon_{TC}^{(1)} \approx \varepsilon_{TC}^{(2)} \qquad (8.3.49)$$

也就是说，吸收系数在相同的光谱范围内等于热辐射系数；我们认为热电偶的温度与液体的温度非常接近。

角度系数为

$$\varphi_1\text{-TC} = \varphi_{TC}\text{-}L \frac{F_{TC}}{F_1} \qquad (8.3.50)$$

依据相互作用原理，假定热电偶非常接近液体，即来自立体热电偶六个边中的五个的热辐射接触到了液体，我们有 $\varphi_{TC}\text{-}L = \dfrac{5}{6}$；如果我们想要考虑一个像前

一节所述的"没有上表面"的热电偶,$\varphi_{TC}-L=1$。因此,热电偶的温度为

$$T_{TC} = T_1 \sqrt[4]{\varepsilon_1} \qquad (8.3.51)$$

虽说是相同的等式,但是在根号下有因子"$\frac{5}{6}$"。

当然,四阶的平方根接近于 1。然而,严格来说,式(8.3.51)中的第二个因子稍微小于 1,在这种情况下,热电偶的温度比液体温度稍微低一些。例如,如果 $\varepsilon_1 = 0.5$,那么 $T_{TC} = 0.84T_1$。对于 $\varepsilon_1 = 0.9$,我们有 $T_{TC} = 0.97T_1$。由此,我们看到热电偶的温度可能与液体的温度相差几个百分点;由此,在一般情况下,辐射可能是一个重要因素。让我们估计一下辐射在总热平衡中的作用。

让我们比较热电偶表面(其中一个表面)的辐射通量:

$$q^{rad} = \varepsilon_1 \sigma k^{-4} T_{TC}^4 \qquad (8.3.52)$$

以及平衡气体的热流密度:

$$q^{gas} = n_g T_g \sqrt{\frac{2T_g}{\pi m}} \qquad (8.3.53)$$

为了不使问题过于复杂,我们使 $T_{TC} = T_1 = T$ 以及 $\varepsilon_1 = 1$。然后,对于 $n_g = p/T$ 得到补偿辐射通量所需压力的表达式:

$$p \approx \frac{\sigma T^{7/2}}{k^4} \sqrt{\frac{\pi m}{2}} \qquad (8.3.54)$$

例如,对于氩气在 100K 温度下的"临界"压力约为 0.1Pa,对于水在 273K 温度下的"临界"压力约为 1Pa。这意味着气体压力约为 100Pa 时(例如,在 8.2 节所讨论的实验中),热电偶的热辐射作用可以忽略不计。

8.3.7 与实验结果的比较

在这里,将我们的想法应用到一个真实的情况中:我们将分析提出在界面出现"异常"温度跃变问题的实验数据(Fang 和 Ward,1999;Badam 等,2007)。简而言之,我们假定在这些实验中测量到的温度跃变并不是气相和液相之间的真实温差。事实上,测量到的温度跃变是热电偶尖端温度与液体温度的差值。在一般情况下,热电偶的温度不是蒸气的温度:在蒸发表面附近,由于蒸发原子和它们的非平衡分布函数,气相处于非平衡态。气体甚至没有"温度"这样的参数。换句话说,我们假设 $T_g \approx T_1$;在最后一节中,我们将讨论这种方法的局限性。

根据前面的备注,为了计算温度跃变,我们将使用式(8.3.34),但形式略有变化。我们将考虑蒸发原子的密度为

$$n_1 = \Gamma\left(\frac{1}{2}, \frac{U}{T_1}\right) \qquad (8.3.55)$$

参考第 5 章和第 6 章,我们假设蒸气的温度等于液体的温度,那么,可以用式(8.3.42)来代替更常见的式(8.3.41)。应用克拉珀龙方程 $n_g = \dfrac{p}{kT_g}$,得到 $\Delta T = T_{TC} - T_1$:

$$\Delta T = \frac{T_1}{\dfrac{p}{p_0 \Gamma\left(\dfrac{1}{2}, \dfrac{U}{T_1}\right)} + 4} \qquad (8.3.56)$$

这里参数 p_0 包括关于热电偶尖端几何形状的不确定性。根据前面的考虑,实际上 p_0 与 T_1 线性相关,进一步,我们先忽略这个依赖关系,因为通常一个实验数据集的温度区间非常窄,例如,它可以是温度为 270～280K 的水。注意,我们不能忽略这个关于伽马函数的温度依赖关系,因为它对 T_1 有很大的影响。

式(8.3.56)是关于测量到的温度跃变最简单的关系式。我们不能去假装完美地描述所有的实验数据;我们只是对上一节给出的实验数据提供了一些理论估计。首先,我们将温度跃变行为式(8.3.56)作为液体压力与液体温度两个基本参数的函数进行分析。

温度跃变对于压力(在 $T_1 = 273K$ 时)的相关性,以及温度跃变对于液体表面温度(在 $p = 300Pa$ 时)的相关性分别如图 8.7 和图 8.8 所示。这些是用于说明的常见相关关系,因为要将我们的结果与实验数据进行比较(请参阅前一节),必须同时考虑这两种相关关系对 p 和对 T_1 在特定实验条件下的变化。但是我们首先需要确定式(8.3.56)中的所有自由参数。

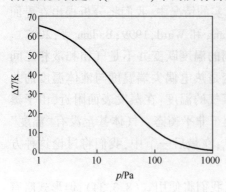 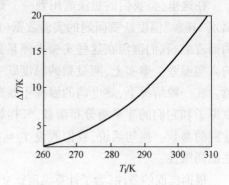

图 8.7 温度跃变对压力的依赖性　　图 8.8 温度跃变对于液体表面温度依赖性

224

式(8.3.56)中有两个必须定义的参数 p_0 和 U。严格来说,它们都因实验而异,甚至功函数 U 也可能依赖外部条件,如第 6 章所示。然而,我们保持解析计算参数 U 不变,并且尝试着通过改变 p_0,拟合 Badam 等(2007)和 Fang 和 Ward(1999)的实验结果。

让我们试着对功函数 U 进行计算分析。正如在第 6 章中讨论的那样,要在 $w = \dfrac{1}{2\sqrt{\pi}} \Gamma\left(\dfrac{1}{2}, \dfrac{U}{T}\right)$ 中使用脱离概率,我们必须在这个函数中插入用特殊方法计算的 U 的平均值(简而言之,必须用第 6 章中的分布函数 $g(U)$ 对所有关于结合能的 w 求平均值)。接下来,我们使用功函数 $U_m = \Delta H$ 的平均值,即每个粒子的蒸发潜热。从国家标准与技术研究所数据库中我们得到水的温度约为 0℃时,$\Delta H = 5400K$。因此,平均值 $\langle U \rangle = 3700K$ 将会在 w 的表达式中被作为功函数使用(当 $T = 273K$ 时,$\widetilde{U}_m = 20$ 且 $\langle \widetilde{U} \rangle = 13.7$,见第 6 章)。

通过分析方法来预测 p_0 的精确值非常困难,就算不考虑其他问题,它还取决于热电偶到界面的距离,而预测在如此局促的空间尺度上的依赖性相当复杂。尽管如此,我们至少可以在数量级上估计 p_0 的值。根据我们的考虑,有

$$p_0 \approx \frac{n_1 T}{2\sqrt{\pi}} \qquad (8.3.57)$$

考虑 $n_1 = n_1^0 w$ 并使用参考数据中液体的数密度 n_1^0,我们有 $n_1^0 \approx 3 \times 10^{28}\,\mathrm{m}^{-3}$ 以及 $p_0 \approx 4 \times 10^7\,\mathrm{Pa}$。接下来,我们所能预测的只是液体功函数的一个或多或少的确定值,并在数量级上估计参数 p_0。

将我们的计算结果与 Badam 等(2007)的实验数据集进行比较,在不加热的情况下,我们得到 $p_0 = 1.5 \times 10^7\,\mathrm{Pa}$,这个值将用于后续所有的打开加热器的实验计算。

为了考虑来自加热器的热通量,我们必须重新定义液体的温度。假设任何撞击液体表面的蒸气粒子都会激发液体中的原子(当然,我们说的不是电子激发;而是蒸气原子把它的能量转移到液体原子上)。假设这个激发相对较小,我们可以试着用有效温度 μT_1(因子 $\mu \geqslant 1$)来描述这个额外的能量。我们强调液体表面的温度仍然是 T_1;系数 μ 描述了局部平均动能在短时间内的增量。我们将会在 9.4 节中进一步讨论一种常见情形下的过程。

然后我们将用式(8.3.56)计算温度跃变,维持 $U = 3700K$ 和 $p_0 = 1.5 \times 10^7\,\mathrm{Pa}$。但将参数 μ 从一个加热状态改变到另一个状态,即对于加热器的每个温度,参数 μ 都对应不同的值。

从表 8.3 可以看出,我们的计算与实验的结果足够一致。注意,温度跃变对液体表面温度的依赖性(通过伽马函数)是至关重要的,这个函数决定了在图 8.9 和图 8.10 中展示的曲线 $\Delta T = f(T_1)$ 的形状(用图表的形式展示了表 8.3 中的两条曲线)。

表 8.3　计算结果与实验结果对比(Badam,2007)

压力/Pa	实验温差/K	计算温差/K	压力/Pa	实验温差/K	计算温差/K
不加热,$\mu = 1.0$			30℃加热,$\mu = 1.05$		
561.0	1.83	2.29	736.0	3.99	4.04
490.0	2.03	2.36	569.5	3.84	4.31
389.1	2.27	2.49	483.0	4.22	4.49
336.5	2.60	2.58	391.2	4.76	4.73
292.4	2.78	2.68	295.2	5.50	5.12
245.3	3.25	2.82	240.3	5.76	5.48
40℃加热,$\mu = 1.08$			50℃加热,$\mu = 1.10$		
736.0	5.33	5.68	847.9	6.25	6.78
567.0	5.79	6.09	743.0	6.71	7.02
485.0	6.14	6.33	572.4	7.29	7.50
392.3	6.52	6.70	391.4	8.80	8.29
288.5	7.59	7.31	288.5	9.69	9.05
236.6	8.18	7.75	236.0	10.25	9.59
60℃加热,$\mu = 1.115$			70℃加热,$\mu = 1.13$		
866.0	7.86	7.86	850.5	8.62	9.12
743.9	8.27	8.17	747.0	9.52	9.42
569.2	8.89	8.78	573.1	10.47	10.09
386.3	9.80	9.81	389.2	11.51	11.24
291.7	10.73	10.64	290.7	12.81	12.22
235.5	11.49	11.28	215.6	14.63	13.40

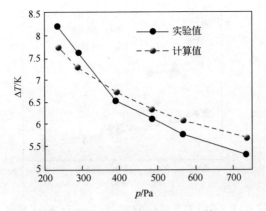

图 8.9　40℃时的 $p\text{-}\Delta T$ 曲线（Badam 等，2007）

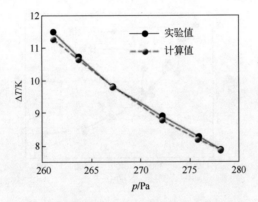

图 8.10　60℃时的 $p\text{-}\Delta T$ 曲线（Badam 等，2007）

我们认为这样的一致性是可以接受的；重要的是不要在图 8.10 中高估匹配程度：式(8.3.56)中给出的模型过于粗糙，无法与实验达到如此完美的一致。有时这种一致只是一个巧合。

接下来我们将式(8.3.56)与 Fang 和 Ward(1999)的数据进行比较。我们保持 $U=3700\mathrm{K}$，并且设 $p_0=2.5\times10^7\mathrm{Pa}$，如图 8.11 所示。

在图 8.11 中，我们看到在高压下与实验结果一致，然而在低压(低于 400Pa)下，差异非常明显。值得一提的是，该实验数据集代表了在不同模式下，如热电偶在界面不同的位置上(在蒸气中)，以及在液体中的各项实验点。考虑到理论关联式的斜率在很大程度上取决于液体的温度，我们可以很容易地通过计算 $T_1=265\mathrm{K}$ 时的 ΔT 来避免任何不便，这一常数对应实验中的液体平均温度；见图 8.12($p_0=3.1\times10^7\mathrm{Pa}$)。我们可以看到对所有的压力范围有着更好的匹配。

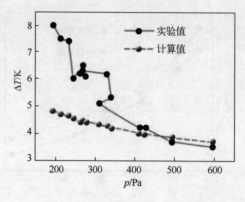

图 8.11　不同 T_l 下的 p-ΔT 曲线（Fang 和 Ward,1999）

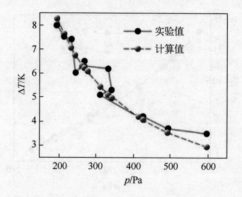

图 8.12　T_l 为常数时的 p-ΔT 曲线（Fang 和 Ward,1999）

　　综上所述,计算结果表明,我们假设可以将实验数据与式(8.3.56)进行拟合,式中的参数与第 6 章中介绍的理论相符(功函数 U)或与其一致(参数 p_0)。大小为±0.5K(或更小)的扩展由 8.3.8 节中讨论的因子来解释。

　　热电偶尖端与液体温差的真实情况是这些计算的主要结果。我们可以看到,界面温差的测量幅值约为 10K 量级:事实上,这几乎是我们需要了解的所有信息。

8.3.8　哪些因素应该被考虑

首先,列举了在分析中被忽略的因素:

(1) 气体的温度不等于液体的温度。

(2) 一旦大于 1MFP,气体的温度随着与表面距离的增加而增加。

(3) 蒸发表面的通量在与前一点相同的距离处减小。

（4）称为"温度"的蒸气的能量特性实际上不是温度，因为蒸气粒子速度上的分布函数不是麦克斯韦分布函数。

（5）热电偶的几何形状未定义。

考虑到所有这些因素，人们可能会想，这个理论是如何预测这些特征的。出于自证的目的，我们再次强调，我们没有假装拟合实验数据。从我们的估算中得出的最令人鼓舞的结果是，理论上计算的功函数与表面上的数密度（参数 p_0）的温度跃变与预测的数量级相匹配。

让我们来解决一些人的担忧，他们认为只需一个调整常数，我们就可以把大象描述成一只大老鼠，如果我们再添加一个自由参数，就可以强迫它摇尾巴（当然我们说的是 p_0）。例如，如果为了拟合实验数据而选取小几千开尔文（如2700K）的功函数，那么计算中使用的压为 p_0 应为 $10^5 Pa$ 量级。这个选值与所有的理论（主要在第6章中解释）完全矛盾，也不可能解释这个数量级下的值。因此，计算结果与其本身是一致的，并不是巧合。

对待温度不等的影响 $T_g \neq T_1$，必须回到更通用的方程：

$$\Delta T = \frac{\dfrac{20\chi}{\pi+4}\sqrt{\dfrac{T_g}{T_1}}(T_g - T_1) + 5T_1}{\dfrac{20\chi}{\pi+4}\sqrt{\dfrac{T_g}{T_1}} + 4} \qquad (8.3.58)$$

那么，在气体温度 $T_g \neq T_1$ 情况下，热电偶测得的温度跃变不同于最简单的估计（式（8.3.56）），也与温度差 $T_g - T_1$ 不同。实验结果还与参数 χ 有关，说明了气相在确定热电偶温度中的相对作用，如图8.13所示。

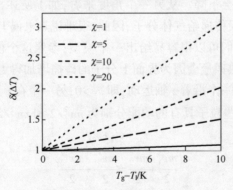

图8.13 $T_g \neq T_1$ 时的温度跃变

$$\delta(\Delta T) = \frac{\Delta T}{\Delta T_{T_G - T_L}} \qquad (8.3.59)$$

也就是,用式(8.3.58)和式(8.3.42)计算测得的温度跃变的比值。对于 $\chi = 1 \sim 20$,液体的温度是 $T_1 = 273\mathrm{K}$;注意之前的计算中 $\chi \approx 10$。

因此,我们能够看到气体温度如何影响测得的温度跃变。例如,如果 $T_g - T_1 = 1\mathrm{K}$,那么 ΔT 就比 $T_g = T_1$ 时的要高 20%(对于 $\chi = 20$)。这种影响是明显的,从另一方面我们看到,对于 $T_g - T_1 \approx 1\mathrm{K}$ 温度跃变的量级保持不变。综上,我们可能会注意到,这个因素值得考虑。但如果没有一种独立的方法来确定 T_g,就没有办法做到这一点,尤其要求 0.1K 级的精度。

一般来说,在 L>MFP 情况下,蒸气的温度必然随着与界面的距离 L 的增加而增加。当碰撞发生时,来自蒸发表面的热通量将能量传递给蒸气,导致温度上升。然而,应该记住,液体表面附近的蒸气不仅与气液界面交换能量,而且与主流蒸气交换能量。无限远处蒸气的参数也决定了 $T_g(L)$ 的依赖关系;这个简单的答案也值得关注。例如,在一些实验中(Badam 等,2007),在蒸发表面的前面使用加热器是温度升高的明显原因。

对于蒸气粒子的非麦克斯韦分布的影响,若没有给出这种非麦克斯韦分布函数,则很难提供任何的估计。我们期望我们的方法之间的差异不会很大。最后,我们提到的"气体温度"并不是一个确切的温度,而是一种测量蒸气粒子平均动能的方法。理论上,这非常困难,但实际上 T_g 和其他一些参数(如 $\overline{\varepsilon_g}$)相比并没有什么区别。

需要考虑的一个有趣的问题是,测量到的温度随着到蒸发表面距离的变化而变化(即大于 1MFP 的距离)。从一个角度来看,由于与蒸气分子的相互作用,界面的通量衰减;因此,我们可以预测从蒸发表面到热电偶表面的热流密度会降低,同时温度也会下降。从另一个角度来看,如上所述,在这些碰撞中蒸发的分子把它们的能量传递给气体分子,因此,很难说热电偶上的能量通量是减少还是增加。此外,我们可以很容易给出一个模型,参照这个模型,从蒸发表面到热电偶尖端表面的热通量会因为界面上分子的碰撞增加得更多。

想象两个粒子:一个沿着 z 轴运动,即 $v_{1z} > 0$;另一个在 z 为常数的平面上,即 $v_{2z} = 0$。碰撞之前这些粒子具有的动能分别为 $mv_1^2/2$ 和 $mv_2^2/2$。碰撞之后一定有

$$v_{1z} = v'_{1z} + v'_{2z} \tag{8.3.60}$$

$$\frac{mv_1^2}{2} + \frac{mv_2^2}{2} = \frac{mv'^2_1}{2} + \frac{mv'^2_2}{2} \tag{8.3.61}$$

我们对速度的投影 $v_{x,y}$ 并不感兴趣。因此,碰撞前单个分子的"能量通量"为

$$q = v_{1z} \frac{mv_1^2}{2} \tag{8.3.62}$$

碰撞之后,这个能量通量来自两个粒子,即

$$q' = v'_{1z}\frac{mv_1^2}{2} + v'_{2z}\frac{mv_2^2}{2} \tag{8.3.63}$$

此处 $v'_{2z} = v_{1z} - v'_{1z}$。在一维运动中,当 $v_{iz} = v_i$ 时,从这些条件我们得到在碰撞之后有 $v'_2 = v_1, v'_1 = 0$ 和 $q' = q$。然而事实上,在三维运动中,2 号粒子的动能是任意的。因此,$q' > q$ 是可能的。

换句话说,粒子 1(轴向)的通量捕获粒子 2(共面)的通量,总能量通量在 z 轴方向上增加。

我们假设现在这个模型的应用已经很清楚了。相对于来自蒸发表面的分子的纯能量通量,由于蒸气分子和蒸发的分子之间的碰撞,热电偶表面上的能量通量可能会被放大。这是否意味着热电偶的温度会升高?实际上,热电偶的温度是由比值 q/j 决定的,而不仅仅是由能量通量 q 本身决定的;换句话说,温度是由通量中分子的速度分布函数决定的。碰撞消除了蒸发粒子分布函数的高能尾部,但它们增加了蒸气通量的能量(T_g 或 $\overline{\varepsilon_g}$)。因此,$\Delta T(L)$ 的相关性有两种相反的趋势,至少在 Fang 和 Ward(1999)的实验中,测得的 ΔT 随着 L 的增大而增大。

最后,但也很重要的是有关热电偶几何结构的问题。在强大的非平衡条件下,比如蒸发表面的附近,热电偶对受到不同方向的非均匀热通量的影响:它接触界面的尖端,以及位于周围气体中的导线,都会受到严重的非均匀温度分布的影响(尤其是当比界面温度高数+摄氏度的加热器放置在热电偶附近时)。

8.4 结　论

蒸发液体和蒸气之间的温度跃变是一个微妙的问题。粗略的实验无法确定如此微妙的参数:如果试图用一个有大尖端(约 1mm 粗,如同国产热电偶)的标准热电偶测量蒸气的温度,那么我们可以预测从实验中什么也不会发现,因为想要有所发现需要更精密的设备。

然而,热电偶太小也不合适。如果将尖端约为 $10\mu m$ 的热电偶置于蒸发表面附近的蒸气中(离液体约 1MFP),这样一个实验的结果从不同的角度看会变得非常有趣。然而,仍然存在一个问题:界面温度跃变由 KTG 预测。老实说,我们对此没有任何兴趣,更有趣的是测得的温度跃变问题。

我们应该用一种通用的方式来区分温度和分子平均动能的测量。它们是不同的东西。放置在物质中的热电偶总是会给出一些读数,但是,这种读数可能与介质的温度没有任何共同之处。这里我们不考虑诸如带辐射条件的热电偶温度这样的例子；我们的意思是有时温度可能不作为物理参数存在（而热电偶总是给出某种读数）。

如第 5 章所示，蒸发粒子的分布函数不是麦克斯韦分布。在速度法向投影分布函数中，有

$$f(v) = \frac{mv}{T}\exp\left(-\frac{mv^2}{2T}\right) \qquad (8.4.1)$$

式中：T 为液体的温度，而不是蒸气的温度。

该分布函数处于非平衡态，例如，一个粒子的平均动能是 $2T$（而不是平衡状态麦克斯韦分布函数中的 $1.5T$）。因此，界面附近的气相（在距离上近似等于 MFP）是一种混合物：来自蒸发表面的分子与来自蒸气的分子在这里交混。在蒸发表面附近，这种非平衡混合物没有温度等参数。

在蒸发表面存在非平衡通量的情况下，热电偶当然也测得一些温度 T_{TC}：在没有蒸气的情况下，金属尖端测得的温度是真实的。因此，实际上，在实验中，可以测量蒸气中的热电偶与液体温度之间的温差：

$$\Delta T = T_{TC} - T_1 \qquad (8.4.2)$$

而不是差值 $T_v - T_1$。我们相信液体中的热电偶得到的是该液体的温度。注意到蒸发表面前的热电偶即便是在真空中也会显示一些温度；而且在这种情况下它的温度会达到最大值（忽略热辐射）。

我们建立了热电偶温度与蒸发表面及周围气体（或蒸气）的通量参数之间的关联式；然而，该表达式包含作为外部参数的蒸气温度 T_g。我们无法从实验数据中提取出这个温度，因此，直接令 $T_g = T_1$（假设它们之间的差异一定很小）。

为了将我们的计算结果与实验数据进行比较，我们使用第 6 章中的公式，直接计算功函数，并根据该章介绍的方法估算蒸发粒子的数量密度。理论和实验数据之间的一致性很好，但我们并没有高估这一点。实际上，我们可以在一个数量级内预测温度不连续性（液体和热电偶之间）以及 ΔT 对蒸气压力的依赖性，这对我们来说已经足够了。注意，我们的公式允许在没有蒸发的情况下进行有限过渡，在这种情况下，热电偶的温度等于气体的温度：$T_{TC} = T_g$。

然而，我们的理论有一个特点：根据我们的模型，蒸气的凝结会促进蒸发过程。在最后一章的最后一节中，我们将回到这个方法，并对其进一步详细讨论。

📖 参考文献

S. Albertoni，C. Cercignani，L. Gotusso，Phys. Fluids **6**，993(1963).

V. K. Badam et al. ，Exp. Thermal Fluid Sci. **32**，276(2007).

P. Bassanini，C. Cercignani，C. D. Pagani，Int. J. Heat Mass Transf. **10**，447(1967).

J. W. Cipolla, H. Lang, S. K. Loyalka, J. Chem. Phys. **61**, 69 (1974).

G. Fang, C. A. Ward, Phys. Rev. E **59**, 417 (1999).

X. Fu, X. Luo, Int. J. Heat Mass Transf. **65**, 199 (2013).

H. S. Gregory, Lond. Edinb. Dublin Philos. Mag. J. Sci. Ser. **7**(22), 257 (1936).

V. Hindasageri, R. P. Vedula, S. V. Prabhu, Rev. Sci. Instrum. **84**, 024902 (2013).

J. C. Jones, Int. J. Eng. Perform. Based Fire Codes **6**, 5 (2004).

M. A. Kazemi, D. S. Nobes, J. A. W. Elliot, Langmuir **33**, 7169 (2017).

A. Kundt, E. Warburg, Ann. der Phys. und Chem. **156**, 177 (1875).

V. V. Makhrov, High Temp. **15**, 453 (1977a).

V. V. Makhrov, High Temp. **15**, 1012 (1977b).

J. C. Maxwell, Philos. Trans. R. Soc. Lond. **170**, 233 (1879).

L. Mingchun, J. Fire Sci. **15**, 443 (1997).

Y.-P. Pao, Phys. Fluids **14**, 1340 (1971).

I. L. Roberts, J. E. R. Coney, B. M. Gibbs, Appl. Therm. Eng. **31**, 2262 (2011).

M. Smoluchowski, Ann. Phys. **340**, 983 (1911).

C. A. Ward, G. Fang, Phys. Rev. E **59**, 429 (1999).

推荐文献

M. Bond, H. Struchtrup, Phys. Rev. E **70**, 061605 (2004).

C. Cercignani, W. Fiszdon, A. Frezzotti, Phys. Fluids **28**, 3237 (1985).

E. Y. Gatapova et al., Int. J. Heat Mass Transf. **83**, 235 (2015).

E. Y. Gatapova et al., Int. J. Heat Mass Transf. **104**, 800 (2017).

R. Holyst et al., Rep. Prog. Phys. **76**, 034601 (2013).

D. A. Labuncov, High Temp. **5**, 549 (1967).

M. Luo, J. Fire Sci. **15**, 443 (1997).

P. Rahimi, C. A. Ward, Int. J. Thermodyn. **8**, 1 (2005).

C. A. Ward, D. Stanga, Phys. Rev. E **64**, 051509 (2001).

第9章
沸腾和空化过程中的蒸发

蒸发动力学最典型的应用是"液-气"相的转变,如沸腾。我们可以用前面章节中提出的方法来研究各种类型的沸腾。很明显,沸腾是蒸发技术最直接的应用场景,而空化过程,即在低温液体中形成气态空腔,也很值得研究。

9.1　泡核沸腾

9.1.1　沸腾曲线

这里使用 q-ΔT 图来描述沸腾过程,其中 q 为固体表面过热度 $\Delta T = T_w - T_s$ 时所对应的热通量。这种沸腾曲线(又称 Nukiyama 曲线)如图 9.1 所示。

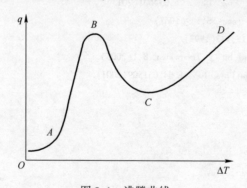

图 9.1　沸腾曲线

注:AB 代表泡核沸腾;BC 代表过渡沸腾;CD 代表膜态沸腾。

沸腾曲线包含三个不同的区域,分别对应三种沸腾状态。

泡核沸腾(图 9.1 中的 AB);在这个区间内沸腾表现为在固体壁面上形成气泡。

过渡沸腾(图9.1中的 BC);这是在实验条件 q 为常量时的一种不稳定沸腾状态,介于泡核沸腾和膜态沸腾之间。

膜态沸腾(图9.1中的 CD);一层蒸气薄膜将固体壁面与液体分开,这种沸腾完全是依靠气液相界面上液体的蒸发来导出热量。

在日常生活中,我们通常都能见到泡核沸腾。如果我们将非常热的物体放入低温液体中时可以观察到膜态沸腾。但如果要观察并识别出过渡沸腾,就需要先了解它。热锅在水中冷却的过程中可以观察到典型的过渡沸腾。

9.1.2 沸腾曲线的数学表达(选读)

从形式上来看,沸腾曲线是一种包含两个转折点的曲线图:在 B 点(图9.1,从泡核沸腾到过渡沸腾)和 C 点(图9.1,过渡沸腾到膜态沸腾)。

因此,我们可以用一些非稳态的数学方程时来描述转临界处的沸腾;例如,在 B 点附近,热通量和温度的无量纲变量有如下关系:

$$\frac{\mathrm{d}\widetilde{T}}{\mathrm{d}t} = \widetilde{T}^2 - \widetilde{q} \qquad (9.1.1)$$

$\widetilde{T} = \Delta T - \Delta T_{cr}$ 和 $\widetilde{q} = q_{cr} - q$ 中 ΔT_{cr} 和 Δq_{cr} 表示沸腾曲线在沸腾临界点处的数值。式(9.1.1)是描述鞍结点分叉的一般形式;由式(9.1.1)可得临界点附近的通解为

$$\widetilde{T} = \pm\sqrt{q_{cr} - q} \qquad (9.1.2)$$

可以看出当 $q > q_{cr}$ 时没有解,当 $q < q_{cr}$ 时有两个解。稳定性分析表明温度的扰动是随时间变化的:

$$\delta\widetilde{T} = \delta\widetilde{T}_0 \exp(2\widetilde{T}t) \qquad (9.1.3)$$

其中指数中的 $\widetilde{T}$ 由式(9.1.2)确定。因此,当式(9.1.2)前为"–"号时,对应着稳定的状态(对于泡核沸腾段的温度);当式(9.1.2)前为"+"号时,对应着不稳定的状态——过渡沸腾。

基于基本转折理论的简单思考给出了数学手段如何建立理论与物理学之间联系的例子。基于这些思考,我们看到存在可以预测过渡点(式(9.1.2))的非稳态沸腾理论,即 B 点附近 $q = q_{cr} - (\widetilde{T} - \widetilde{T}_{cr})^2$ (图9.1)。

这代表了一种数学方法;然而,物理学并不急于通过数学手段来解决这个问题。从物理学家的角度来看,第一个需要证明的是函数 $q(\Delta T)$ 存在的事实。这一假设将在本章的后续中进行讨论;我们首先要考虑泡核沸腾的基本物理问题。

9.1.3 泡核沸腾物理学

泡核沸腾伴随着加热表面上蒸气泡的生长。在加热壁面附近,液体的温度

足够高能够发生强烈的蒸发,气泡的体积也随之增加。有趣的是:泡核沸腾中蒸发的主要前沿在哪里,是在接近加热壁面方向的气泡底部,还是在"气泡–主流液体"交界面上? 乍看之下,热量是从固体表面传递出来的,因此我们可以猜测蒸发前沿在那里。另一种观点是,所有气泡底部接近壁面位置是没有液体的,因此气泡底部不会发生液体蒸发。

但是,后者是错误的。根据已有理论和最新的研究(例如,Labuncov,1963;Gao 等,2012;Chen 和 Utaka,2015),生长的气泡位于薄的微液层中,该微液层的蒸发在泡核沸腾过程中起到主要作用(图9.2)。

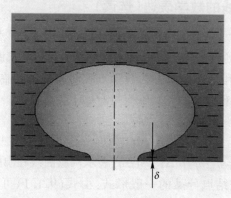

图9.2　气泡及其微层

微液层非常薄,其厚度 δ 大约为 $10\mu m$。由固体表面提供的热通量以热传导 q^c 的方式通过该微液层,绝大部分用于液–气交界面处的蒸发 q^{ev}。只有极小一部分通过自然对流和热传导传入气泡中,若忽略这部分热通量,则可以表示为

$$q^c \equiv \frac{\lambda \Delta T}{\delta} = q^e \tag{9.1.4}$$

式中:$\Delta T = T_w - T$ 为固体壁面与气液交界面之间的温差;$q^e = n_0 T \sqrt{\dfrac{T}{2\pi m}} \mathrm{e}^{-U/T} \times \left(2 + \dfrac{U}{T}\right)$ 为直接作用在蒸发表面上的热通量,它与气相的蒸发热通量 $\left(q^{ev} = n^{ev} T \sqrt{\dfrac{25\pi T}{8m}}\right)$ 不同,前者在液体表面确定,而后者是粒子能量流,由每个粒子在分离过程中失去的能量 U 组成。

我们的逻辑基于热量是从加热壁传导到气泡的,但实际上,这取决于某些条件:如果液体是过冷的(低于饱和温度),那么气泡生长只能通过微层蒸发机理;此外,在这种情况下,气泡上侧(接触过冷液体)是凝结表面。

在相反的情况下,如果液体温度足够高,则热量可以从任何方向传导到气泡表面:既来自固体表面又来自加热液体。为了更好地理解这两个过程的结合,我们应该注意:

(1) 液体在任何温度下均可蒸发。

(2) 蒸发速率很大程度上取决于交界面的温度。

(3) 只有在温度足够高的液体表面,蒸发通量才高于凝结通量。

换句话说,假设气泡表面始终是饱和温度 T_s 的等温线,这种方法对于理论估计是有用的。但是我们会发现理论估计的结果与实验结果间的差异往往能达到一个数量级(由于 $q^{ev}(T)$ 强烈依赖于蒸发表面,即气泡表面)。

对于微液层的蒸发,式(9.1.4)所表征的这种稳态的导热过程是不全面的,通常还需要考虑微液层中的液体流动(例如,Cooper 和 Lloyd,1969);然而,在实际情况中并不是简单的平面流动,通常,固体壁面粗糙度在 $1\mu m$ 量级,与液体的深度相当。在这样的尺度上,微液层的流动如同液体在无序介质中的渗透过程,而不是从气泡周边朝向其中心的干涸点的轴对称流动。实际上,在这个过程中微液层的补充是一个困难的问题。

让我们预估一下液体微层完全蒸发的时间和相应的气泡半径。液体蒸发量(参见第 1 章)可以用加热壁面的热通量 q^c 和汽化焓 h_{LG} 估算:

$$J = \frac{q^c}{h_{LG}} \tag{9.1.5}$$

对于水介质(汽化焓约为 $2\times10^6 J/kg$),当壁面热通量约为 $10^2 kW/m^2$ 时对应的质量通量约为 $0.1 kg/(m^2 \cdot s)$(当然,这里我们省略了汽化焓前面的乘数 2)。这意味着平均高度为 $10\mu m$(液体质量为 $10^{-8} kg$)、直径为 $1mm$(在相同半径的气泡下)的微液层将在约 $0.1s$ 内蒸发。在 $10^5 Pa$ 的压力下,蒸发液体质量所对应的气泡半径为 $1mm$。因此,这种考虑是前后一致的。

泡核沸腾过程中下一个需要考虑的问题是传热系数的确定。

9.1.4 传热系数(选读)

一般在传热学中,一个很重要参数是传热系数(HTC):热通量 q 与壁面和液体之间温差的比值,即

$$\alpha = \frac{q}{\Delta T} \tag{9.1.6}$$

对于相变,$\Delta T = T_w - T_s$ 是壁温和饱和温度之间的差值。实际上,式(9.1.6)的主要(也可能是最后一个)优点在于简洁。然而,对于一个了解基本物理原理但从未研究过传热学的人来说,这种表述可能看起来很奇怪。

需要注意的是,式(9.1.6)的表征方式(还有许多其他方法)在 E.F. Adiutori 的新书 *The New Heat Transfer*(《新传热学》)中受到了批评。尽管事实上我们不认同作者的观点。例如,在我们的书中,我们基于尺度理论得到了一些结果,而 Adiutori 的书却称之为"糟糕的尺度理论";我们相信作为普朗克定律的结果的斯特藩-玻尔兹曼定律是物理学的一个基本定理,而 Adiutori 则认为这个定理在 21 世纪会被推翻;《新传热学》的许多其他陈述促使我们更倾向于传统的传热理论,但是,出于在批判性的考虑之下,这种非正统的方法无疑是有趣的。

在这里,我们提供仅基于常见物理和数学推论的陈述。我们不否认,对于许多问题,传热系数提供了解决方法,但有些情况下传热系数似乎是问题的根源。

乍一看,式(9.1.6)只反映了我们的意愿:可以以任何方式解释任何物理量。例如,我们可以根据式(9.1.6)引入一个新的传热系数:实验中测量了热通量、壁面和液体的温度后,可以用式(9.1.6)的比例形式表示结果。

然而,传热学通常试图针对特定类别的问题(管道中的湍流、平板上层流及池式沸腾等)寻找传热系数(或其无量纲量努塞特数)与其他参数 x 的通用关系式。然后,在该类问题中引入通用函数 $\alpha(x)$ 来计算给定温差 ΔT 下的热通量:$q=\alpha(x)\Delta T$

但是,要使用式(9.1.6)至少保证以下两个一般性原则:

(1) 式(9.1.6)中 ΔT 与实际温差必须处于同数量级。

(2) x 的微小偏差不能影响传热系数的稳定性。

例如,让我们考虑在温度为 T_0 的大腔室(表面积非常大)内,一固体表面温度为 T 的辐射传热情况。假设我们不知道在没有自辐射情况下,固体表面的热通量可以表示为

$$q=\sigma\varepsilon(T)(T^4-T_0^4) \tag{9.1.7}$$

式中:$\varepsilon(T)$ 为固体面的总发射率。

那么,人们会试图通过 $q=\alpha(T-T_0)$ 的形式来表征辐射传热情况。这种情况下,传热系数就需要通过 $q(T,T_0)$ 工况下实验所得数据的拟合来确定;很明显,我们得到的传热系数是下面这种形式:

$$\alpha=\sigma\varepsilon(T)(T+T_0)(T^2+T_0^2) \tag{9.1.8}$$

但上述关系式需要在实验数据库的分析中获得。让我们尝试采取下面这种方法,基于式(9.1.8)建立"实验数据库",并以传热学的方式来表征数据。

假设该数据库是由不同实验组在不同温度下获得的,每组以 $\alpha(T)$ 或 $\alpha(T-T_0)$ 的形式表示它们的结果。那么,我们可以在没有直接测得热通量(从中可以猜出相关性)的情况下得到传热系数。固体材料为铝,则有

$$\varepsilon(T)=0.05+4.8\times10^{-5}(T-400) \quad (400K\leqslant T\leqslant900K) \tag{9.1.9}$$

238

基于此,获得的"虚拟实验数据"$\alpha(T)$如图9.3中所示,实验点覆盖的范围很广。同时合理起见,在数据中引入了5%的偏差。我们可以使用"物理意义"来表征这些数据点:许多情况下,传热系数取决于温差$\Delta T = T - T_0$;比如,关系式可以采取$q = \alpha'(\Delta T)^n$的形式来表示。然而,$\alpha(\Delta T)$的形式相比函数$\alpha(T)$要差一些(图9.4),从图9.3的趋势中就看出这一现象。

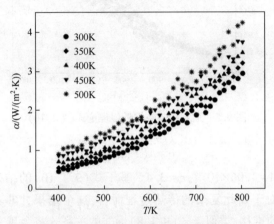

图9.3　辐射传热系数的"实验"数据

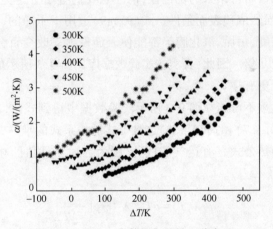

图9.4　图9.3中数据集的另一种表示

另一种确定函数$\alpha(T)$自变量的方法或许可以从图9.3和图9.4中看出。这里有一个疯狂的想法:由于不知道自变量的具体形式,可以假设传热系数取决于$T + T_0$,则$\alpha(T + T_0)$如图9.5所示。

乍一看,图9.5中的一致性似乎比$\alpha(T)$要好(主要因为它看起来是如此的明显)。因此,尝试用一种简单的关系式(实际应用中很有用)来表示:

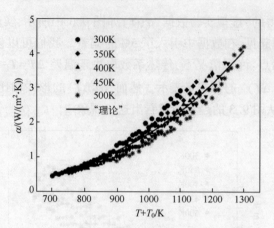

图 9.5　适应实验数据近似理论式(9.1.10)

$$\alpha = A(T+T_0)^n \qquad (9.1.10)$$

式中,实验常数 $A = 1.06 \times 10^{-10}$, $n = 3.4$。基于式(9.1.10)的结果与实验数据的偏差约为 20%,对于如此复杂的传热过程而言,这个结果并非不能接受。毫无疑问,随着时间的推移,类似于式(9.1.8)形式的关系式将会越来越多。

　　至于传热系数所得结果的稳定性,请注意我们省略了这类实验的最重要的难点:总发射率强烈依赖表面条件。式(9.1.9)适用于干净的、抛光后的固体表面。不同的粗糙度、污垢、氧化膜等都能使表面发射率改变百分之几十,甚至某些情况下能改变几倍。因此,真实的实验数据库比图 9.3 所示的范围更广,对这些数据的分析也更有趣。

　　我们认为几乎不可能在图 9.3 所示实验数据中得到式(9.1.8)形式的关系式。获得像式(9.1.7)和式(9.1.8)这种形式的关系式的唯一方法是理论推导。得到这些辐射传热公式是有运气的成分,因为热通量插值的相关性较小,形式如下:

$$q(\lambda, T) = aT^{5-\mu} \lambda^{-\mu} \exp\left(-\frac{b}{\lambda T}\right) \qquad (9.1.11)$$

式中: a 和 b 为常数; μ 为可调整参数。

　　例如,令 $\mu = 5$,可以得到维恩(Wien)定律;令 $\mu = 4$, $b = 0$,可以得到瑞利-金斯(Rayleigh-Jeans)公式;令 $\mu = 4.5$,可以得到蒂森(Thiesen)关系式(瑞利关系式和维恩公式之间的几何平均值)等。普朗克定律几乎在早期就完成了讨论。

9.1.5 回到沸腾和蒸发

　　据我们了解,气泡表面上的热通量由表面温度决定,而不是由气泡表面和固体壁面之间的温差决定。而且,气泡表面的温度可能与饱和温度不同;因此,我们很难期望泡核沸腾的参数定义为 $\Delta T = T_w - T_s$。根据9.1.4节,如果我们能够在这样的条件下取得传热系数的某种普遍关系式,那将是不正常的。

但是,我们必须尝试通过气泡表面温度来表征固体壁面上的热通量。

热通量和质量通量都强烈依赖与气泡表面相邻的液体温度。该温度在蒸发阶段是随时间变化的:由于蒸发而降低,通过吸收从壁面传导来的热量而增加。

表面温度的主要依赖性通过蒸发粒子的数量表示:

$$n \sim \Gamma\left(\frac{1}{2}, \frac{U}{T}\right) \sim \sqrt{\frac{T}{U}} \exp\left(-\frac{U}{T}\right) \tag{9.1.12}$$

用 $T\sqrt{T}$ 乘以式(9.1.12)(对于蒸发热通量),我们可以得到以温度为自变量的热通量表达形式:

$$q^{ev} \approx A T^2 \exp\left(-\frac{U}{T}\right) \tag{9.1.13}$$

值得注意的是,式(9.1.13)类似于表征热电发射率的理查森-杜什曼(Richardson-Dushman)关系式。同样,上式中 T 为气泡表面的温度,一般来说,$T \neq T_s$。

从式(9.1.13)可以看出,热通量 q 不是指固体壁面上的热通量;式(9.1.13)仅确定气泡表面的热通量。假设时刻 t 气泡是半径为 $R(t)$ 的球形,当然,它并不是一个球体(它更可能是一个半球体),我们稍后可以通过引入修正因子的方式来修正它。那么单个气泡在其生长期间 τ 所消耗的总热量为

$$Q_1 = \int_0^\tau 4\pi R^2(t) q^{ev} \mathrm{d}t \tag{9.1.14}$$

如果加热壁面在单位面积、单位时间内产生并脱离 v 个气泡,则壁上的平均热通量为 $q_w = vQ_1$。通常情况下,在一段时间内固体加热壁面主要被液相覆盖,因此局部蒸发通量远高于平均值 q_w。这一结论在本章后面会很重要。

9.2 膜态沸腾

9.2.1 概述

膜态沸腾在固体壁面温度非常高的情况下发生。对于水介质来说,壁面过热度 ΔT 足够高可能会触发表面烧毁。在许多实验中,通过加热金属丝可以观察到从泡核沸腾向膜态沸腾的转变。

在膜态沸腾过程中(当表面能够承受这种沸腾时),固体壁面仅与一层很薄的蒸气层接触,蒸气层厚度约为 1mm 或更小。来自固体壁面的热量通过该蒸气层传递到液体中。这种热通量(蒸气层的导热及内部自然对流)不会很大,这是"泡核沸腾-膜态沸腾"转变时发生烧毁的原因。

无论如何,热通量不为零并且气液交界面处的液体温度很高,该处的液体表面会发生强烈蒸发。假设浸没在液体中的高温物体(金属丝、球等)发生膜态沸腾时,由于液体从交界面蒸发,导致蒸气层的压力增加。那么,我们可以预测,蒸气压力在某一时刻会变得很高,以至于液体将从固体壁面抛出(或者相反,固体将从液体中被抛出)。

但是,这种假设是不正确的。蒸气膜可以通过向液体排放气泡的方式防止蒸气层中的高压出现。气泡可以穿透交界面进入液相的机制非常有趣,这里的关键词是"不稳定性"。

9.2.2 瑞利-泰勒(Rayleigh-Taylor)不稳定

这里我们没有给出这种不稳定的理论推导过程,只给出了最终的结果。具体的推导过程可以在许多专门讨论这个主题的书中找到。

让我们考虑密度为 ρ_1 和 $\rho_2 > \rho_1$ 的两相,相 1 置于相 2 下部。由此,我们会质疑这种结构的稳定性:试想一个装满水、底部有气体(空气)的杯子,在哪种受力情况下,这种结构至少在理论上可以稳定存在呢?密度高的液体倾向于向下移动,当交界面向气相弯曲时,毛细作用力会防止进一步弯曲。此时,重力和表面张力之间会达到一种平衡。我们可以很快预测到结果(如果我们还记得压力阶跃的拉普拉斯公式,请参阅 1.2 节),下面将给出具体步骤。

首先,给出描述两相相界面几何的方程 $z(x)$,其中 z 是法线坐标,x 是界面的坐标。

假设两相的压力都服从流体静力学定律,有

$$p_1(z) = p_1^0 - \rho_1 gz, p_2 = p_2^0 - \rho_2 gz \qquad (9.2.1)$$

然后,在平衡态下,两相之间的压力差与毛细作用力 $\sigma\zeta$(σ 为表面张力,ζ 为曲率)平衡,因此有

$$p_1^0 - \rho_1 gz + \sigma \frac{z''}{(1+z'^2)^{3/2}} = p_2^0 - \rho_2 gz \qquad (9.2.2)$$

其中,$z' = dz/dx$。例如,忽略重力,当 $\zeta = \pm\frac{1}{R}$ 时,我们可以获得曲线 $z^2 + x^2 = R^2$ 的拉普拉斯阶跃的通用表达式:

$$p_1^0 = p_2^0 \pm \frac{\sigma}{R} \qquad (9.2.3)$$

其中,"+"号对应于朝向相 2 偏转的表面($z=\sqrt{R^2-x^2}$);反之亦然。实际上,这个表达式并不是常用的拉普拉斯公式,因为对于平面几何,式(9.2.3)右边第二项缺少系数 2,对于球面几何公式则是存在的。

对于我们的问题,平面条件下 $p_1^0 = p_2^0$ 是合理的,其中 $z(x) \equiv 0$。之后我们假设:

(1)界面扰动具有正弦形式,即 $z = A\sin kx$。

(2)界面扰动幅度 A 很小,所以我们可以忽略式(9.2.2)中的 z'^2。

这样,根据式(9.2.2),处于平衡态时,有

$$g\Delta\rho = k^2\sigma \tag{9.2.4}$$

其中,$\Delta\rho = \rho_2 - \rho_1 > 0$。

由此,只有对短波扰动,重力会受表面张力的支配(也就是具有足够大的 k,在这种情况下,式(9.2.3)右侧大于左侧),在相反的情况下,如果波长超过临界值:

$$\lambda = 2\pi\sqrt{\frac{\sigma}{g\Delta\rho}} \tag{9.2.5}$$

系统将变得不稳定,因为毛细作用力不再等于质量力:在 $z<0$ 的区域,较重的液体向下移动,在 $z>0$ 的区域,较轻的液体向上移动。

实际上,结果在一开始就可以被预测:高曲率(小半径)条件下表面张力更大。因此,交界面的长波扰动无法通过毛细作用力来平衡。

对于膜态沸腾,瑞利-泰勒不稳定性意味着可见蒸气层的气体以气泡的形式渗透到液体中。然而,这些分析都没有涉及沸腾/蒸发过程:我们在没有相变的情况下考虑了两个独立的阶段。但是,蒸发是如何影响不稳定性的呢?

9.2.3 蒸发和不稳定性

瑞利-泰勒不稳定性的一个经典实验是以 $a>g$ 的加速度将盛水的玻璃杯倒置。在这种情况下,结果是总加速度 $a-g>0$,并且我们再次获得"高密度液体位于低密度液体上部"的情形。在这种情况下,根据总的加速度的方向,我们的"大于"具有相反的符号。因此,在向地面加速的玻璃杯中,可以观察到水面上的波浪(因为瑞利-泰勒不稳定性)。

这个实验可以应用于解释蒸发表面的不稳定性。对于强烈蒸发,有两种力将液体推离固体壁面:增加的压力和作用在蒸发表面上的反作用力,这两个力都可能导致不稳定。例如,如果液体试图从壁面离开(开始加速移动),那么瑞利-泰勒不稳定会导致界面发生剧烈扰动,蒸气气泡进入液体,结果薄膜内的压力降低,边界又重新建立。

243

此外,我们还提出了一个更复杂的方案来解释蒸发对不稳定性的影响。当气体进入液体时(图9.6),由于蒸发表面积的增加,该空泡内的蒸气量增加。而蒸气量的增加又会导致蒸发表面积的增加,这是一个正向反馈。我们不能简单地对式(9.2.2)进行替换 $p_1^0 \to p_1(z)$ 来描述这个过程,因为压力传播速度与声速相等,所以需要确定式(9.2.2)中使用哪一个时间尺度。这个时间必须与不稳定发展的时间常数相关联,而线性稳定性理论无法提供这样一个量。由于物理过程变得非常复杂,在这里我们只进行定性分析。

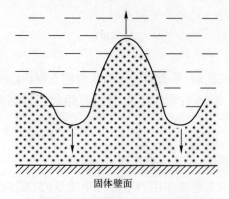

图 9.6　蒸气薄膜的不稳定性

244

一般情况下,蒸气膜中的流动也会影响不稳定性;但是,在这里我们不考虑这么复杂的情况。注意,Sinkevich 于 2008 年分析了相变条件下两相交界面不稳定性。

9.3　过渡沸腾

9.3.1　常见描述

过渡沸腾是一种固体壁面在热通量一定的情况下(q=常数)的不稳定沸腾状态。当沸腾由壁温(通常由 $\Delta T = T_w - T_s$ 描述,即壁温和饱和温度之间的差值)确定时,我们可以通过实验观察得到。例如,在家里将冷水倒入热锅中,就可以观察此现象。

过渡沸腾是不稳定的。液体移动到过热固体表面,就会汽化并离开固体表面。蒸气气泡在固体表面附近积聚形成大的气团;这样的气团块位于所谓的宏观层上(与存在于单个生长气泡底部的微液层相对)。

过渡沸腾的非平稳性会产生一些有趣的现象。在一些研究中(例如,Hsu等,2015;Yagov 等,2015)它被描述为一种对固体壁面具有高冷却效果的沸腾;

尽管壁面的温度超过转折点的液体温度,但热通量与泡核沸腾的热通量相当。本节将讨论的问题是:可从固体壁面转移的最大热通量是多少,以及达到这种热通量需要满足的条件是什么。

9.3.2 固体壁面上的最大热通量

任何强度的热通量都可以从固体壁面传递通过液体。实际上,固体壁面上液体的热通量可以表示为

$$q = -\lambda \frac{dT}{dn} = \lambda \frac{\Delta T}{\delta} \tag{9.3.1}$$

这里我们引入温度差 ΔT 的特征长度 δ。由于温度的梯度可以达到非常大,或使用式(9.3.1)的有限差分方法,给定尺度 δ 的 ΔT 可以接受任何值,那么液体中的热通量就可以达到我们想要的数值。

当然,我们设想的数值要在合理范围内。

由于液体中的温度分布,不同的液体层具有不同的张力,即液体在法线方向(远离固体壁面)的张力梯度:

$$\frac{\partial \sigma}{\partial n} = \left(\frac{\partial \sigma}{\partial T}\right)_X \frac{\partial T}{\partial n} \tag{9.3.2}$$

其中,X 表示相应的过程,即等容过程、沿饱和曲线的过程等。

由该温度梯度引起的张力相当大。例如,在最简单的情况下,我们可让 $\sigma = p$,对于水在等容条件下有 $\left(\frac{\partial p}{\partial T}\right)_V$,约为 $10^6 Pa/K$ 量级。当然,这个值在某种程度上是最大值。对于饱和曲线上的过程,我们有一个小得多的倒数 $\left(\frac{\partial p}{\partial T}\right)_{sat}$,约为 $10^2 Pa/K$ 量级。另外,很短时间段内 V 为常数对于液体内部的热传递是合理的。

无论如何,我们确定了限制温度梯度的最大值,并因此明确限制热通量最大值的机制。在加热壁面附近,人们会可能期望温度梯度很高,从而引起液体内部的热应力。如果热应力足以克服使液体保持在固体壁面的力,液体将离开壁面,需要克服的力包括:

(1)外部压力。

(2)液体和壁面之间的界面结合力,或"液体-壁面"结合能高于液体原子之间引力的情况下。

而且,由于壁面处于高温情况下,壁面附近液体原子的动能相应的也很高,许多粒子的总能量是正的。因此,壁面附近"部分相变"的机制是可以预期的,即"液体-壁面"结合能降低,第二种力可以忽略不计。在极限情况下,可以认为

245

固体表面的蒸气试图将液体排出;但是在壁温高于液体临界温度的情况下,这种简化是不正确的。

固体壁面的最大热通量可用式(9.3.1)和式(9.3.2)进行估算。根据式(9.3.2)可得最大温差 $\Delta T_{max} = \sigma_{max}(\partial T/\partial \sigma)_X$,将其代入式(9.3.1),有

$$q_{max} = \frac{\lambda \sigma_{max}}{\delta}\left(\frac{\partial T}{\partial \sigma}\right)_X \tag{9.3.3}$$

例如,忽略上面讨论的结合能,估算导数 $\left(\dfrac{\partial T}{\partial \sigma}\right)_X$ 近似于 $\left(\dfrac{\partial T}{\partial p}\right)_V$,约为 $10^{-6}\dfrac{K}{Pa}$ 量级,大气压下,σ_{max} 约为 $10^5 Pa$ 量级,λ 约为 $1 W/(m \cdot K)$ 量级,δ 约为 10nm 量级,我们得到 q_{max} 约为 $10^7 W/m^2$。然而,考虑液体和壁面之间的结合能可使该值增加一个或两个数量级。

有些人可能会认为,由于这些热通量异常巨大,因此在自然界(或实验中)永远无法观察到它们。然而,在 10nm 的小空间尺度上,当固体壁面上的温度梯度足够高时,上述机制对表面上的非平稳过程非常重要。但具有如此高的温度梯度的状态不能持续很长时间,因此上面讨论的热通量是瞬时通量。

9.3.3 热通量的类型

9.3 节的一些陈述可能需要进一步解释。在这里,我们从另一个技术角度讨论热通量。

正如第 4 章所述,凝聚态物质中的热通量由两部分组成,第一部分是普通的热通量,它由粒子的运动决定:

$$q = \int \frac{mv^2}{2}vf(v)\,\mathrm{d}v \tag{9.3.4}$$

在理想气体中对热通量唯一有贡献的是式(9.3.4)。然而,对于固体电介质,该热通量近似为零,因为在这种条件下原子几乎是静止的(对于金属,电子热导是另一种热交换机制,必须予以考虑)。

第二部分是由介质中粒子之间的势能交换引起的热通量,见第 4 章。这种类型的热传递对应于热传导。

因此,在通常的情况下,例如在泡核沸腾中,热量通过导热从固体壁面向液体传递热量。当液体从固体壁面离开时,式(9.3.4)中将引入对流项,这样总热通量将会增加。简单来说,热通量式(9.3.4)如果存在,热通量将超过正常的热传导通量,即泡核沸腾中的固定热通量不是热通量的理论最大值;从固体表面离开的液体会提供更高的热通量,但是持续时间不长。

液体将热通量式(9.3.4)转变为总能量通量的能力取决于壁面的条件。液体和固体原子之间的相互作用首先取决于固体表面由何种原子组成。这里我们有两种不同的情况:液体接触金属表面或者接触金属氧化物。在与实验结果的对比中必须考虑该因素。

总而言之,固体壁面附近液体中存在的最大热通量受其内部温度梯度的限制,其值取决于液体可以在固体壁面附近达到的温度。如果水接触2000K时的钨,是否意味着液态水可能达到2000K的温度呢?

9.3.4 最高接触温度

接触温度是表示固体和液体两相接触点的温度测量值。对于平衡态,这个假设毫无疑问是正确的。本小节首先要解决的问题是接触温度的最大值是多少?

从热力学的角度来看,该温度不能超过与固体壁面接触的液体旋节线曲线上的温度 T_{sp}。而实际上,这个结论是基于两个最初的假设:

(1) 在接触点,固体和液体的温度相等;

(2) 液体温度不能达到高于 T_{sp},否则液体代表一不稳定的热力学相。

因此,作为这些建议的总结,我们可以给出以上概述。

除此之外,我们沿着这个逻辑思路继续研究。只有在壁温 $T < T_{sp}$ 下才能观察到最高的热通量,因为只有在这种情况下,我们才能在固体和液体之间接触;否则,对于"固体-蒸气"接触,壁面热通量会有非常明显的降低。

基于此,可以得出最大接触温度不能超过临界温度 T_{cr}, $T_w > T_{cr}$ 时热通量必须低于泡核沸腾时的热通量。实际上,沸腾传热的主要机制是相变,那么,在没有相分离的情况下,如何才能进行相变?

这些推论看起来很可靠。我们无法在 $T_w > T_{cr}$ 时观察到液体与壁面之间的接触,也不能在这样的温度下获得高热通量等。

但上述所有都包含一个弱点:它都是关于稳态的,即以上所有结论均基于稳态的假设,就像一部电影中的一帧,而沸腾过程是整部电影。

当偏冷液体(相对来说)接触固体表面时,固体表面液体温度上升速率取决于液体和固体之间的温差。同时,热量从固体壁面传递到液体内部。然而,热量传递的速率是有限的,可能存在液体内部温度具有巨大梯度的情况(见上文)。

温度可以表征分子的平均动能。温度梯度意味着分子的动能随着与固-液交界面距离变化而变化。然而,为了将温度定义为平衡参数,必须确定局部的热平衡态:在两个相邻点之间,温差需要非常小。相反,当距离达到1nm量级,温差超过一个数量级(在相互作用半径的范围内)时,不可能定义这样一个参数。

我们可以计算在某一点(一小组分子)、下一点及这两点之间的某一点的平均动能(图9.7),并获得3个不同的 $\bar{\varepsilon}$:

$$\frac{\bar{\varepsilon}_1 - \bar{\varepsilon}_2}{\bar{\varepsilon}_1} \approx \frac{\bar{\varepsilon}_2 - \bar{\varepsilon}_3}{\bar{\varepsilon}_2} \approx 1 \tag{9.3.5}$$

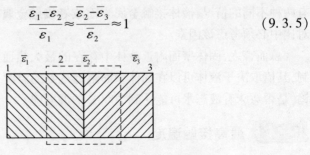

图 9.7　相邻点 1 和 3 的能量以及 2 = (1+3)/2 的能量

如第 1 章所讨论的,在这种情况下,普通的关系式(均为局部热平衡态获得)是不适用的;所有包括"双节线"和"旋节线"在内的平衡概念都失去了意义。

因此,高温固体壁面与液体接触的短时间内(几乎是瞬间)不能用稳态物理规律来描述。如果在如此短的时间尺度内没有发生类似过程,这将不会是问题,并且我们可以等待至平衡态,也就是说,我们可以在很大的时间尺度上来考虑这个问题。但不幸的是,一些决定整个物理现象的主要过程可能会在如此短时间的时间尺度上发生。在这种情况下,我们有两个不算好的选项:

(1) 使用已有的平衡态来描述,但将相应变量替换为非平衡变量,如 $T \to \bar{\varepsilon}$;

(2) 为非平稳参数构建一些新的关系式,如 $\bar{\varepsilon}$。

在这里我们选择第一个选项。具体而言,我们将根据前面小节来解释我们的结果。我们认为理解基本物理机制就已经足够了,即使这里的"温度"不是温度(此时只是分子的平均动能),"液体不是液体"(在 $T > T_{cr}$ 的高温下只是凝聚相)等。上面的第二个选项现在看起来就太复杂了。

9.3.5　"无限的扩散率"(选读)

我们认为需要解释一下关于传热过程中传热速率有限这个理论。

这可能是教授在面对困惑的学生时最常用的方法之一。例如,提出以下问题:"我们需要一根很长的杆,能从这里伸到火星,并立即加热杆的末端,火星人将在什么时候感受到热量?"这个问题的一个变体可能涉及扩散:在房间的另一角喷射的第一个气体分子何时到达我们这里?

所有这些引起学生思考的问题都是基于扩散方程预测的无限速率:

$$\frac{\partial n}{\partial t} = D \frac{\partial^2 n}{\partial x^2} \tag{9.3.6}$$

因此,从这个角度来看,正确答案必须包含"立即"这个词。但是,这些答案是错误的(公平地说,问题也是错误的);爱因斯坦否定了这种方法。在这里,我们并不是指狭义相对论,因为根据这种相对论,没有什么能比光更快地移动。我们所指的是他的研究成果(Einstein,1905),通过膨胀获得的扩散方程:

$$n(x,t+\tau) = \int_{-\infty}^{\infty} w(\Delta,\tau) n(x+\Delta,t) \, \mathrm{d}\Delta \tag{9.3.7}$$

所以

$$n(x,t+\tau) = n(x,t) + \tau \frac{\partial n}{\partial t} \tag{9.3.8}$$

$$n(x+\Delta,t) = n(x,t) + \Delta \frac{\partial n}{\partial x} + \frac{\Delta^2}{2} \frac{\partial^2 n}{\partial x^2} \tag{9.3.9}$$

我们不会在这里讨论所有的技术上的细节问题(例如,将(9.3.9)中的第二项代入式(9.3.7)后值为零的情况等),我们只讨论关键的结论。通过简单的离散(如式(9.3.9)),得到了一个扩散系数为 $D = \overline{\Delta^2}/2\tau$ 的扩散方程,该方程仅适用于小的空间位移 Δ 和短时间间隔 τ。因此,我们不能指望在该扩散方程中令 $\Delta \to \infty$ 来获得正确结果,对于这种情况我们需要考虑在式(9.3.8)甚至式(9.3.9)中添加更多的项进行求解。

简单来说,扩散方程只能在一定的空间和时间尺度内具有适用性。尽管从方程中得出的任何预测对于无限尺度来说确实是不正确的,但扰动传播的速度是有限的。

总的来说,我们真正想要在这个简短的小节中说明的是,传热的速度不是无限的,不仅物理学禁止这样的情况,数学也是如此。现在让我们回到我们的蒸发问题。

9.3.6 固定蒸发与爆炸性蒸发

本书前 8 章描述的物理过程是蒸发:从固体壁面加热的液体从其自由表面释放原子;有时甚至释放原子团(见第 6 章中的超蒸发),但共同的原则保持不变。

但是,我们可以设想一种不同固体壁面上液体相变的方式;这种方式的物理特性在本章的 9.3.2 节中进行了阐述。

在较短的时间尺度下,由于表面温度较高,液体可能会因为其内部的热应力而从固体壁面上分离。从固体壁面分离后,液体的底部(朝向固体壁面方向)由于温度较高产生蒸发,并且由于这种蒸发,固体和液体之间蒸气层中的压力升高,进一步推动液体远离壁面。

这个过程称为爆炸性沸腾,但在此我们更倾向于将它称为"爆炸性蒸发"。因为沸腾(在相应实验中观察到的过程)是在另一个时间尺度上的过程(此过程的时间尺度请参见第2至第4章)。

9.3.7 沸腾

本章涉及了所有很短时间尺度上,非稳态、强烈的沸腾过程。实验通常会研究更大的时间尺度上的沸腾。例如,在数值模拟中,我们可以设定无限大的壁面加热速率,而在实验中,这个速率可能比它小几个数量级。因此,在实验中难以获得极大的加热速率:相比数值模拟,实验中液体的温度变化要小得多,故很难观察到液体中的温度梯度(但并非观察不到)。

另一个原因是我们无法预测任何从壁面脱离的液体的运动轨迹。或许它会重新回到固体壁面,因为:

(1)表面张力;

(2)界面不稳定;

(3)不同的近壁面条件,例如不同的温度。

如果液体回到壁面,那么可以采用时均方法获得这一时间段内的平均热通量;如果液体没有回到壁面,那么瞬间通量不太可能定义大空间尺度和时间尺度上的沸腾过程。但是,我们必须考虑整个液体壁面均发生爆炸性蒸发这种情况,而泡核沸腾测量的热通量只代表平均值……

总而言之,在本章我们希望避免对蒸气爆炸和爆炸性蒸发进行直接对比,而必须通过深入分析来确定这种液体分离是否是蒸气爆炸。因此,我们倾向于将本节的结果视为纯粹的理论描述,而没有直接关联到具体实验条件上。

9.3.8 爆炸性蒸发的数值模拟

在本节中,我们将给出分子动力学(MD)模拟的结果。当然,这里的介质考虑使用氩气,氩分子通过分子间势能与铜表面接触。

最初在实验中将"液氩+蒸气氩"系统置于温度为 $T=100K$ 的热平衡态,在此提醒读者,氩的临界温度为150K。

接下来,在这个平衡系统下,我们自发地将壁的温度提高到200K、225K、250K、300K和400K。根据初始条件(主要是温度本身),可以观察到蒸发现象,或者它的极端蒸发现象——爆炸性蒸发。对于这组温度,我们观察到200K的常规蒸发和所有其他壁温下的爆炸性蒸发。因此,我们可以确定爆炸性蒸发的最低限度在200~225K。

$T=200K$ 的一般性蒸发现象如图9.8所示。尽管如此高的温度(注意:$T>$

T_{cr}），我们依然观察到稳定型蒸发——液体层"膨胀"并汽化（液体层的厚度逐渐增加）。

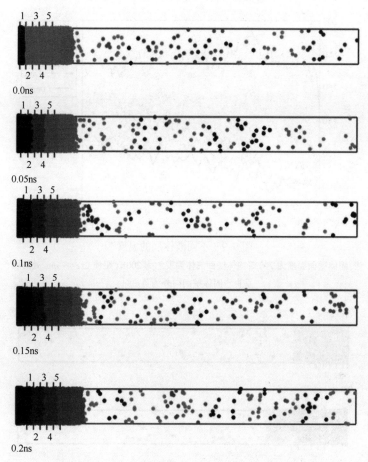

图9.8　高温壁面(200K)普通氩气蒸发

注：灰色阴影代表层中动能的值；黑色代表更高能量水平。

不同液体层的温度如图9.9所示。我们看到温度梯度很高，然而这一温度梯度仍不足以使液体从固体表面分离。总之，与其他计算类型相比，液体在水平方向或多或少是被均匀加热的。

爆炸性蒸发的示例如图9.10所示。可以看到液体是如何从温度为 $T=$ 400K 的壁面上被分离的。

被分离液体的运动速度可达 120m/s。各种液体层的相应"温度"如图9.11所示。在如此高的壁温下，两个相邻液体层之间的温度差（约 1nm 距离）可达约 150K（从液体壁面的 350K 到下一层的 200K）。当然，这是一种"准温度",也就是粒子的平均动能,不是一个真实的平衡态的"温度"。我们希望前面的讨论充分解释了这一点(图 9.11)。

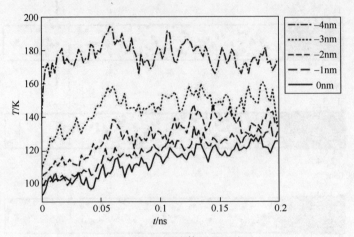

图 9.9　不同液体层的温度

注:固体壁面温度为 200K;固体壁面液体温度约为 200K(距质心 $z=-4$nm 处的层,
垂直于固体壁面向外为负 z 向)

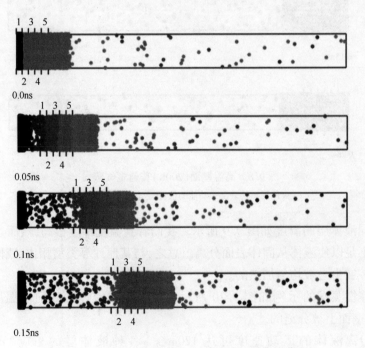

图 9.10　壁温为 400K 时壁面上的氩气"爆炸性蒸发"

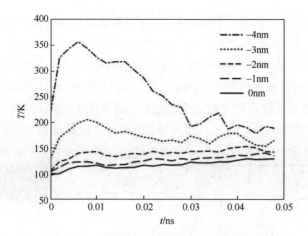

图 9.11　不同液体层的温度，壁温为 400K

此外，值得注意的是，最接近壁面液体层的"准温度"没有达到壁温 400K，最大值比壁面低约 50K。有人可能认为液体没有达到壁面温度是因为它已经离开了壁面；可以这样理解这个结论：对于较薄的液体层，"温度"值将更大，然而，这没有多大意义，因为氩的原子间相互作用的尺度约为 0.34nm。

我们已经看到液体是如何脱离过热表面的。由于该问题所具有明显的模型特征，这种模拟方法的缺陷不难找到。是的，当温度从 100K 急剧增加到 400K 时，我们看到了液体从表面跃离过程。然而，这是一种理想的情况；在现实生活中，这样的温升速率是不可能达到的。在缓慢加热过程中，液体会被均匀加热，从而导致任何跃离都是不可能的。

我们必须考虑液体和高温固体壁面之间发生接触的真实情况。

9.3.9　液体-壁面相互作用

本节研究液体向过热固体壁面运动的问题。与先前的考虑相反，首先我们可以预期液体和过热固体之间真实的接触时间。

通过数值模拟可以确定液体和固体壁面间的接触是否真实存在。实际上，在液体向高温壁面运动的过程中，存在于液体和壁面之间的蒸气会触发液体的蒸发。发生相变的原子从高温壁面吸收热量温度升高（对应高动能），并引起额外的蒸发等；这个循环的最终结果是高压蒸气在液体和壁面之间充当缓冲剂的作用，防止它们发生接触。

实际上，很难确定最终的答案，因为答案取决于高速冲向壁面液体的质量（接近壁面液体的动量）。而且，由于技术限制，我们无法考虑液体中的更大数量的粒子。对此我们无能为力，必须尽我们所能来完成这项任务。

如果我们能观察到约 10^3 量级的粒子与壁面发生接触,就能期待将有更大质量的液体接触壁面。

该过程如图 9.12 所示,液体的初始速度为 40m/s,氩气的初始温度为 100K,固体壁面的温度保持在 400K。在运动过程中,液体的速度降低,同时与固体壁面发生接触。在接触之后,液体的温度增加,并且出现了 9.3.8 节所描述的情况。图 9.13 给出了不同液体层(相对于液体的质心)中的温度。

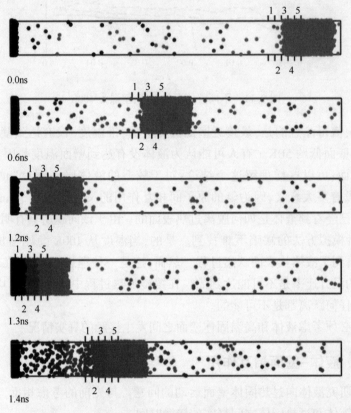

图 9.12 "液体-壁面"相互作用(接触时间约为 0.1ns)

我们看到 9.3.8 节所得出的结论是正确的。首先,与之前的问题一样,相互作用时间为 0.1ns 量级。这样可以得出结论,液体在朝向固体表面运动时,对于与高温壁面的接触处于"毫无准备"的状态:其温度保持在 100K,与其初始状态一样。因此,温度梯度基本相同。也许,数值计算最重要的结果是,我们可以分析先前的框架中的"液体-壁面"接触(初始条件是液体在壁面上)。

从这个模拟中可以观察到的另一个有趣的现象是,当液体朝壁面运动时,低温液体(约 100K)与约 400K 高温(热固壁的温度)蒸气的相互作用。这个过程是如何发生的？为什么高温蒸气不能正常加热液体？这将在9.4.4节讨论。

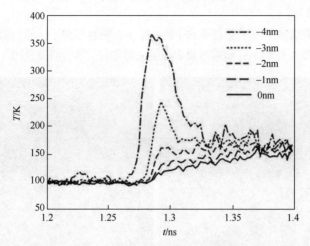

图 9.13　图 9.12 所示过程中液体的温度

9.4 空　化

9.4.1 空化和声致发光

空化与沸腾密切相关。沸腾某些方面的理论可以应用于空化,然而,其非热性质使得空化这种现象具有特殊性。除了科学兴趣外,空化现象的研究同样具有实用价值。

空化是一种非热力学过程,它是由于机械力的冲击使得过冷液体的气泡消失。在交替的外部压力下,液体破裂,气泡急剧产生、扩张并迅速坍塌,这些空化气泡产生是一个有趣且危险的过程。

在流体主流区中,空化是一个非常有趣的过程,且同时伴随着超声波(有时不是超声波,而是正常声波)场中最神秘的现象之一——声致发光。它可能看起来很奇怪,但超声空化期间发光的本质在近一个世纪仍然未被发现(声致发光首次报道于 1934 年);乍一看,这种简单(观察)的现象不需要过于复杂的解释。“这不是同步辐射!”有些人可能会惊呼,他们在两个方面可能是正确的:首先,声致发光不是同步辐射;其次,声致发光是一种比同步辐射更复杂的现象(见下文)。然而,对于空化的探索,科学意义倒是其次的,其实用价值是更为重要的。

在固体壁面上,空化是一个非常危险的过程,因为固体(金属)壁面上的空化将导致材料的损坏。这些小的气泡决定了金属结构的寿命,如泵、搅拌器叶片、螺旋桨螺钉等。

图9.14中给出了一个新的金属(钛)在一个装有液体(甘油)的罐子里,以约20.5kHz的频率工作约10h前后金属表面的波导图像。实物图如图9.15所示。

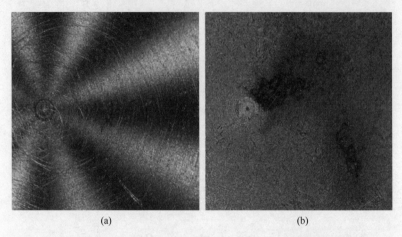

(a)   (b)

图9.14 (a)全新金属钛表面及(b)工作10h后金属表面

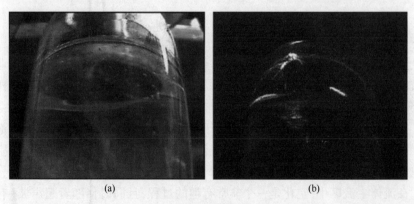

(a)   (b)

图9.15 (a)甘油中金属钛空穴(外部光源)及
(b)金属钛上的声致发光(无外部光源)

在这些图像中我们可以观察到不可思议的毁坏。在实验室设备上可以容忍这种损坏(如在这些图像上),但技术装备(如螺旋桨螺钉)的损坏,就很危险。

空化和沸腾之间的主要区别是没有外部加热。因此,如果没有热源,人们可能会认为不会发生蒸发。但是,基于以下两个原因,这种想法是错误的。

第一个原因是蒸发总是存在的,较慢或较快,通过凝结平衡或者不平衡(甚至由凝结控制)。因此,本书的许多研究可以应用于空化过程。然而,总的来说,我们必须承认,第一个原因不足以将蒸发的"特性"部分用于空化。

第二个原因已在上文提到,即声致发光。

声致发光是在超声波的影响下由液体发光的现象。声致发光自 1934 年被发现,但直到现在这种光的本质仍然是个谜。关于自发光的空化气泡内部物理过程的理论有很多,但它们都不能完全解释这种奇怪类型的发光现象所涉及的所有物理机制。

通常,有两种类型的声致发光:单气泡和多气泡。在后一种情况下,发光的模式有很多(图 9.16)。在同一实验中,不到 1min 的时间就记录到了所有的发光模式。

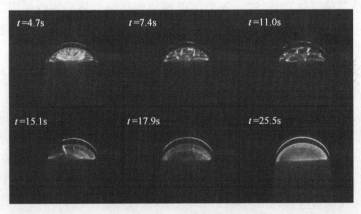

图 9.16　甘油中钛表面的声致发光

众所周知,声致发光与空化过程有关,空化是声致发光的必要前兆。因此,假设空化的某些过程是负责发光的,这似乎是合乎逻辑的。通常,声致发光的解释如下:首先,考虑正常情况下会引起发光的物理过程 X。X 可能是通电和气体放电、化学反应、加热等。接下来,就必须解释在空化过程中过程 X 是如何发生的。如果成功,则过程 X 可以认为是声致发光的解释;然而,这种推论方法目前还没有形成一个全面的理论。

有一个这样的解释,声致发光是由坍塌气泡内过热的气体导致的。这可能是迄今为止最受欢迎的理论,许多人认为这就是最终答案,然而,这个理论仍存在一些缺陷。根据该理论,塌缩的气泡中被压缩的气体能够达到非常高的温度从而可以发光。此外,白炽固体和等离子体的发光是众所周知的现象,所以会有人用这种理论来解释声致发光。

实际上,这种解释是不充分的。它在光学和等离子体物理学方面存在许多缺陷。

（1）发光的具体机制是什么，重组、韧致辐射还是其他？

（2）声致发光的光谱是什么？在一些工作中，假设这些光谱符合普朗克模型，但实际上并不是。

（3）等离子体光学层需要多薄才可以产生平衡的"山形"光谱？

（4）人们可能期望在空化气泡的扩张阶段，等离子体的重新结合也会导致发光，并且光谱与气泡塌陷阶段的光谱不同。

该列表可以进一步扩展。讨论这个清单上的任意一项都很有意思。但是，我们可以提出一个更基本的问题：塌陷气泡中的气体是如何达到如此高的温度？为了产生内部高温，气泡必须塌缩到非常小的尺寸。在压缩阶段气体温度升高（蒸气或其他气体，如空气），我们可以预测到高温气体会加剧周围液体的蒸发，引起压力升高，导致塌陷阶段停止。所以高压缩比以及气泡内的高温是不可实现的。

最后一个问题涉及蒸发，并且 100% 符合本书的范围。液体在超高温气体附近会有什么变化？在 9.4.4 节，我们将给出这个问题的答案。

当然，尽管这个问题是受声致发光现象的启发提出的，但其结果的应用领域并不局限于塌陷的气泡。过热蒸气和过冷液体邻近区域是强非平衡系统的一个有趣的示例。因此，我们可以预料到本节的结果在许多层面上都会很有趣。

然而，空化是将所有问题联系在一起的过程，声致发光将是我们的指导方针。首先，让我们看看理论上如何预测气泡内的高温。

9.4.2 瑞利方程及其边界条件

目前，声致发光的理论描述涉及瑞利方程，具体如下。

让我们考虑液体中半径为 R 的球形气泡。假设液体是不可压缩的，由不连续方程得出：

$$\frac{1}{r^2}\frac{d}{dr}(r^2 v)=0 \tag{9.4.1}$$

其中，$r^2 v$ 为常数，但该常数取决于时间。在交界面处，液体的速度 $v(R)=\dfrac{dR}{dt}=\dot{R}$，因此，液体内的任意点处有

$$v(r,t)=\dot{R}(t)\frac{R(t)^2}{r^2} \tag{9.4.2}$$

根据纳维尔-斯托克斯方程，有

$$\frac{\partial v}{\partial t}+v\frac{\partial v}{\partial r}=-\frac{1}{\rho}\frac{\partial p}{\partial r} \tag{9.4.3}$$

因为压力也随时间变化,所以对 p 求偏导。再根据式(9.4.2),有

$$\frac{1}{r^2}\ddot{R}R^2+\frac{2}{r^2}\dot{R}^2R-\frac{2}{r^5}\dot{R}^2R^4=-\frac{1}{\rho}\frac{\partial P}{\partial r} \qquad (9.4.4)$$

对式(9.4.4)从 $r=R$ 到 $r=\infty$ 进行积分得到:

$$\ddot{R}R+\frac{3}{2}\dot{R}^2=\frac{\rho(R)-p(\infty)}{\rho} \qquad (9.4.5)$$

这就是瑞利方程。我们将 $\Delta p=p(R)-p(\infty)$ 代入就可以得到最终形式。

为了定义液体中的压力 $p(R)$,我们可以将该值与气泡内的压力 p 联系起来。忽略界面上的所有压力阶跃(如拉普拉斯阶跃),则 $p(R)=p$,对于体积为 $V=4\pi R^3/3$ 气泡内的压力,我们可以使用克拉珀龙方程 $p=nT=MT/mV$;在最后一个公式中,我们需要确定气泡内气体分子的质量数 M。

质量数 M 由两部分组成:气体(如空气)的质量数 M_g 和蒸气的质量数 M_v。通常,假设 M_g 为常数,而蒸气质量通过赫兹-克努森方程求解:

$$\frac{dM_v}{dt}=\sqrt{\frac{m}{2\pi}}\left(\frac{p_1}{\sqrt{T_1}}-\frac{p_v}{\sqrt{T_v}}\right)4\pi R^2 \qquad (9.4.6)$$

式中:下标"l"和"v"分别为液相和气相。

乍一看,我们可能会认为在前几章已经讨论过这个等式;我们已经在第 7 章中提到了凝结热通量和该关联式的总体结构。然而,在第 8 章中没有充分研究蒸气附近的液体蒸发热通量的某些性质。此处将考虑我们这些特性。

为了给出空化气泡的数学描述,我们需要获得气泡内部温度预测关系式。最简单的方法是假设在绝热条件下,有

$$pV^\gamma=\text{const} \quad \text{和} \quad TV^{\gamma-1}=\text{const} \qquad (9.4.7)$$

其中, $\gamma=c_p/c_v$ 为比热比。

基于式(9.4.7),在无限塌陷阶段,体积 $V\to 0$,温度 $T\to\infty$,即这个简单的理论 1 预测了温度的无限增长。

然而,人们可能会提出另一个简单的理论 2:气泡内温度保持恒定。那么,尽管气泡塌陷,T 仍为常数。可能看起来 $dQ=0$ 和 $T=\text{const}$ 是等价的,但并非如此。当热传递可以使气体和液体温度持平时,恒温条件意味着这是一个非常缓慢的过程。这对于快速塌陷的气泡(时间尺度为 $1\mu s$ 或更短)是不适用的,$dQ=0$ 则是更合适的条件。

现在,当液体的温度保持恒定,蒸发量取决于饱和压力 $p_s(T_1)$ 时,人们可以提出理论 3:蒸气的温度可以通过考虑气泡表面能量损失(或源项)的热平衡来计算,气泡内的蒸气质量仍由式(9.4.6)确定。

理论 3 的主要部分是假设蒸发热通量不随气体(蒸气)状态的变化而变化。

259

但是,正如第7章中所讨论的那样,蒸发热通量和凝结热通量的模型是不正确的,我们主要考虑了蒸发热通量对凝结热通量的影响。而且,在第8章中我们讨论了实验中一个特殊问题(蒸发表面附近的温度跃变)中气体如何影响蒸发热通量,并没有讨论所涉及的所有物理学问题。

在讨论高温气体和过冷液体相互作用之前,我们必须简要结束对声致发光的描述。

9.4.3 空化气泡的演变

这节我们重新计算了 Gaitan 等(1992)得到的瑞利方程(它的修正版本),并给出气泡动力学的结果。我们在此不讨论具体细节,因为我们需要的只是一个结论:空化气泡内的气体是否达到非常高的温度。

气泡半径与气泡内温度之间的关系如图 9.17 所示。

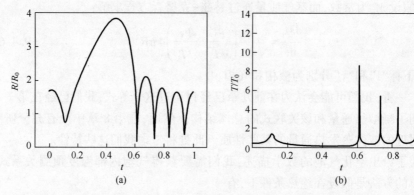

图 9.17　超声空化期间的(a)气泡半径和(b)气泡内的温度

根据这些计算,空化气泡内的温度可达到数千开尔文(尤其注意 $T_0 = 300K$)。因此,前几个小节的讨论仍然有效:事实上,如此高的温度是可能出现在气泡中的。

9.4.4 凝结诱导蒸发

一般情况下凝结会致使液体质量的增加,并带来相界面热通量降低的趋势。当蒸气和液体的温度基本相同时,这个结论是正确的。然而,当过冷液体接触超高温蒸气时,首先需要修正的是:当蒸气原子撞击气液交界面时,其能量会传递给液体原子。由于凝聚态原子之间强烈的相互作用,这种额外的能量分布在液体表面的许多原子之间。因此,一些原子获得额外的动能,蒸发的可能性相对增加。换句话说,当气液交界面被高能蒸气原子轰击时,该交界面局部(在蒸气原子撞击液体的区域)过热并剧烈蒸发。

严格地说,液体表面原子的速度分布函数是扭曲的并且平均能量增加了。在8.3节中我们假设分布函数是麦克斯韦分布函数,但是只是大概如此,因为分布函数的真实形式更复杂。然而,在这种假设下,问题便立即得到解决:液体表面局部过热区域温度 $\Omega>T$(T 是液体主流温度),问题被简化到可以用以前的研究结果表征。例如,蒸发的概率为 $\dfrac{1}{2\sqrt{\pi}}\Gamma\left(\dfrac{1}{2},\dfrac{U}{\Omega}\right)$ 等。采用 $\Omega=\mu T(\mu\geqslant1)$,基于实验数据获得常量 χ(8.3 节中 χ 为 1),这意味着我们获得的结果与实验一致。

然而,实际上,蒸气原子与液体表面的相互作用是非常复杂的,同时还涉及其他细微现象。

首先,当蒸气原子运动到气液交界面时,由于受到交界面的吸引作用,速度增加而获得额外的能量 U,就像物体会受到地球引力的吸引一样。这个过程与蒸发过程中原子从界面上被分离出来的过程恰好相反。因此,若原子在远离液体表面(在无穷远处)位置具有的动能 $\bar\varepsilon$,那么它在两相交界面处的能量为 $\bar\varepsilon+U$。

在特定情况下,当蒸气原子的能量非常高时,可以预期在发生撞击之后能量被转移到液体原子中,从而致使液体原子立即离开表面。但是:

(1) 蒸气原子不会在单次碰撞中将全部能量传递给被撞击中的某个液体原子。

(2) 被撞击之后,液体的原子会获得从交界面向液体主流运动的速度,速度的变向需要较长的时间,且在碰撞中能量会进一步损失。液体表面只有少数原子从单个入射蒸气原子处获取能量。

要解决的下一个重要问题是能量向气液交界面传递的特性。通常,我们讨论以下两个描述蒸气原子撞击液体引发额外蒸发的模型。

模型 1:界面处的气体原子团具有非常高的非显热量,当速度方向为远离液相时,它们会立即离开表面。该过程的时间尺度与弛豫时间 τ 一致(见下文)。这些原子的分布函数是非麦克斯韦分布函数,这个问题不能采用概率分布函数的方法来解决(如8.3节中所述)。幸运的是,我们可以采用另一种方法来处理它。当然,该模型仅适用于具有非常高能入射粒子。

模型 2:相反,如果撞击原子的能量不是那么高,即交界面处液体原子在与这个"客体"原子碰撞后能量并没有急剧增加,那么交界面液体原子直接逃逸是不可能的。如第8章所述,但这种影响会导致液体原子从交界面逃逸的可能性增加。入射粒子带来的额外能量使液体"热化",即液体表面的原子获得升高的局部温度 Ω,随后该能量在液体中逐渐耗散。在8.3节简要讨论并使用了这种方法。该过程的时间尺度约为 10τ 量级。

因此,可考虑将模型 2 应用于第 8 章中。在液体原子碰撞后未能立即从液体表面逃逸的情况下,我们可以尝试使用 MDF 描述表面原子的蒸发过程,重新确定考虑能量增加(蒸气原子的影响)后的局部温度。当然,这是一个非常极端情况,因为严格地说,表面液体原子可能在获得额外能量之前便离开液体,但我们必须考虑到这种极端情况。

让我们更仔细地研究模型 1,也就是另一种极端情况。第一个问题是:在弛豫时间内有多少蒸气粒子撞击气液交界面?撞击的后果可能是连续地加热交界面;在这种情况下,液体表面的原子能量可能会非常大。

弛豫时间可以通过相互作用能量 φ、相互作用的空间尺度 l 和粒子质量 m 来估算。我们可以基于尺度参数组成相应的关联式:

$$\tau = l \sqrt{\frac{m}{\varphi}} \tag{9.4.8}$$

接下来,需要确定式(9.4.8)的特征参数,如弛豫区域的大小。由于原子间相互作用的空间尺度是几埃,可以取 l 约为 1nm 量级。至于 m/φ,我们发现这两个参数均与弛豫区域中的粒子数 N 成比例;也就是说,可以取 M 约为 10^{-26}kg 量级和 φ 约为 10^{-21}J 量级。那么,我们得到弛豫时间 τ 约为 10^{-12}s 量级。

为了估算在弛豫时间内撞击液体表面的蒸气粒子的数量,我们采用交界面上的蒸气通量:

$$j \sim \frac{P}{T} \bar{v}_T \tag{9.4.9}$$

我们已经在前面的章节中讨论了这个关系式的一般情况;同样,可以基于其特征变量的维度来构建这种关系式。温度为几百开尔文(最高 10^3K)的热速度为 $\bar{v}_T$ 约为 $10^{2\sim3}$m/s 量级。对于压力 p 约为 10^5Pa 量级,温度 T 约为 $10^{2\sim3}$K 量级的情况,蒸气通量 j 的上限约为 10^{28}m^{-2}s^{-1}。如果撞击的"作用区域"面积 S 近似 1nm^2,可以得到时间 τ 内撞击交界面粒子数的表达式:

$$N \approx j \cdot S \cdot \tau \approx 10^{-2} \tag{9.4.10}$$

换句话说,在弛豫时间(在中等压力下)期间没有额外的碰撞。因此,没有额外的过热:对于模型(1),液体表面上的原子团的总附加能量由单个气相原子提供。

为了预估最大逃逸粒子数 M,我们必须记住,只有三分之一的动能(不保守估计,对应于法线轴 z 方向)能够用于克服势能 U,而对应于切向轴 x 和 y 的动能则在蒸发过程中保持不变。

因此,如果蒸气原子的能量是 $\bar{\varepsilon}$(远离界面处),则能量 $\bar{\varepsilon}+U$ 将在液体的 M 个原子之间进行分配。液体粒子的初始能量是 $\bar{\varepsilon}_0$,可以得出一个近似条件:

$$\frac{\bar{\varepsilon}+U+M\bar{\varepsilon}_0}{3M}>U \tag{9.4.11}$$

对于 M 个液体粒子离开交界面(对能量 $\bar{\varepsilon}$ 的单个蒸气粒子的响应)的情况,式(9.4.11)确定了 M 个粒子不需要吸收额外的能量立即脱离交界面的条件。还要注意,当我们考虑在很短的时间间隔内从交界面同一个位置处脱离数个原子的情况时,可以参考 6.5 节中过度蒸发的内容。对于蒸发粒子数目大于 1 的情况,结合能相比正常情况有所降低。

正如式(9.4.11)所示,蒸气粒子的能量 $\bar{\varepsilon}$ 必须非常高(这是一个公认的结论)。例如,尽管任何发生碰撞的蒸气原子都获得了势能 U,但是交界面上的液体原子并不能完全吸收该能量从表面脱离。这是因为在第一次碰撞(同蒸气原子的撞击)之后,液体原子具有朝向主流的速度,接下来与液体原子发生碰撞导致能量进一步损失。因此,低能蒸气原子不能将足够的能量传递给液体原子以使它们离开交界面。

忽略关于能量转移到单个液体原子可能性的所有因素(与前文相比未有进一步的考虑),可以获得 $M=1$ 的阈值能量 $\bar{\varepsilon}$:

$$\bar{\varepsilon}=2U-\bar{\varepsilon}_0 \tag{9.4.12}$$

并且,对于 U 略小于 10^3K 的氩,可知这种过程的阈值能量约是 2000K(实际上略低,这只是估计值)。因此,如果氩气蒸气被加热到数千开尔文,则该蒸气的凝结会引起液体的蒸发:能量为 $\bar{\varepsilon}$ 的单个蒸气原子会造成单个液相原子离开交界面。如果蒸气原子的能量大于 $\bar{\varepsilon}$,我们可以预想到会有几个液相原子同时脱离。"凝结"一词并不是这个过程的精确描述,该过程更像是一种溅射行为:单个入射的原子(从蒸气到液体)导致出现一些出射原子(从液体到蒸气)。

最后一个常见问题是,原则上出现这种情况的可能性:在什么条件下过冷液体会与过热气体接触?我们在 9.3.4 节中讨论过这个问题。假设在空化过程中(气泡破裂阶段),气体的温度可以非常高(根据最简单的模型中所假设的绝热压缩)。然而,在高温下,气体(或蒸气)会引起非常强烈的蒸发,气相的质量随之增加。气泡内增加的压力将阻止其塌陷,从而阻止温度进一步升高。

从这个角度来看,很难期望塌陷气泡内的温度达到 10^4K。声致发光似乎不会在坍塌的气泡内的极高温度下出现。然而,声致发光的特性不是本章,甚至本书讨论的问题。本节的主题是高凝结热通量诱导蒸发的可能性。这里我们只给出描述该过程特征参数的预测,这些预测还需要具体的说明。通常,采用分子动力学方法获得这些结果。

下一节我们将介绍数值模拟的结果。

263

9.4.5 数值模拟

我们考虑在低温固体表面放置的较厚(~10nm)过冷液体层(氩气),为了在相同的计算时间内将粒子总数保持在~10^3的水平,我们必须使用一个窄液柱(图9.18)。

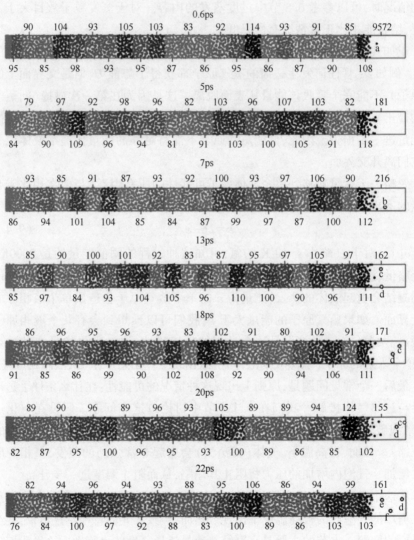

图9.18 一个撞击原子(实心圆圈,标记为a)造成五个原子从液体
表面蒸发(空心圆圈,标记为b~f)

注:数字是相应层中的平均动能。

接下来,我们用单独的蒸气原子轰击液体表面(然而,这组蒸气原子遵循温度 T_v 下的 MDF 速度分布)。液体的温度足够低(100K)以至于可以减缓蒸发,实际上,液体表面原子等待来自蒸气原子的撞击以便从界面分离。

当温度为 $T_v = 10^3$K 时,蒸发通量低于凝结通量。当温度为 $T_v = 2000$K 时,$j^{ev}/j^{cond} \approx 1$;由于数值方法的准确度,很难确定该比率是高于还是低于 1。

然而,当温度 $T_v = 5000$K 时,结果是很明确的。图 9.18 给出了单个蒸气原子的撞击下五个表面液体原子的响应。

这就是我们想要证明的一切。实际上,高能蒸气粒子的撞击会造成数个液体粒子的蒸发。而液体仍保持低温,这是因为蒸气原子的能量全部用于发射液体原子。

如上所述,蒸发通量可能会超过凝结通量。因此,即使液体的温度保持不变,在 10^3K 下的蒸气质量也会显著增加。

9.4.6 沸腾室(选读)

我们已经看到单个入射原子会导致多个原子从液体表面蒸发。可以用相似的理论来解释沸腾室的物理原理。Gerasimov 和 Rudavina(2008)提出了一种高能电离辐射的局部过热理论。

沸腾室是一种用于电离辐射的轨迹探测器,就像著名的威尔逊云室一样,但具有与其相反的作用原理。

在威尔逊云室中,过饱和蒸气(由于没有大于临界半径的原子核所以不能凝聚)等待电离辐射的粒子(如 β 粒子)。当这样的粒子进入威尔逊云室时,中间蒸气被电离。这可以通过热力学方法显示出来(第 1 章),由于电离出的离子起到凝结核的作用,离子周围凝结核的临界半径(蒸气中的液滴)等于零。因此,蒸气中每个离子周围产生一个液滴,我们可以通过观察液滴的路径来跟踪进入的 β 粒子的轨迹。

沸腾(或气泡)室(由 Glaser 发明,于 1960 年获得诺贝尔奖)使用收缩原理。使用过热的液体代替过冷蒸气。与威尔逊云室一样,这种液体不会在没有原子核的情况下发生沸腾(本例中是汽化中心)。与威尔逊云室一样,电离辐射的粒子形成新的热力学相(此处为蒸气),并且可以使用沸腾相机中的气泡链跟踪电离粒子的轨迹。相对于威尔逊云室,沸腾相机的优点是液体的阻力比较大(与蒸气罐的阻力相比)。

但是,我们无法用与威尔逊云室相同的方式解释沸腾室的作用原理。热力学预测带电液滴在亚稳态蒸气中的生长,但液体中的气泡则相反(不同的静电介电常数）。因此，热力学方法无法解释在离子周围气泡的形成（此处我们省略了关于将这种离子保持在蒸气空间中的（非）物理力的讨论，避免离子扩散到气泡壁，并与其产生反应，该过程十分明显）。可能有人假设气泡生长是因为其壁上有许多带电粒子；然而沸腾室中的电荷密度非常低。

因此，Gerasimov 和 Rudavina（2008）猜测，与高能电离辐射粒子碰撞后，蒸气分子的动能增加，足以使局部过热液体蒸发。这种机制与本章所讨论的问题类似。

对于沸腾室，β 粒子和蒸气分子之间单次碰撞中传递的能量（分布在 N 个粒子中）促使形成具有临界尺寸的气泡。

9.5 结　论

本章并未系统性地讨论沸腾和空化，只是通过蒸发将这两个单独的问题联系起来。本章讨论了蒸发的两个主要特征：爆炸性蒸发和高温蒸气溅射液体。这两种现象都是在非常短的时间尺度上的非平衡过程，主要通过数值模拟来研究。

低温液体和高温固体（高于液体的临界温度）接触之后发生爆炸性蒸发。实际上，在这样的系统中该过程非常剧烈以至于不能用通常的术语来描述，即使"温度"的定义也不能应用于液体。

有趣的是，这种不寻常的蒸发是如何与非稳定沸腾（尤其是过渡沸腾）过程建立联系的。或许爆炸性蒸发（当液体从固体表面跃离时）可以解释沸腾的某些方面，但由于该过程的时间尺度太小可能无法全面地解释沸腾。由于数值模拟区域和实际系统的空间尺度明显不同，我们无法直接将爆炸性蒸发和蒸气爆炸联系起来。

尽管存在各种限制和假设，但我们认为本章所讨论的过程至少对理解沸腾或空化的某些细节是很有用的。

高温蒸气和低温液体之间的相互作用就是一个例子。在某些情况下，过热蒸气会使液体表面的蒸发通量增加。具体地说，该过程在所有情况下都会发生，但是当蒸气的温度约为 10^3K 时，可以观察到更独特的结果。对于这样的高温气体，蒸发通量超过凝结通量，即蒸气和气体的相互作用代表交界面原子的喷射过程：单个原子入射后，几个原子从低温液体中溅出。在我们看来，这个过程限制了气泡塌缩的压缩比。

参考文献

Z. Chen, Y. Utaka, Int. J. Heat Mass Transf. **81**, 750(2015).

M. G. Cooper, A. J. P. Lloyd, Int. J. Heat Mass Transf. **12**, 895(1969).

A. Einstein, Ann. Phys. **17**, 549(1905).

D. F. Gaitan et al., J. Acoust. Soc. Am. **91**, 3166(1992).

M. Gao et al., Int. J. Heat Mass Transf. **57**, 183(2012).

D. N. Gerasimov, M. N. Rudavina, High Temp. **46**, 136(2008).

H. -S. Hsu et al., Int. J. Heat Mass Transf. **86**, 65(2015).

D. A. Labuncov, J. Eng. Phys. Thermophys. **6**(4), 33(1963).

O. A. Sinkevich, Phys. Rev. E **78**, 036318(2008).

V. V. Yagov, A. R. Zabirov, M. A. Lexin, Therm. Eng. **62**, 833(2015).

推荐文献

E. F. Adiutory, *The New Heat Transfer*(The Ventuno Press, 1974).

V. G. Baidakov, A. M. Kaverin, V. N. Andbaeva, Thermophys. Aeromech. **18**, 31(2011).

V. P. Carey, Exp. Heat Transf. **26**, 296(2013).

L. -H. Chien, C. -H. Cheng, HVAC&R Research **12**, 69(2006).

D. M. Christopher, Lu Zhang, Tsinghua Sci. Technol. **15**, 404(2010).

M. -C. Chyu, Int. J. Heat Mass Transf. **30**, 1531(1987).

Y. Dou et al., J. Phys. Chem. A **105**, 2748(2001).

T. Fu et al., Heat Mass Transf. **52**, 1469(2016).

V. V. Glazkov, A. N. Kireeva, High Temp. **48**, 453(2010).

Z. Guo, M. S. El-Genk, Int. J. Heat Mass Transf. **37**, 1641(1994).

H. Honda, O. Makishi, Int. J. Heat Mass Transf. **79**, 829(2014).

H. H. Jawurek, Int. J. Heat Mass Transf. **12**, 843(1969).

J. Kim et al., Int. J. Multiph. Flow **35**, 1067(2009).

L. D. Koffman, M. S. Plesset, J. Heat Transf. **105**, 625(1983).

A. Yu. Kuksin et al., Phys. Rev. B **82**, 174101(2010).

N. La Foriga, M. Fernandino, C. A. Dorao, Heat Transf. Eng. **35**, 440(2014).

G. G. Lavalle et al., Am. J. Phys. **60**, 593(1991).

V. L. Malyshev et al., High Temp. **53**, 406(2015).

A. Sanna et al., Int. J. Heat Mass Transf. **76**, 45(2014).

H. R. Seyf, Y. Zhang, J. Heat Transf. **135**, 121503(2013).

S. M. Shavik, M. N. Hasan, A. K. M. M. Morshed, J. Electron. Packag. **138**, 010904(2016).

I. Sher et al., Appl. Therm. Eng. **36**, 219(2012).

P. Staphan, J. Hammer, Heat Mass Transf. **30**, 119(1994).

K. Stephan, L. -C. Zhong, P. Stephan, Heat Mass Transf. **30**, 467(1995).

267

A. Takamizawa et al. ,Phys. Chem. Chem. Phys. **5**,888(2003).

Y. Utaka,Y. Kashiwabara,M. Ozaki,Int. J. Heat Mass Transf. **57**,222(2013).

V. E. Vinogradov,P. A. Pavlov,V. G. Baidakov,J. Chem. Phys. **128**,234508(2008).

G. A. Volkov,A. A. Gruzdkov,YuV Petrov,Tech. Phys. **54**,1708(2009).

C. M. Voutsinos,R. L. Judd,J. Heat Transf. **97**,88(1975).

E. Wagner,P. Stephan,J. Heat Transf. **131**,121008(2009).

W. Wang et al. ,Nanoscale Res. Lett. **10**,158(2015).

V. V. Yagov,Heat Mass Transf. **45**,881(2009).

V. V. Yagov,Int. J. Heat Mass Transf. **73**,265(2014).

S. Zhang et al. ,Appl. Therm. Eng. **113**,208(2017).

A. Zou,D. P. Singh,S. C. Maroo,Langmuir **32**,10808(2016).

附录 A
分 布 函 数

A.1 分 布 函 数

在本书中,我们将术语"分布函数"作为"概率密度函数"来使用。"概率密度函数"的说法会更加准确,但由于习惯原因,我们仍然用$f(x)$表示从x到$x+\mathrm{d}x$的概率:

$$\mathrm{d}p = f(x)\,\mathrm{d}x$$

该函数称为分布函数,尽管大家所理解的函数应该是下面这种形式:

$$F(y) = \int_a^y f(x)\,\mathrm{d}x$$

其中,a为变量x的最小值。

因此,我们还是认为在这里使用"分布函数"这一术语更加合适。

A.2 和 的 分 布

设参数z为两个随机参数x和y的和:$z=x+y$。$x \in [-\infty, \infty]$和$y \in [-\infty, \infty]$是独立的,分布函数$f(x)$和$g(y)$是已知的。分布函数(z)为

$$h(z) = \int_{-\infty}^{\infty} f(x)g(z-x)\,\mathrm{d}x$$

相应地,对于$z=x-y$,有

$$h(z) = \int_{-\infty}^{\infty} f(x)g(x-z)\,\mathrm{d}x$$

A.3 稳定分布函数

一个稳定分布函数的傅里叶表示形式如下:

$$\hat{f}(t) \approx \exp(-\lambda |t|^\alpha) \quad (\lambda > 0, 0 < \alpha \le 2)$$

稳定分布的两个最简单的例子,柯西分布(对于 $\alpha=1$):

$$f(x) = \frac{c}{\pi[c^2(x-a)^2 + 1]}$$

高斯分布(对于 $\alpha=2$):

$$f(x) = \frac{1}{\sqrt{2\pi\sigma^2}} \exp\left[-\frac{(x-a)^2}{2\sigma^2}\right]$$

任何 $\alpha < 2$ 的稳定分布函数的离散趋势都是 ∞。

稳定的分布函数的主要性质(对于物理应用)是如果两个变量 x 和 y 的分布函数为 f,那么这些变量 $x+y$ 的和服从相同的分布 f。

高斯函数满足以上条件。让我们考虑以下两个函数:

$$f_1(x) = \frac{1}{\sqrt{2\pi}\,\sigma_1} \exp\left[-\frac{(x-a)^2}{2\sigma_1^2}\right] \quad (-\infty \le x \le \infty)$$

$$f_2(y) = \frac{1}{\sqrt{2\pi}\,\sigma_2} \exp\left[-\frac{(y-b)^2}{2\sigma_2^2}\right] \quad (-\infty \le y \le \infty)$$

要找到 $z=x+y$ 的分布函数,必须积分:

$$f_3(z) = \int_{-\infty}^{\infty} f_1(z-y) f_2(y)\,\mathrm{d}y = \frac{1}{2\pi\sigma_1\sigma_2} \int_{-\infty}^{\infty} \exp(-Ay^2 + 2By - C)\,\mathrm{d}y$$

$$= \frac{1}{2\pi\sigma_1\sigma_2} \sqrt{\frac{\pi}{A}} \exp\left(-\frac{AC - B^2}{A}\right)$$

其中

$$A = \frac{1}{2\sigma_1^2} + \frac{1}{2\sigma_2^2}, \quad B = \frac{(z-a)}{2\sigma_1^2} + \frac{b}{2\sigma_2^2}, \quad C = \frac{(z-a)^2}{2\sigma_1^2} + \frac{b^2}{2\sigma_2^2}$$

因此,可以得到:

$$f_3(z) = \frac{1}{\sqrt{2\pi(\sigma_1^2 + \sigma_2^2)}} \exp\left\{-\frac{[z-(a+b)]^2}{2(\sigma_1^2 + \sigma_2^2)}\right\}$$

因此,最终的分布函数还具有平均值 $(a+b)$ 和分散 $\sigma^2 = \sigma_1^2 + \sigma_2^2$ 的高斯形式。

附录 B

特 殊 函 数

B.1 伽马函数

伽马函数 $\Gamma(z)$ 表示功能方程的解：

$$\Gamma(z+1) = z\Gamma(z)$$

对于整数 $z=n$，伽马函数可简化为阶乘函数：

$$\Gamma(n) = (n-1)!$$

一般情况下：

$$\Gamma(z) = \frac{1}{2\pi i} \int_{-\infty}^{0} \mathrm{e}^t t^{-z} \mathrm{d}t$$

并且，在实数 $z>0$ 的特殊情况下：

$$\Gamma(z) = \int_{0}^{\infty} \mathrm{e}^{-t} t^{z-1} \mathrm{d}t$$

下面为该公式的一些解：

$$\Gamma(1/2) = \sqrt{\pi}$$

$$\Gamma(z)\Gamma(-z) = -\frac{\pi}{z\sin(\pi z)}$$

$$\Gamma(1+z)\Gamma(1-z) = \frac{\pi z}{\sin(\pi z)}$$

$$\Gamma\left(\frac{1}{2}+z\right)\Gamma\left(\frac{1}{2}-z\right) = \frac{\pi}{\cos(\pi z)}$$

$$\Gamma(z)\Gamma(1-z) = \frac{\pi}{\sin(\pi z)}$$

实际上, 伽马函数可以通过下式计算:

$$\Gamma(z) = \frac{1}{z} \prod_{n=1}^{\infty} \left(1 + \frac{1}{n}\right)^z \left(1 + \frac{z}{n}\right)^{-1}$$

B.2 不完全伽马函数

$$\Gamma(z,a) = \int_a^{\infty} e^{-t} t^{z-1} dt$$

$$\gamma(z,a) = \int_0^a e^{-t} t^{z-1} dt, \quad Re a > 0$$

$$\gamma(z,a) = \Gamma(z) - \Gamma(z,a)$$

不完全伽马函数对应的功能方程包括:

$$\Gamma(z+1,a) = z\Gamma(z,a) + a^z e^{-a}$$

$$\gamma(z+1,a) = z\gamma(z,a) - a^z e^{-a}$$

如果 $a \neq 0, -1, -2, \cdots$, 则有

$$a^{-z} \gamma(z,a) = \sum_{n=0}^{\infty} \frac{(-1)^n a^n}{n!(z+n)} = e^{-a} \sum_{n=0}^{\infty} \frac{a^n}{z(z+1)\cdots(z+n)}$$

对于 $-\frac{3\pi}{2} + \varepsilon \leqslant arg a \leqslant \frac{3\pi}{2} - \varepsilon, \varepsilon > 0$ 并且 $|a| \gg 1$, 则有

$$\Gamma(z,a) = a^{z-1} e^{-a} \left(1 + \sum_{n=1}^{\infty} \frac{(z-1)(z-2)\cdots(z-n)}{a^n}\right)$$

$$\gamma(z,a) \approx \Gamma(z) - a^{z-1} e^{-a} \left[1 + \sum_{n=1}^{\infty} \frac{(z-1)(z-2)\cdots(z-n)}{a^n}\right]$$

B.3 误差函数

$$erf(z) = \frac{2}{\sqrt{\pi}} \int_0^z e^{-t^2} dt = \frac{1}{\sqrt{t}} \int_0^{z^2} \frac{e^{-t}}{\sqrt{t}} dt = \frac{1}{\sqrt{\pi}} \gamma\left(\frac{1}{2}, z^2\right)$$

$$erfc(z) = 1 - erf(z)$$

其中

$$erf(z) = \frac{2}{\sqrt{\pi}} e^{-z^2} \sum_{n=0}^{\infty} \frac{2^n}{(2n+1)!!} z^{2n+1}$$

B.4 赫维赛德（Heaviside）阶跃函数

$$\Theta(x) = \begin{cases} 0, & x < 0 \\ 1, & x \geqslant 0 \end{cases}$$

赫维赛德阶跃函数的变形为

$$\Theta(x) = \begin{cases} 0, & x \leqslant 0 \\ 1, & x > 0 \end{cases}$$

$$\Theta(x) = \begin{cases} 0, & x < 0 \\ 1/2, & x = 0 \\ 1, & x > 0 \end{cases}$$

B.5 狄拉克三角函数

B.5.1 广义函数

狄拉克函数 $\delta(x)$ 可定义为

$$\int_a^b f(x) \delta(x - y) \, \mathrm{d}x = \begin{cases} 0, & x < a \text{ 或 } y > b \\ f(y), & a \leqslant y \leqslant b \end{cases}$$

狄拉克函数的变体为

$$\int_a^b f(x) \delta(x - y) \, \mathrm{d}x = \begin{cases} 0, & y < a \text{ 或 } y > b \\ f(y + 0)/2, & y = a \\ f(y - 0)/2, & y = b \\ [f(y + 0) + f(y - 0)]/2, & a < y < b \end{cases}$$

狄拉克三角函数的一些性质如下：

$$\delta(-x) = \delta(x)$$

$$\delta(ax) = \frac{1}{a} \delta(x)$$

$$\delta(x) = \frac{\mathrm{d}\Theta(x)}{\mathrm{d}x}$$

狄拉克三角函数的渐近形式为

$$\delta(x) = \lim_{a \to \infty} \frac{a}{\pi(a^2 x^2 + 1)}$$

$$\delta(x) = \lim_{a \to \infty} \frac{a}{\sqrt{\pi}} \mathrm{e}^{-a^2 x^2}$$

内 容 简 介

本书针对"蒸发"问题的"动力学"过程，从分子和原子这一微观尺度探讨了蒸发过程中涉及的物理机制和理论，介绍了蒸发过程中涉及的物理问题。本书从动力学基本理论出发，定义和推导了蒸发原子的分布函数；在此基础上求解了蒸发过程中的质量与能量通量，获得了蒸发问题的理论解和解析解；实现了理论解、数值解同实验值在量级上的匹配。同时，本书进一步探讨了蒸发过程中的界面温度阶跃问题，论述了沸腾和空化过程中涉及的蒸发问题及其数值模拟方法。

本书可作为从事相变机理研究工作的科研人员和相关领域的教师、研究生的参考书，也可作为从微观角度研究蒸发过程的物理机制的科普书。